高等职业教育教材

材料力学

赵志平　仝国芸　主编
蒋聪盈　张书娜　刘大鹏　副主编
杜慧慧　主审

化学工业出版社

·北京·

内 容 简 介

本教材根据高等学校理工科非力学专业"材料力学"课程教学基本要求，结合创新型高等职业教育本科"材料力学"教学大纲的内容和要求编写而成，全书理论体系明晰、通俗易懂、实用性强。全书共计十章，包括：轴向拉伸和轴向压缩、剪切、扭转、弯曲内力、平面图形几何参数、弯曲强度、弯曲变形、应力状态分析及强度理论、组合变形和压杆稳定等。

党的二十大报告提出："培育创新文化，弘扬科学家精神，涵养优良学风，营造创新氛围"。本教材的编写与时俱进，引入了手机 app 和电脑版工程计算软件的使用教学，在教材中嵌入了相关的课程资源，利用手机扫一扫二维码，即可轻松学会这些软件的使用，能有效地培养学生的动手能力，可为后继课程的学习、毕业设计及未来实际工作提供解决方案；同时在课程资源中还引入了 BIM 模型，可沉浸式体验力学知识在建筑结构中的应用。

本书可作为高等职业院校、应用型本科学校等土木建筑类专业的教学用书，也可用作土木工程类专升本考试用书及供相关工程技术人员参考。

图书在版编目（CIP）数据

材料力学 / 赵志平，全国芸主编 . -- 北京 ：化学
工业出版社，2024. 10. -- ISBN 978-7-122-46431-6

Ⅰ. TB301

中国国家版本馆 CIP 数据核字第 2024MJ2074 号

责任编辑：李仙华　　　　　　　　　　文字编辑：罗　锦
责任校对：李　爽　　　　　　　　　　装帧设计：张　辉

出版发行：化学工业出版社（北京市东城区青年湖南街 13 号　邮政编码 100011）
印　　装：大厂回族自治县聚鑫印刷有限责任公司
787mm×1092mm　1/16　印张 13¼　字数 326 千字　2025 年 1 月北京第 1 版第 1 次印刷

购书咨询：010-64518888　　　　　　　　售后服务：010-64518899
网　　址：http://www.cip.com.cn
凡购买本书，如有缺损质量问题，本社销售中心负责调换。

定　　价：45.00 元

前言

本教材根据高等学校理工科非力学专业"材料力学"课程教学基本要求，结合创新型高等职业教育本科土建类专业"材料力学"教学大纲的内容和要求编写而成，全书理论体系明晰、通俗易懂、实用性强。配有"应用分析"章节，内含大量习题的详细解题过程，注重学生分析、解决问题能力的培养。

本教材的编写与时俱进，引入了手机 app 和电脑版工程计算软件的使用教学，在教材中嵌入了相关的课程资源，利用手机扫一扫二维码，即可轻松学会这些软件的使用，能有效地培养学生的动手能力，也可为其后继课程的学习、毕业设计及未来实际工作提供解决方案；同时在课程资源中还引入了 BIM 模型，可沉浸式体验力学知识在建筑结构中的应用。在编写过程中本教材还融入了我国古代最早的官方建筑著作——《营造法式》，通过将圆木锯成矩形截面梁的工程做法与现代材料力学原理进行对比，弘扬了工匠精神，体现了我国劳动人民的聪明才智，能充分提升学生的民族自豪感和创新意识，体现党的二十大精神。

在本书编写的过程中，高度重视高等职业教育本科的教学特点，对内容的选取以必要和够用为度，以讲清概念、强化应用为重点，重点培养学生分析问题和解决问题的能力。另外，在内容的编排上，还注重与后继课程的联系，体现土建类教材特色。例如现行教材在内力符号的选用上较为混乱，我们则采用了建筑规范规定的符号，使整个专业所有课程的符号选用保持一致，这样做既有了统一的标准，也可使学生避免不必要的转换。

本教材由河北工业职业技术大学的赵志平、全国芸担任主编，浙江广厦建设职业技术大学的蒋聪盈、河北科技工程职业技术大学的张书娜、河北石油职业技术大学的刘大鹏担任副主编，河北工业职业技术大学的李悦、河北科技工程职业技术大学的杨江波参编。河北工程技术学院的杜慧慧担任本书主审。

教材中，带 * 号的为选学内容。

教材在编写过程中，得到了编者所在单位领导的大力支持，在此表示衷心的感谢！

教材配套了授课的电子课件与每章习题的参考答案，可登录 www.cipedu.com.cn 免费获取。在教材使用过程中，有什么问题，可通过电子邮箱 zxzhaozhiping@sina.com 联系。

由于编者水平有限，难免存在不妥之处，恳请读者及同行批评指正，以便再版时修订。

编　者
2024 年 8 月

目录

二维码资源目录

绪 论

一、材料力学的研究对象

"材料力学"是土木工程类专业的一门重要基础课程，有着较强的理论性和实践性。

在土木工程中，由建筑材料按照一定的方式构成，并能承受荷载的物体或物体系统称为工程结构，简称结构。如图 0.1 为钢框架结构，图 0.2 为门式刚架结构，图 0.3 为钢筋混凝土框架结构。

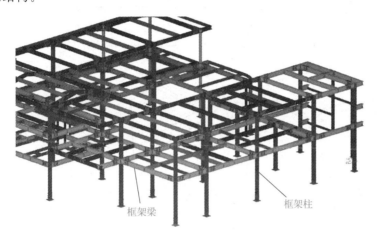

资源 0.1
杆件——
钢框架结构

图 0.1　钢框架结构

资源 0.2
杆件——
门式刚架结构

图 0.2　门式刚架结构

资源 0.3 杆件——
钢筋混凝土框架结构

图 0.3 钢筋混凝土框架结构

结构在建筑物中起着承受和传递荷载的骨架作用。结构一般由多个构件联结而成。工程上构件多种多样，按其几何尺寸可分为：杆件、板、壳和块体，如图 0.4 所示。所谓的杆件是指长度远大于（5 倍以上）截面宽度和高度的构件，图 0.1、图 0.2 和图 0.3 所示结构的建筑构件，例如柱、梁、檩条等大都可以看成是杆件。杆件是材料力学的主要研究对象。

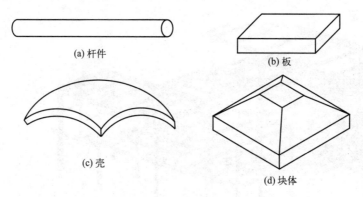

(a) 杆件   (b) 板

(c) 壳

(d) 块体

图 0.4 构件的种类

二、变形体及其基本假设

理论力学研究了力系的等效、简化和平衡，或者说研究的是力系的外效应，忽略了物体的变形，把物体看成是刚体。材料力学则研究物体在力系作用下的变形以及在物体内部产生的各部分之间的相互作用力。因此，这时的物体已不能再看成刚体，而必须如实地将受力物体视为变形体。

各种杆件一般均由固体材料制成。在外力作用下，固体将发生变形，故称为变形固体，简称变形体。

工程材料是多种多样的，材料的物质结构及性能各不相同。为了便于研究，须略去次要因素，对变形体作某些假设，把其抽象成理想模型。材料力学中对变形体作了如下基本假设，这些假设是以后研究所有问题的基础。

（1）连续性假设　认为组成固体的物质毫无空隙地充满了固体的几何空间。我们知道，从物质结构来说，组成固体的粒子之间实际上并不连续。但它们之间的空隙与杆件的尺寸相比是极其微小的，可以忽略不计，这样就可以认为在其整个几何空间内是连续的。

（2）均匀性假设　认为固体各点处的力学性质完全相同。如果对固体内任意一点处取出的体积微元进行研究，则其力学性质都是相同的。这当然是一种抽象和简化，它忽略了材料各点处实际存在的不同晶格结构和缺陷等引起的差异。

（3）各向同性假设 认为固体在各个方向上的力学性质完全相同。满足该条件的材料称为各向同性材料，如工程中使用的金属材料等。相反，不满足该条件的材料称为各向异性材料，如木材，其顺纹方向和横纹方向的力学性质有显著的差异。

（4）线弹性假设 杆件在外力作用下会产生变形。变形分为弹性变形和塑性变形，能随外力的卸去而消失的变形称为弹性变形，而不能随外力卸去消失的变形称为塑性变形。材料力学一般研究的是弹性变形且是弹性变形中的直线阶段——线弹性阶段，两者的区别见后述材料的力学性能部分。

线弹性假设认为外力的大小和杆件的变形均在弹性限度内，外力与变形成正比，即服从胡克定律。线弹性假设是叠加原理的前提条件。

（5）小变形假设 认为杆件的变形远小于其原始尺寸。这样，在研究杆件的平衡以及其内部受力时，均可按杆件的原始尺寸和形状进行计算。

三、杆件变形的基本形式

作用在杆件上的荷载各种各样，杆件相应的变形也有各种形式。但通过分析可以发现它们总不外乎是这几种基本变形或这几种基本变形的组合。杆件变形的基本形式有：轴向拉伸或轴向压缩、剪切、扭转和弯曲四种，见图 0.5。

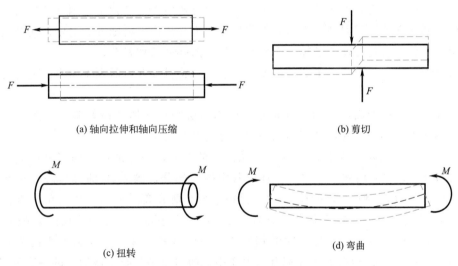

(a) 轴向拉伸和轴向压缩   (b) 剪切

(c) 扭转   (d) 弯曲

图 0.5 杆件变形的基本形式

四、杆件的承载能力

为了保证结构能正常工作，每个杆件都必须有足够的能力来担负起所承受的荷载。杆件的这种承载能力主要由以下三个方面来衡量。

（1）杆件应有足够的强度（strength） 所谓强度是指杆件在荷载作用下抵抗破坏的能力，例如氧气瓶在规定压力下不应爆破。对杆件的设计应保证在规定的条件下能够正常工作而不发生破坏。

（2）杆件应有足够的刚度（stiffness） 所谓刚度是指杆件在荷载作用下抵抗变形的能力。任何杆件在荷载作用下都不可避免地要发生变形，但这种变形必须限制在一定范围内，否则杆件将不能正常工作。

（3）杆件还应有足够的稳定性（stability） 所谓稳定性是指杆件在荷载作用下保持其原有平衡形态的能力。一根轴向受压的细长直杆，当压力荷载增大到某一值时，会突然从原来的直线形状变成弯曲形状，这种现象称为失稳。杆件失稳后将失去继续承载的能力，并将可能使整个结构垮塌。对于压杆来说，满足稳定性的要求是其正常工作必不可少的条件。

五、材料力学的主要任务

决定杆件承载能力的因素除了约束情况外，还有杆件的截面形状、尺寸以及组成杆件的材料。不难理解，为了满足强度、刚度和稳定性的要求，可以多用些材料或选用优质材料，但这样做会造成浪费，增加生产成本。显然，杆件的安全可靠性与经济性是矛盾的。

材料力学的主要任务就是在保证杆件既安全又经济的前提下，为杆件选择合适的材料，确定合理的截面形状和尺寸，为杆件设计提供必要的理论基础和计算方法。

六、内力与截面法

1. 内力

物体因受外力而变形，其内部各部分之间由于相对位置改变而引起的相互作用力称为内力（internal force）。我们知道，即使物体不受外力，物体内部依然存在着相互作用的分子力。材料力学中的内力是指在外力作用下，上述原有作用力的变化量，因此这里所研究的内力是物体内部各部分之间因外力而引起的附加作用力。该内力将随外力的增加而增大，当达到某一限度时就会引起构件的破坏，因此它与杆件的强度密切相关。

在材料力学中，内力是一个非常重要的概念，它将贯穿在以后几乎所有的内容之中。

2. 截面法

内力存在于物体的内部，为了确定某处的内力必须把物体从该处截开，使内力暴露出来，然后再通过一定的步骤，计算出该内力，这就是截面法。

如图 0.6（a）所示，为了确定 m—m 截面上的内力，假想地用平面将杆件截开，分成 A、B 两部分，每部分均称为隔离体。任取其中的一部分，例如 A 部分为研究对象。在 A 部分上作用着外力 F_1 和 F_3，欲使 A 部分保持平衡，则 B 部分必有力作用在 A 部分的截面上 [图 0.6（b）]。由牛顿第三定律，A 部分必然也以大小相等、方向相反的力作用在 B 部分上 [图 0.6（c）]。A、B 部分之间的相互作用力就是杆件在 m—m 截面上的内力。根据连续性假设，在 m—m 截面上各处都有内力作用，即内力是分布于截面上的一个分布力系。

把这个分布内力系向某一点简化后所得到的主矢或主矩，称为截面上的内力。今后本书所说的内力一般均为该主矢或主矩。

尽管截面上的内力系多种多样，而它们的主矢和主矩总不外乎以下四种基本形式或其组合。

（1）轴力 N　分布内力系的与杆件轴线相重合的合力。

（2）扭矩 T　分布内力系的作用平面与横截面平行的合力偶矩。

（3）剪力 V　分布内力系的相切于截面的合力。

（4）弯矩 M　分布内力系的作用平面与横截面垂直的合力偶矩。

利用截面法求内力，其计算步骤归纳如下：

第一步"切"　欲求哪个截面的内力，就沿该截面假想地把构件切成两部分；

第二步"去" 弃去任意一个隔离体，并选另一隔离体为研究对象；

第三步"代" 用作用于截面上的内力代替弃去部分对留下部分的作用；

第四步"平" 对研究对象列平衡方程，解方程确定未知的内力。

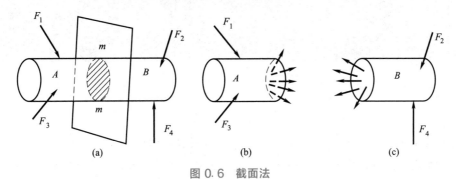

图 0.6 截面法

第一章　轴向拉伸和轴向压缩

 素质目标

- 培养学生在材料力学中的思维创新能力及分析问题、解决问题的能力；
- 培养学生树立崇尚科学精神，坚定求真、求实的科学态度，形成科学的人生观、世界观；
- 培养学生执着专注、精益求精的工匠精神。

知识目标

- 正确理解轴向拉（压）杆的轴力、应力、变形、应变等概念；
- 掌握胡克定律及其适用范围；
- 掌握材料在拉伸和压缩时的力学性质；
- 了解应力集中的概念。

技能目标

- 能灵活运用截面法计算轴力；
- 能熟练绘制轴力图；
- 具有准确计算轴向拉（压）杆变形的能力；
- 能应用强度条件进行轴向拉（压）杆的设计。

第一节　轴向拉（压）杆的内力及内力图

一、轴向拉（压）杆的工程实例及受力变形特点

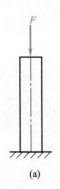

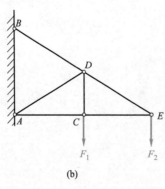

(a)　　(b)

图 1.1

　　轴向拉伸或压缩是基本变形中最简单的，也是常见的一种变形形式，在建筑工程中有许多承受轴向拉伸或压缩的杆件。例如图 1.1（a）所示为轴向压缩的柱子；图 1.1（b）所示桁架中，每根杆均为二力构件，属于典型的轴向拉（压）变形杆件。

　　轴向拉（压）杆的受力特点是：外力的合力作用线与杆件轴线重合。这正是"轴向"的含义，否则，称为偏心拉（压），它要比轴向拉（压）复杂得多，属于组合

变形。

轴向拉伸变形特点是沿轴线方向伸长同时横向尺寸变小；而轴向压缩则正好相反，沿轴线方向缩短同时横向尺寸变大。

二、轴向拉（压）杆的内力——轴力（normal force）的计算

按前述计算内力截面法的步骤，确定图 1.2（a）所示 m—m 截面上的内力。

第一步，假想把杆件沿 m—m 截面分成两部分，见图 1.2（a）。

第二步，可选任一隔离体为研究对象，见图 1.2（b）、（c）。

第三步，在隔离体的截开处，用作用于截面上的内力代替弃去部分对留下部分的作用。它是一个分布力系，其合力为 N（分布力系可不用画出，而直接画其合力即可），见图 1.2（b）、（c）。

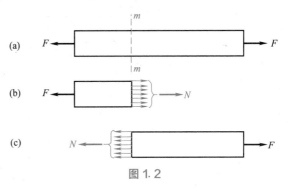

图 1.2

第四步，对隔离体列平衡方程。如对左侧的隔离体，由 $\sum F_x = 0$，得

$$N - F = 0$$
$$N = F$$

因为外力 F 的作用线与杆件的轴线重合，内力的合力 N 的作用线也必然与杆件轴线重合，所以轴向拉（压）杆的内力称为轴力。

本书规定：轴力是拉力时为正；轴力是压力时为负。对截面而言，当轴力为拉力时表现为轴力的方向离开截面，因此，也可这样规定：若轴力的方向是离开截面则为正；反则为负。

三、轴向拉（压）杆的内力图——轴力图

若沿杆件轴线作用的外力超过两个，则在杆件的各横截面上，轴力一般不尽相同。这时通常用轴力图（normal force diagram）表示轴力沿杆件轴线的变化情况。关于轴力图的绘制，通过下面的例题来说明。

【例 1.1】 轴心拉（压）杆如图 1.3（a）所示，作其轴力图。

解： 利用截面法。首先，分别沿 1—1、2—2、3—3 截面假想地把杆件分成两部分，并选左侧隔离体为研究对象。再画出其受力图，在画轴力时均是按正方向画出，若计算结果为正说明该截面的轴力为拉力，否则为压力。分别见图 1.3（b）、（c）、（d）。然后，对各隔离体列平衡方程，求出轴力。具体如下：

对 1—1 截面，由 $\sum F_x = 0$，得 $N_1 - 30\text{kN} = 0$，$N_1 = 30\text{kN}$（拉力）

对 2—2 截面，由 $\sum F_x = 0$，得 $N_2 + 70\text{kN} - 30\text{kN} = 0$，$N_2 = -40\text{kN}$（压力）

对 3—3 截面，由 $\sum F_x = 0$，得 $N_3 + 70\text{kN} - 30\text{kN} - 20\text{kN} = 0$，$N_3 = -20\text{kN}$（压力）

【讨论】 对 3—3 截面亦可选右侧部分为研究对象，见图 1.3（e），列方程为

$$N_3 + 20\text{kN} = 0, N_3 = -20\text{kN}（压力）$$

所得结果与前述相同，计算却比较简单。因此计算内力时，应选取受力较简单的隔离体作为研究对象。

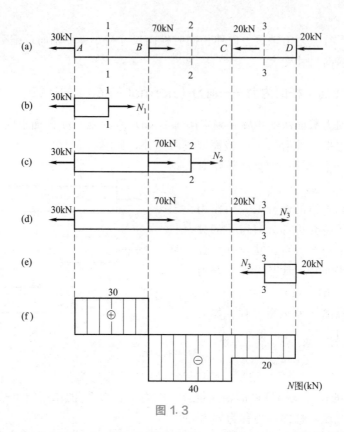

图 1.3

若选取一个坐标系，其横坐标表示横截面的位置，纵坐标表示相应截面上的轴力，便可用图线表示轴力沿杆件轴线的变化情况，这种图线称为轴力图。在画轴力图时，将拉力画在 x 轴的上侧；压力画在 x 轴的下侧。这样，轴力图不但表达了杆件各段内轴力的大小，而且还可表示出各段的变形是拉伸还是压缩，见图 1.3（f）。在轴力图中表示轴力为正的区域画上符号"⊕"；表示轴力为负的区域画上符号"⊖"。

从图 1.3（f）所示的轴力图中可以看出，在集中力作用处，轴力图要发生突变，即在集中力作用的截面左侧和右侧的轴力值是不同的，或用数学语言描述为轴力函数在此位置是不连续的。例如 B 截面，在该截面左侧的轴力为 30kN，而在该截面右侧的轴力为 −40kN。为了描述轴力的这种突变，可用符号 N 加两个下标的方法来区分它们，其中第一个下标表示截面的位置，第二个下标表示相邻截面一侧方向上所取字符。例如 B 截面左侧的轴力为 30kN，可用 $N_{BA}=30$kN 来表示；而在该截面右侧的轴力为 −40kN，可用 $N_{BC}=-40$kN 来表示，这种表达方式较科学，适合较复杂的结构，主要用在结构力学课程中。对于较简单的直杆，可用 B 的左邻截面轴力为 30kN，B 的右邻截面轴力为 −40kN 来区分。

同时，从图 1.3（f）所示的轴力图中还可以看出，当该杆件粗细均匀且组成该杆件材料的抗拉、压能力相同时，BC 段是最危险的，BC 段每一截面都是危险截面。在进行设计时，只要保证 BC 段安全，则整个杆件就是安全的。确定危险截面及其上的内力是绘制内力图的主要目的之一。

【例 1.2】 试画出图 1.4（a）所示杆件的轴力图。

解： 首先，去掉杆件左侧的约束，用约束反力代替，见图 1.4（b）。

沿 1—1 截面截开，并选左侧隔离体为研究对象，见图 1.4（c）。由 $\sum F_x=0$，得

$$N_1(x) + 2x = 9$$
$$N_1(x) = 9 - 2x, 0 \leqslant x \leqslant 2$$

可见，在均布荷载作用的区段，其轴力图为斜线，由上述直线方程，可确定其两端点的坐标：$N_1(0) = 9$；$N_1(2) = 5$，画轴力图见图 1.4（d）的 AB 段。

对 2—2 截面，选右侧隔离体，见图 1.4（c）的右侧图形，由 $\sum F_x = 0$，得

$$N_2 = 5\text{kN} \quad （拉力）$$

BC 段轴力图见图 1.4（d）。

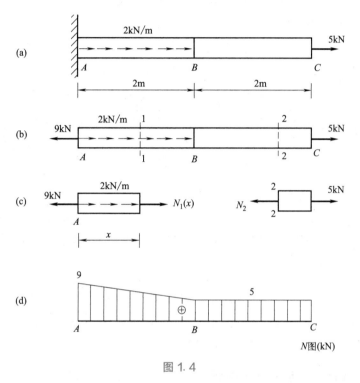

图 1.4

第二节　轴向拉（压）杆的应力

在确定了拉（压）杆的轴力之后，还不能够判断杆件是否满足强度要求。例如用同种材料制成粗细不同的两根杆，在相同的拉力下，两根杆的轴力相同。但当拉力逐渐增大时，细杆必定先被拉断。这说明拉杆的强度，不仅与轴力的大小有关，而且还与杆件的横截面面积有关。轴力只是拉杆横截面上分布内力的合力，而要判断杆件是否会因强度不足而破坏，还必须知道用来度量分布内力大小的分布内力集度，即应力（stress）。

一、应力的概念

如图 1.5（a）所示的杆件，假设沿截面 m—m 截开，并选左侧的隔离体为研究对象，见图 1.5（b），在 m—m 截面上任一点 K 的周围取一微小面积 ΔA，设在 ΔA 上内力的合力为 ΔP，则 ΔP 与 ΔA 的比值 $\dfrac{\Delta P}{\Delta A}$ 表示 ΔA 内分布内力的平均集度，称为 ΔA 内的平均应力。

一般来说，m—m 截面上的内力并不是均匀分布的，因此平均应力 $\dfrac{\Delta P}{\Delta A}$ 随所取 ΔA 的大小而不同。当 ΔA 趋向于零时，此平均应力的极限值就是 K 处的应力 $\boldsymbol{p}$，即

$$\boldsymbol{p} = \lim_{\Delta A \to 0} \frac{\Delta P}{\Delta A}$$

$\boldsymbol{p}$ 是一个矢量，一般既不与截面垂直，也不与截面相切。通常把应力 $\boldsymbol{p}$ 分解成垂直于截面的分量 σ 和相切于截面的分量 τ，见图 1.5（c）。σ 称为正应力（normal stress），τ 称为切应力（shearing stress）。

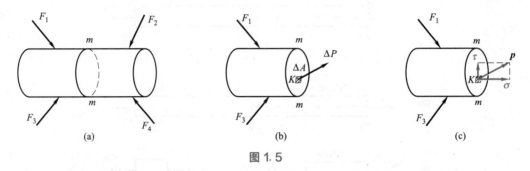

图 1.5

在国际单位制中，应力的单位是 Pa（帕斯卡，帕），$1\text{Pa} = 1\text{N/m}^2$。由于这个单位太小，使用不便，工程上常用 MPa（兆帕）、GPa（吉帕），$1\text{MPa} = 10^6\text{Pa}$，$1\text{GPa} = 10^9\text{Pa}$。

值得注意的是

$$1\,\frac{\text{N}}{\text{mm}^2} = 1\,\frac{\text{N}}{10^{-6}\text{m}^2} = 1 \times 10^6\,\frac{\text{N}}{\text{m}^2} = 1 \times 10^6\,\text{Pa} = 1\text{MPa}$$

这说明当力的单位采用 N，长度的单位采用 mm 时，计算出的应力单位自动就是 MPa，利用此关系，在通常情况下，可大大简化计算。

二、轴向拉（压）杆横截面上的应力

由于轴力 N 垂直于横截面，所以在横截面上应存在有正应力 σ，这是因为只有与 σ 相应的法向元素 $\sigma\mathrm{d}A$ 才能合成为轴力 N。但是因为 σ 在横截面上的分布规律还不知道，故仅仅由静力关系还不能求出 σ 与 N 之间的关系。因此，必须通过试验，从杆件的变形入手来研究。

现以拉杆为例，如图 1.6 所示的等直杆，拉伸变形前，在其侧面上画垂直于杆轴的直线 ab 和 cd，然后在杆的两端施加轴向拉力 F，使杆发生轴向拉伸。变形后可以观察到 ab 和 cd 仍为直线，且仍然垂直于轴线，只是分别平行地移至 $a'b'$ 和 $c'd'$，如图 1.6（a）中虚线所示。

图 1.6

根据从杆件表面观察到的变形现象，可以对杆件内部的变形情况作出如下假设：变形前原为平面的横截面，变形以后仍保持为平面，且仍垂直于杆件轴线，只是各横截面沿杆轴线作相对平移，这就是轴向拉压的平面假设。如果设想拉杆是由无数根纵向纤维所组成的，根据平面假设，则任意两个横截面间所有纵向纤维的伸

长量相等，即伸长变形是均匀的。由于假设材料是均匀的（均匀性假设），即各纵向纤维力学性质相同。由它们的伸长变形均匀和力学性质相同，可以推出各纵向纤维受力是相同的，所以横截面上各点处的正应力 σ 都相等，即正应力均匀分布于横截面为常量，如图 1.6（b）所示。这就是轴向拉伸杆件横截面上的正应力分布规律。

若拉（压）杆的横截面面积为 A，轴力为 N，则正应力 σ 为

$$\sigma = \frac{N}{A} \tag{1.1}$$

关于正应力的符号，通常规定拉应力为正，压应力为负。

当杆件同时受到几个轴向外力共同作用的时候，由截面法及轴力图得到最大轴力 N_{max}。对于等直杆，将它代入公式，即可得到杆内的最大正应力为

$$\sigma_{max} = \frac{N_{max}}{A} \tag{1.2}$$

最大轴力所在横截面称为危险截面，由式（1.2）算得的正应力称为最大工作应力。对于变截面杆，应考虑轴力与横截面面积两个因素，以寻求最大工作应力。

【例 1.3】 简单桁架如图 1.7（a）所示。AB 为圆钢，直径 $d = 20$mm，AC 为 8 号槽钢，若 $F = 25$kN，试求各杆的应力。

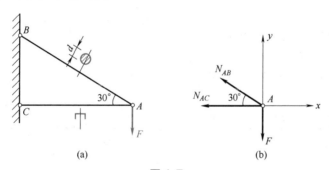

图 1.7

解：如图 1.7（b）所示，研究节点 A，画出其受力图。

由 $\sum F_y = 0$，$N_{AB} = F / \sin 30° = 2F = 2 \times 25 = 50$（kN）（拉）

由 $\sum F_x = 0$，$N_{AC} = -N_{AB} \cos 30° = -50 \times \frac{\sqrt{3}}{2} = -43.3$（kN）（压）

AB 杆的横截面面积为

$$A_{AB} = \frac{\pi}{4} \times (20 \times 10^{-3})^2 = 314.16 \times 10^{-6} (\text{m}^2)$$

AC 杆为 8 号槽钢，由型钢规格表（见附录）查出横截面面积为

$$A_{AC} = 10.24 \text{cm}^2 = 1024 \times 10^{-6} \text{m}^2$$

利用式（1.1）计算 AB 和 AC 两杆的应力分别为

$$\sigma_{AB} = \frac{N_{AB}}{A_{AB}} = \frac{50 \times 10^3 \text{N}}{314.16 \times 10^{-6} \text{m}^2} = 159.2 \times 10^6 \text{N/m}^2 = 159.2 \text{MPa （拉）}$$

$$\sigma_{AC} = \frac{N_{AC}}{A_{AC}} = \frac{-43.3 \times 10^3 \text{N}}{1024 \times 10^{-6} \text{m}^2} = -42.3 \times 10^6 \text{N/m}^2 = -42.3 \text{MPa （压）}$$

第三节　轴向拉（压）杆的变形

直杆在轴向拉力或压力的作用下，将引起轴线方向的伸长或缩短。同时，其横向尺寸也相应地发生缩短或伸长。杆件沿轴线方向的变形称为纵向变形；杆件沿垂直于轴线方向的变形称为横向变形。下面分别进行讨论。

一、纵向变形与线应变

设有一等直杆受轴向拉力 F 的作用，如图1.8（a）所示。受拉力前杆件原长为 l，受力变形后为 l_1，则其纵向伸长量为

$$\Delta l = l_1 - l \tag{1.3}$$

Δl 称为杆件的纵向变形或绝对伸长。规定 Δl 以伸长为正，缩短为负，其单位为 m 或 mm。Δl 反映了杆件总的纵向变形量。

单位长度的伸长，称为线应变（strain），用 ε 表示，即

$$\varepsilon = \frac{\Delta l}{l} \tag{1.4}$$

ε 反映杆件的变形程度，是无量纲的量，其正负规定与 Δl 相同，拉伸时 ε 为正，压缩时 ε 为负。

上述概念同样适用于受压杆，如图1.8（b）所示，只是 Δl 与 ε 均为负值。

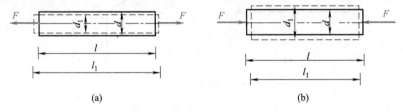

(a)　　　　　　　　　　　　(b)

图1.8

二、胡克定律

现在讨论杆件变形与其所受外力之间的关系。这种关系与材料的力学性质有关，只能通过试验获得。

由一系列试验证实，工程中常用的材料，当正应力 σ 不超过某一极限值时，杆件的纵向变形 Δl 与外力 F 及杆件的原长 l 成正比，而与横截面面积 A 成反比，即

$$\Delta l \propto \frac{Fl}{A}$$

引进比例常数 E，则有

$$\Delta l = \frac{Fl}{EA} \tag{1.5}$$

如用轴力 N 表示，上式又可改写为

$$\Delta l = \frac{Nl}{EA} \tag{1.6}$$

这一比例关系，是英国科学家胡克在 1678 年首先提出的，故称为胡克定律。式中的比例常数 E 称为弹性模量（modulus of elasticity），它表示了材料抵抗拉伸和压缩变形的能力，其值随材料而异，并由试验测定。工程上几种常用材料的弹性模量 E 值可查表 1.1。E 的单位与应力 σ 的单位相同。

由公式可以看出，当轴力 N 和长度 l 一定时，乘积 EA 越大，Δl 就越小。EA 反映了杆件抵抗拉伸（压缩）变形的能力，称为杆件的抗拉（压）刚度。

把公式（1.6）改写为

$$\frac{N}{A} = E \frac{\Delta l}{l}$$

并将 $\sigma = \dfrac{N}{A}$ 及 $\varepsilon = \dfrac{\Delta l}{l}$ 代入上式，得到

$$\sigma = E\varepsilon \tag{1.7}$$

式（1.7）是胡克定律的另一种表达式，它应用更为广泛。这一形式的胡克定律可以简述为：当杆内应力未超过某一极限值时，正应力与线应变成正比。

胡克定律是材料力学的一个重要定律，将在许多重要问题中应用。

三、横向变形

拉杆在纵向伸长的同时，还将产生横向的缩小，由图 1.8（a）可知，拉杆的横向缩小量为

$$\Delta d = d_1 - d$$

式中，d、d_1 分别为变形前、后杆件的横向尺寸。

与纵向线应变 ε 的概念类似，拉杆的横向线应变 ε' 为

$$\varepsilon' = \frac{\Delta d}{d} \tag{1.8}$$

由于拉杆的 Δd 为负，所以 ε' 也为负。

上面两式也同样适用于压杆，但此时 Δd 及 ε' 均为负值。试验的结果表明，杆件的横向线应变与纵向线应变之比的绝对值为一常数，即

$$\mu = \left| \frac{\varepsilon'}{\varepsilon} \right| \tag{1.9}$$

μ 称为横向变形系数或泊松比。它是一个无量纲的量，其值随材料而异，可由试验测定，工程上几种常用材料的泊松比 μ 值，可查表 1.1。

由于杆件拉伸时纵向伸长，横向缩短；压缩时纵向缩短，横向伸长，所以 ε 和 ε' 的符号总是相反的，故有

$$\varepsilon' = -\mu\varepsilon \tag{1.10}$$

表 1.1　几种常见材料的 E 和 μ 值

材料名称	E/GPa	μ
钢	200～220	0.24～0.30
铝合金	70～72	0.26～0.33
铸铁	80～160	0.23～0.27
混凝土	15～36	0.16～0.20
砖石料	2.7～3.5	0.12～0.20

【例 1.4】 如图 1.9（a）所示，等直钢杆所用材料的弹性模量 $E=210\mathrm{GPa}$。试计算：（1）每段杆的伸长量；（2）每段杆的线应变；（3）全杆的总伸长量。

解： 画轴力图，如图 1.9（b）所示。

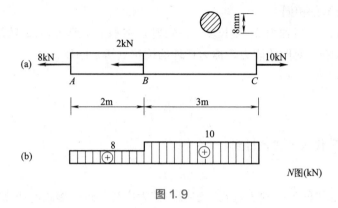

图 1.9

（1）AB 段的伸长为 Δl_{AB}，根据式（1.6）可得

$$\Delta l_{AB}=\frac{N_{AB}l_{AB}}{EA}=\frac{8\times10^{3}\mathrm{N}\times2\mathrm{m}}{210\times10^{9}\mathrm{Pa}\times\dfrac{\pi\times8^{2}\times10^{-6}}{4}\mathrm{m}^{2}}=1.52\times10^{-3}\mathrm{m}$$

BC 段的伸长为

$$\Delta l_{BC}=\frac{N_{BC}l_{BC}}{EA}=\frac{10\times10^{3}\mathrm{N}\times3\mathrm{m}}{210\times10^{9}\mathrm{Pa}\times\dfrac{\pi\times8^{2}\times10^{-6}}{4}\mathrm{m}^{2}}=2.8\times10^{-3}\mathrm{m}$$

（2）AB 段的线应变 ε_{AB}，根据式（1.4）可得

$$\varepsilon_{AB}=\frac{\Delta l_{AB}}{l_{AB}}=\frac{1.52\times10^{-3}\mathrm{m}}{2\mathrm{m}}=7.6\times10^{-4}$$

BC 段的线应变 ε_{BC} 为

$$\varepsilon_{BC}=\frac{\Delta l_{BC}}{l_{BC}}=\frac{2.8\times10^{-3}\mathrm{m}}{3\mathrm{m}}=9.33\times10^{-4}$$

（3）全杆总伸长 Δl_{AC} 为

$$\Delta l_{AC}=\Delta l_{AB}+\Delta l_{BC}=1.52\times10^{-3}\mathrm{m}+2.8\times10^{-3}\mathrm{m}=4.32\times10^{-3}\mathrm{m}=4.32\mathrm{mm}$$

第四节　材料在拉伸和压缩时的力学性质

在对杆件进行强度、刚度和稳定性计算时，还须知道材料的力学性质。所谓材料的力学性质，就是指材料在受外力作用时其强度和变形方面所表现的性能。在前面的讨论中，已经涉及材料在拉伸和压缩时的力学性质，例如弹性模量 E 等。这些力学性质都要通过材料的拉伸和压缩试验来测定。

材料的拉伸和压缩试验，通常是在室温下、以缓慢平稳的方式进行加载，称为常温静载试验，它是测定材料力学性质的基本试验。低碳钢和铸铁是工程中广泛使用的材料，它们的力学性质又比较典型，故本节主要介绍这两种材料在常温静载试验下的力学性质。

一、低碳钢拉伸时的力学性质

低碳钢是指含碳量在 0.3% 以下的碳素钢。拉伸试验是将试件安装在万能试验机上进行的。为了比较不同材料的试验结果，应按照国家规定，把材料做成标准试件。常用的标准试件有圆形截面和矩形截面两种。对于金属材料，通常采用圆柱形试件，如图 1.10 所示。试件中间一段为等截面，在该段中标出长度为 l 的一段称为试验段或工作段，试验时测量该段的变形量。

1. 拉伸图和应力-应变曲线

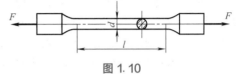

图 1.10

试验时，将试件两端固定在万能试验机的夹具中，然后开动试验机，对试件缓慢加载，试件逐渐伸长，直到最后拉断。荷载大小 F 可从试验机上读出，标距 l 的伸长量 Δl 可以利用变形仪表测出。在试验过程中，记下一系列荷载 F 的数值以及与其相对应的工作段伸长量 Δl 的值。以 Δl 为横坐标，F 为纵坐标，可以画出 $F\text{-}\Delta l$ 曲线，此曲线称为试件的拉伸图。万能试验机上附有绘图设备，可以自动绘出 $F\text{-}\Delta l$ 曲线，图 1.11 为低碳钢试件的拉伸图。试件的拉伸图与试件的尺寸有关。为了消除试件尺寸的影响，常根据工作段的原始尺寸 l、A，以 $F/A = \sigma$ 作为纵坐标和 $\Delta l/l = \varepsilon$ 作为横坐标，将 $F\text{-}\Delta l$ 曲线转化为 $\sigma\text{-}\varepsilon$ 曲线，这样得到的曲线与试件尺寸无关，而只反映材料本身的力学性质，便于不同材料的性质比较。该曲线称为应力-应变曲线。由于 A 与 l 均为常数，故 $\sigma\text{-}\varepsilon$ 曲线与 $F\text{-}\Delta l$ 曲线相似。低碳钢拉伸时的 $\sigma\text{-}\varepsilon$ 曲线如图 1.12 所示。

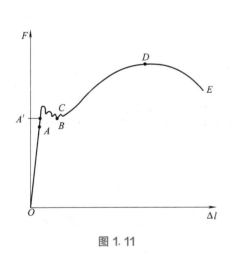

图 1.11

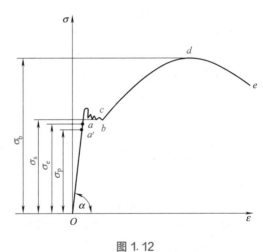

图 1.12

2. 变形发展的四个阶段

由低碳钢的 $\sigma\text{-}\varepsilon$ 曲线或 $F\text{-}\Delta l$ 曲线都可以看出，整个加载和变形过程呈现为四个阶段。下面着重讨论 $\sigma\text{-}\varepsilon$ 曲线各阶段中的几个特殊点及其对应的应力值含义。

（1）弹性阶段（图中 Oa 段）

若试件内应力不超过 a 点的应力值，那么卸除荷载后，应力和应变沿 Oa 退回原点，变形可以完全消失，即变形是弹性的，这一阶段称为弹性阶段。a 点的应力值是材料只产生弹性变形时应力的最高限，称为弹性极限（elastic limit），以 σ_e 表示。

这一阶段又可分为两部分：Oa' 段和 $a'a$ 段。Oa' 段为直线段，即所谓的线弹性阶段，

此时应力和应变成正比，有 $\sigma = E\varepsilon$，材料符合胡克定律，所以弹性模量

$$E = \tan\alpha$$

a' 点的应力值为该段应力的最高限，称为比例极限（proportional limit），以 σ_p 表示。应力超过比例极限的 $a'a$ 段，是一段很短的微弯曲线，它表明应力和应变间呈非线性关系，此时材料并不符合胡克定律。低碳钢的比例极限 σ_p 约为 200MPa。

（2）屈服阶段（图中 ac 段）

当应力超过弹性极限后，图中出现一段接近水平的锯齿形线段 ac。此时应力基本不变而应变却继续增加。这表明材料已经失去抵抗变形的能力，这种现象称为屈服，这个阶段称为屈服阶段。屈服阶段内曲线最低点 b 所对应的应力称为屈服极限（yield limit），以 σ_s 表示。到达屈服阶段后材料将出现显著的塑性变形，对于工程构件，一般来说是不允许的，所以 σ_s 是衡量材料强度的重要指标。低碳钢的屈服极限 σ_s 约为 235MPa。

若试件的表面预先进行了抛光，则当材料进入屈服阶段时，在试件表面将出现一系列与试件轴线约呈 45°倾角的条纹，如图 1.13 所示，称为滑移线。因为轴向拉伸时在与杆轴线呈 45°的斜截面上，切应力最大，可见，屈服现象的出现与最大切应力有关。

（3）强化阶段（图中 cd 段）

经过屈服阶段后，材料的内部结构重新得到了调整，抵抗变形的能力有所恢复，表现为曲线自 c 点开始又继续上升，直到最高点 d 为止，这一现象称为强化，这一阶段称为强化阶段。d 点所对应的应力值，是材料所能承受的最大应力，称为强度极限（ultimate strength），用 σ_b 表示。低碳钢的强度极限 σ_b 约为 400MPa。

（4）局部变形阶段（图中 de 段）

当应力达到最大值 σ_b 时，σ-ε 曲线开始下降。此时试件工作段的某一局部开始显著变细，出现颈缩现象，如图 1.14 所示。这一阶段称为局部变形阶段或颈缩阶段。由于颈缩部位截面面积急剧减小，试件变形的拉力 F 反而下降，到 e 点时试件在颈缩处被拉断。

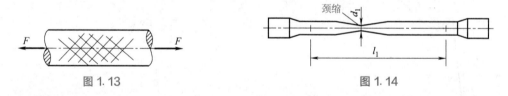

图 1.13　　　　　　　　　　　　　　　　图 1.14

3. 延伸率和截面收缩率

试件拉断后，其变形中的弹性变形消失，仅留下塑性变形。标距的长度由原来的 l 变为 l_1，用百分比表示的比值

$$\delta = \frac{l_1 - l}{l} \times 100\% \tag{1.11}$$

称为延伸率。它是衡量材料塑性的一个重要指标。低碳钢的延伸率很高，可达 20%～30%，是塑性很好的材料。

有时也采用截面收缩率 ψ，作为衡量材料塑性的另一个指标：

$$\psi = \frac{A - A_1}{A} \times 100\% \tag{1.12}$$

式中，A_1 为试件拉断后断口横截面面积，A 为试件原始横截面面积。低碳钢的截面收缩率 ψ 约为 60%～70%。

δ、ψ 越大，说明材料的塑性性能越好。工程中通常按延伸率的大小把材料分成两大类，$\delta \geqslant 5\%$ 的材料称为**塑性材料**，如碳钢、黄铜、铝合金等；而将 $\delta < 5\%$ 的材料称为**脆性材料**，如铸铁、玻璃、砖石、混凝土等。

二、铸铁拉伸时的力学性质

铸铁拉伸时的应力-应变关系是一段微弯曲线，如图 1.15 所示。它没有明显的直线部分，应力和应变不成正比关系。铸铁在较小的应力时就会被拉断，没有屈服和颈缩现象，拉断前的应变很小，延伸率小于 0.5%，是典型的脆性材料。拉断时的强度极限 σ_b 是衡量铸铁强度的唯一指标。铸铁试件大体上沿横截面被拉断，如图 1.15（a）所示。

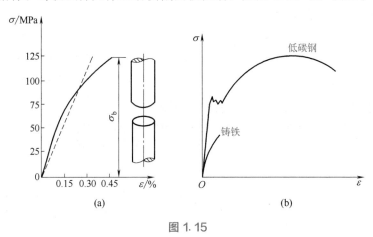

图 1.15

三、材料压缩时的力学性质

金属材料的压缩试件，一般做成短圆柱体，以免被压弯。试件高度一般为直径的 $1.5\sim3$ 倍。混凝土、石料等则制成立方体试块。

试验时，将试件置于万能试验机的两压座之间，使其产生压缩变形，与拉伸试验一样，可以画出材料在压缩时的应力-应变曲线。

低碳钢压缩时的应力-应变曲线如图 1.16 所示。试验结果表明，低碳钢压缩时的弹性模量 E、比例极限 σ_p、屈服极限 σ_s 都与拉伸时基本相同。屈服阶段后，试件越压越扁，横截面面积不断增大，试件抗压能力也继续提高，因而得不到压缩时的强度极限。由于可以从拉伸试验了解到低碳钢压缩时的主要力学性质，所以对于低碳钢，通常不一定进行压缩试验。

脆性材料在压缩时的力学性质与拉伸时有较大的差别。以铸铁为例，由压缩试验得到的应力-应变曲线如图 1.17 所示。铸铁压缩时的延伸率和强度极限都比其拉伸时大很多，压缩时的强度极限 σ_b 约为拉伸时的 $4\sim5$ 倍，由此可见，铸铁宜于制作受压构件。铸铁压缩试件破坏斜面与轴线约呈 $35°\sim45°$ 的倾角，这是因为斜面上切应力过大而发生破坏，这与拉伸时的破坏现象不同。其他脆性材料，如混凝土、石料等，它们的抗压强度也远高于抗拉强度。混凝土压缩时的应力-应变曲线

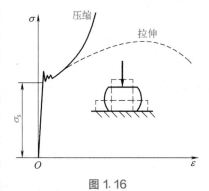

图 1.16

如图 1.18 所示，从图中曲线可以看出，混凝土的抗压强度极限要比抗拉强度极限大得多。所以，脆性材料宜于作为抗压构件的材料，其压缩试验也比拉伸试验更为重要。

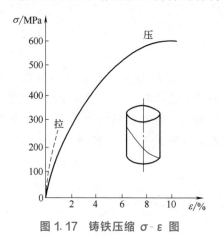

图 1.17 铸铁压缩 σ-ε 图

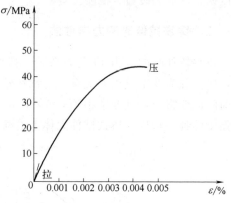

图 1.18 混凝土压缩 σ-ε 图

表 1.2 列出了工程中一些常用材料的力学性质。

表 1.2 常用工程材料拉伸和压缩时的力学性能（常温、静载）

材料名称	牌号	屈服极限 σ_s/MPa	强度极限 σ_b/MPa	延伸率 δ/%
普通碳素钢	Q235	216～235	373～461	25～27
普通低合金结构钢	Q345	274～343	471～510	19～21
合金结构钢	20Cr	540	835	10
碳素铸钢	ZG270-500	270	500	18

四、塑性材料和脆性材料力学性质的比较

关于塑性材料和脆性材料的力学性质，归纳起来其主要区别如下：

（1）塑性材料断裂时延伸率大，塑性性能好；脆性材料断裂时延伸率小，塑性性能很差。所以，用脆性材料做成的构件，其断裂破坏总是突然发生的，破坏前没有征兆；而用塑性材料做成的构件通常在显著的形状改变后才破坏。

（2）多数塑性材料在拉伸和压缩变形时，其弹性模量及屈服极限基本一致，即其抗拉和抗压的性能基本相同，所以应用范围广；而多数脆性材料的抗压能力远大于抗拉能力，所以宜用于制作受压构件。

（3）多数塑性材料在弹性范围内，应力与应变关系符合胡克定律；而多数脆性材料在拉伸时，应力-应变曲线没有直线段，是一条微弯曲线，应力与应变间的关系不符合胡克定律，只是由于应力-应变曲线的曲率小，所以应用上假设它们成正比关系。

（4）表征塑性材料力学性质的指标有 σ_p、σ_s、σ_b、E、δ、ψ 等；表征脆性材料力学性质的指标只有 E 和 σ_b。

第五节　轴向拉（压）杆的强度条件及应用

一、材料的极限应力和许用应力

通过材料的拉伸和压缩试验，可以确定材料的各种强度指标。将材料破坏时的应力称为

极限应力，用 σ_u 表示。对于塑性材料，当应力达到屈服极限 σ_s 时，构件已经发生明显的塑性变形，往往会影响它的正常工作。所以一般认为这时材料已经破坏，从而把屈服极限 σ_s 作为塑性材料的极限应力。对于脆性材料，直到断裂也无明显的塑性变形，断裂是脆性材料破坏的唯一标志，因而断裂时的强度极限 σ_b 就是脆性材料的极限应力。

为了保证杆件有足够的强度，它在荷载作用下的工作应力显然应低于材料的极限应力。在强度设计中，把极限应力除以一个大于 1 的系数 n，并将所得结果称为许用应力，用 $[\sigma]$ 来表示，即

$$[\sigma]=\frac{\sigma_u}{n} \tag{1.13}$$

对于塑性材料

$$[\sigma]=\frac{\sigma_s}{n_s} \tag{1.14}$$

对于脆性材料

$$[\sigma]=\frac{\sigma_b}{n_b} \tag{1.15}$$

式中，系数 n_s 和 n_b 分别为塑性材料和脆性材料的安全系数。因为多数塑性材料各自的拉伸和压缩屈服极限相等，所以同一种材料在拉、压时的许用应力也相等。但脆性材料拉伸和压缩时的强度极限一般不等，因而同种材料的许用拉应力和许用压应力也不相等。

二、强度条件

为了保证拉（压）杆能正常工作，即具有足够的强度，将许用应力作为杆件实际工作应力的最高限值，即要求工作应力不超过材料的许用应力 $[\sigma]$，于是得到拉（压）杆的强度条件为

$$\sigma=\frac{N}{A}\leqslant[\sigma] \tag{1.16}$$

根据以上强度条件，可以解决下列三种类型的强度设计问题：

（1）强度校核　已知杆件几何尺寸、荷载数值以及材料的许用应力，即可根据式（1.16）验算杆件是否满足强度要求。

（2）设计截面　已知作用在杆件上的荷载及材料的许用应力，可把强度条件改写成

$$A\geqslant\frac{N}{[\sigma]} \tag{1.17}$$

来确定杆件所需的最小横截面面积，进而确定截面几何尺寸。

（3）确定许用荷载　已知杆件的横截面尺寸及材料的许用应力，可把强度条件改写成

$$N_{max}\leqslant[\sigma]A \tag{1.18}$$

由此就可以确定杆件所能承担的最大轴力，然后根据杆件的最大轴力再进一步确定许用荷载。

三、安全系数

通过强度条件的讨论可以看出，如果选定了安全系数，就确定了杆件材料的许用应力，而许用应力的大小直接影响杆件的设计。如果安全系数选得过大，以致许用应力过小，设计

的杆件尺寸就偏大，增加了材料的用量和杆件自重，不经济；反之，如果安全系数选得过小，以致许用应力过大，设计的杆件尺寸就偏小，可能危及安全。因此安全系数的确定，就不仅仅是一个单纯的力学问题，而应该权衡经济和安全两方面，做出合理设计。

确定安全系数时，一般应考虑以下几点因素：

（1）极限应力的差异　材料的极限应力值是根据材料试验结果按统计方法确定的，工程中实际使用的材料的极限应力可能低于给定值。

（2）荷载值的差异　实际荷载有可能超过设计计算中所采用的标准荷载。

（3）实际结构与计算简图之间的差异　将实际结构简化为计算简图时，有时会引入偏于不安全的因素；另外，杆件在加工后，其横截面尺寸有可能比设计尺寸小。

（4）计算理论与实际情况之间的差异　计算理论和公式都是在一定的假设基础上建立起来的，与实际杆件存在差异。

（5）其他因素　杆件的重要性、工作环境以及损坏后引起的严重后果也要加以考虑。

安全系数通常由国家有关部门在规范中做出具体规定。一般来说，n_b 比 n_s 更大，这是由于脆性材料组织的均匀性比塑性材料差，同时脆性材料的破坏是以断裂为标志的，而塑性材料的破坏是以发生明显的塑性变形（即屈服）为标志的，两者的危险程度不同。

【例 1.5】　如图 1.19（a）所示一钢筋混凝土组合屋架，受均布荷载 q 作用。屋架上弦杆 AC 和 BC 由钢筋混凝土制成，下弦杆 AB 为圆截面钢拉杆，其长 $l=8.4m$，直径 $d=22mm$，屋架高 $h=1.4m$，钢的许用应力 $[\sigma]=170MPa$，试校核拉杆的强度。

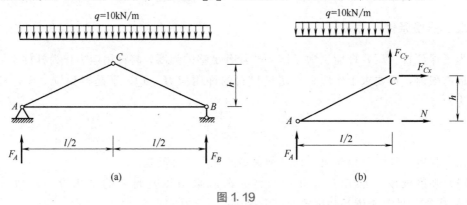

图 1.19

解：

（1）求支座反力 F_A 和 F_B　因为结构及荷载左右对称，所以

$$F_A=F_B=\frac{ql}{2}=\frac{1}{2}\times10\times8.4=42\text{（kN）}$$

（2）求拉杆的内力 N　用截面法截取左半个屋架作为隔离体，如图 1.19（b）所示。

由 $\sum M_C=0,\qquad N\times h+q\times\dfrac{l}{2}\times\dfrac{l}{4}-F_A\times\dfrac{l}{2}=0$

得　$N=\dfrac{1}{h}\left(F_A\times\dfrac{l}{2}-\dfrac{1}{8}ql^2\right)=\dfrac{1}{1.4}\times\left(42\times4.2-\dfrac{1}{8}\times10\times8.4^2\right)=63\text{（kN）}$

（3）求拉杆横截面上的正应力 σ

$$\sigma=\frac{N}{A}=\frac{63\times10^3\text{N}}{\dfrac{\pi}{4}\times(22\times10^{-3})^2\text{m}^2}=165.7\times10^6\text{Pa}=165.7\text{MPa}<[\sigma]=170\text{MPa}$$

故满足强度要求。

【例1.6】　如图1.20（a）所示，简单支架在节点 B 受竖直荷载 F 作用，其中钢拉杆 AB 长 $l_1=2$m，横截面面积 $A_1=600$mm^2，许用应力 $[\sigma]_1=170$MPa；木压杆 BC 的横截面面积 $A_2=10000$mm^2，许用应力 $[\sigma]_2=7$MPa，试确定许用荷载 $[F]$。

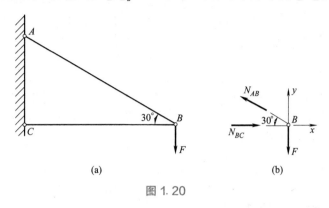

(a)　　　　　(b)

图 1.20

解：

（1）取节点 B 为隔离体，如图1.20（b）所示，求出两杆内力与 F 的关系：

由 $\sum F_y=0$，$N_{AB}\times\sin30°=F$，得 $N_{AB}=2F$（拉）

由 $\sum F_x=0$，$N_{AB}\times\cos30°=N_{BC}$，得 $N_{BC}=\sqrt{3}F$（压）

（2）对于 AB 杆，由 $\dfrac{N_{AB}}{A_1}\leqslant[\sigma]_1$，即 $\dfrac{2F_1}{600}\leqslant170$，得

$$F_1\leqslant51\times10^3\text{N}=51\text{kN} \tag{a}$$

对于 BC 杆，由 $\dfrac{N_{BC}}{A_2}\leqslant[\sigma]_2$，即 $\dfrac{\sqrt{3}F_2}{10000}\leqslant7$，得

$$F_2\leqslant40.4\times10^3\text{N}=40.4\text{kN} \tag{b}$$

为了保证 AB 杆和 BC 杆都安全，则许用荷载应为式（a）、式（b）中的较小者，即

$$[F]=\min(F_1,F_2)=40.4\text{kN}$$

【例1.7】　一桁架受力如图1.21（a）所示，各杆都由两根等边角钢组成。已知材料的许用应力 $[\sigma]=170$MPa，试选择 AC 杆和 CD 杆的截面型号。

解：因为结构及荷载对称，故支座反力 $F_A=F_B=220$kN，且有 $\overline{AC}=\sqrt{4^2+3^2}=5$（m）。

（1）求两杆的轴力　由节点 A 的平衡，如图1.21（b）所示，由 $\sum F_y=0$ 得

$$N_{AC}\sin\alpha=F_A$$

$$N_{AC}=\frac{F_A}{\sin\alpha}=\frac{220\text{kN}}{3/5}=367\text{kN}$$

选 1—1 截面以左为隔离体，如图1.21（c）所示，由 $\sum M_E=0$ 可得

$$N_{CD}\times3=220\text{kN}\times4$$

即

$$N_{CD}=293\text{kN}$$

（2）选择两杆的截面　因为 AC、CD 两杆都由两根等边角钢组成，所以每根角钢的截面面积可由强度条件分别求得，即

$$\sigma_{AC}=\frac{N_{AC}}{2A_{AC}}\leqslant[\sigma]$$

$$A_{AC} \geqslant \frac{N_{AC}}{2[\sigma]} = \frac{367 \times 10^3 \text{N}}{2 \times 170 \times 10^6 \text{Pa}}$$

$$= 1.08 \times 10^{-3} \text{m}^2 = 10.8 \text{cm}^2$$

查型钢表可知，AC 杆可以选用 $80 \times 80 \times 7$ 的两个等边角钢。

再由 $$\sigma_{CD} = \frac{N_{CD}}{2A_{CD}} \leqslant [\sigma]$$

得 $$A_{CD} \geqslant \frac{N_{CD}}{2[\sigma]} = \frac{293 \times 10^3 \text{N}}{2 \times 170 \times 10^6 \text{Pa}}$$

$$= 0.862 \times 10^{-3} \text{m}^2 = 8.62 \text{cm}^2$$

查型钢表可知，CD 杆可以选用 $75 \times 75 \times 6$ 的两个等边角钢。

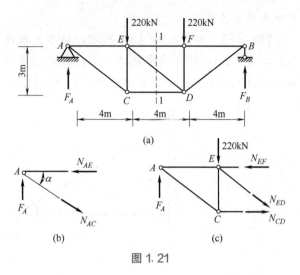

图 1.21

第六节　应力集中的概念

等截面直杆受轴向拉伸或压缩时，横截面上的应力分布是均匀的。但由于实际需要，有些杆件必须有切口、切槽、油孔等，使得在这些部位上截面尺寸发生突然变化。试验结果表明，在杆件尺寸发生突然改变的横截面上，应力分布并不是均匀的。例如开有圆孔和带有切口的板条，当其受轴向拉伸时，在圆孔和切口附近的局部区域内，应力将急剧增加，但在离开这一区域稍远处，应力就迅速降低而趋于均匀，如图 1.22（a）、（b）所示。这种因杆件外形突然变化而引起局部应力急剧增大的现象，称为应力集中。

设发生在应力集中截面上的最大应力为 $\sigma_{\max}$，同一截面按削弱后的净面积计算的平均应力为 σ_0，则比值

$$K = \frac{\sigma_{\max}}{\sigma_0}$$

称为理论应力集中系数。它反映了应力集中的程度，是一个大于 1 的系数。试验结果表明：截面尺寸改变越急剧，角越尖，孔越小，应力集中的程度就越严重。因此，杆件上应尽可能地避免带尖角的孔和槽。在阶梯轴的轴肩处要用圆弧过渡，而且尽量使圆弧半径大一些。

各种材料对应力集中的敏感程度并不相同。塑性材料有屈服阶段，当局部的最大应力 $\sigma_{\max}$ 达到屈服极限 σ_s 时，该处材料的变形可以继续增长，而应力却不再加大。如外力继续增加，增加的力就由截面上尚未屈服的材料来承担，使得截面上其他点的应力相继增大到屈服极限，如图 1.22（c）所示。这就使截面上的应力逐渐趋于平均，降低了不均匀程度，也限制最大应力 $\sigma_{\max}$ 的数值。因此，用塑性材料制成的杆件在静荷载作用下，可以不考虑应力集中的影响。对于组织均匀的脆性材料来说，因为材料没有屈服阶段，当拉伸时最大局部应力 $\sigma_{\max}$ 达到材料的强度极限 σ_b 时，杆件将在该处首先开裂，并迅速导致整个杆件破坏，所以应力集中使组织均匀的脆性材料的承载能力大为降低。这样，即使在静荷载作用下，也必须考虑应力集中的影响。但是，必须指出，在静荷载作用下，对于铸铁这一类组织不均匀的脆性材料制成的杆件，却又可以不考虑这种应力集中的影响。这是因为在这种材料内部，

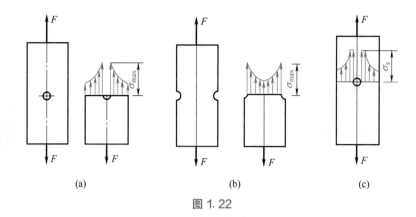

图 1.22

本来就因为存在许多缺陷而有严重的应力集中，使得由杆件外形改变引起的应力集中就可能成为次要因素，对杆件的承载力不一定构成明显的影响。

当杆件受动荷载作用时，则对任何材料制成的杆件都应考虑应力集中的影响。

第七节　应用分析

【例 1.8】　在【例 1.2】中，设杆件的横截面积 $A = 100\text{mm}^2$，材料的弹性模量 $E = 200\text{GPa}$，试计算 C 端的位移。

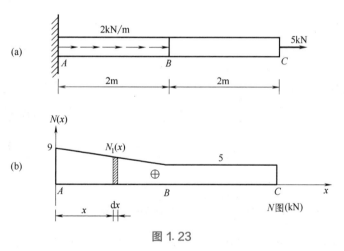

图 1.23

解：轴力图如图 1.23（b）所示。建立图示坐标系，AB 段轴力

$$N_1(x) = 9 - 2x, 0 \leqslant x \leqslant 2$$

在 $\mathrm{d}x$ 微段，轴力可看成常数，其变形为 $\dfrac{N_1(x)\mathrm{d}x}{EA}$

则 AB 段的变形

$$\Delta l_{AB} = \int_0^2 \frac{N_1(x)}{EA}\mathrm{d}x$$

于是，C 端的位移

$$\Delta_C = \Delta l_{AB} + \Delta l_{BC} = \int_0^2 \frac{N_1(x)}{EA} \mathrm{d}x + \frac{N_2 l}{EA} = \frac{1}{EA}\left(\int_0^2 (9-2x)\mathrm{d}x + 5 \times 2\right)$$

$$= \frac{1}{EA}\left[(9 \times 2 - 2^2) + 5 \times 2\right] = \frac{24}{EA}$$

$$= \frac{24 \times 10^3 \,\mathrm{N \cdot m}}{200 \times 10^9 \,\mathrm{Pa} \times 100 \times 10^{-6} \,\mathrm{m}^2} = 1.2 \times 10^{-3}\,\mathrm{m} = 1.2\,\mathrm{mm}$$

资源 1.1
绘制轴力图
和位移计算

计算结果为正，说明 C 端水平向右移动 $1.2\,\mathrm{mm}$。

请扫二维码资源 1.1，可观看计算机求解过程。使用软件计算前，需要统一单位，此时使用国际单位制不太方便，可采用"N""mm""MPa"系列单位，即力的单位采用 N，长度的单位采用 mm，应力的单位采用 MPa。按此规定，AB 段长度应输入 2000；均布荷载 $2\mathrm{kN/m}$ 就等于 $2\mathrm{N/mm}$，即输入 2；C 截面荷载要输入 5000；抗拉压刚度 $EA = 200 \times 10^3 \times 100 = 20000000$，不考虑杆件的抗弯刚度。

【例 1.9】 如图 1.24 所示的结构中，杆 AB、BC 的材料相同，其弹性模量 $E = 200\mathrm{GPa}$，AB 杆、BC 杆的横截面积分别为 $A_1 = 100\mathrm{mm}^2$、$A_2 = 80\mathrm{mm}^2$，测得 BC 杆的纵向线应变 $\varepsilon = 5 \times 10^{-4}$。试求：

(1) 荷载 F 的大小；

(2) 已知材料的许用应力 $[\sigma] = 100\mathrm{MPa}$，校核 AB 杆的强度。

解： (1) 选节点 B，画受力图，如图 1.25 所示。

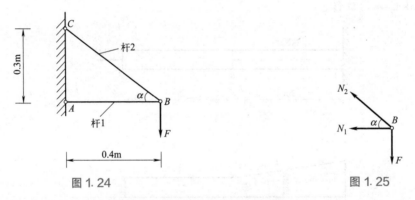

图 1.24　　　　　　　　图 1.25

根据胡克定律，$\sigma_{BC} = E\varepsilon$，即 $\dfrac{N_2}{A_2} = E\varepsilon$，得杆 BC 的轴力

$$N_2 = E\varepsilon A_2 = 200 \times 10^9 \,\mathrm{Pa} \times 5 \times 10^{-4} \times 80 \times 10^{-6} \,\mathrm{m}^2 = 8 \times 10^3\,\mathrm{N} = 8\,\mathrm{kN}$$

由平衡方程 $\sum F_y = 0$，得荷载 $F = N_2 \sin\alpha = 8 \times \dfrac{3}{5} = 4.8\,\mathrm{kN}$

(2) 由 $\sum F_x = 0$，即 $N_1 + N_2\cos\alpha = 0$，得 $N_1 = -N_2\cos\alpha = -8 \times \dfrac{4}{5} = -6.4\,\mathrm{kN}$（受压）

由强度条件，对杆件 AB，$\sigma_{AB} = \dfrac{N_1}{A_1} = \dfrac{6400\,\mathrm{N}}{100 \times 10^{-6}\,\mathrm{m}^2} = 64 \times 10^6\,\mathrm{Pa} = 64\,\mathrm{MPa} < 100\,\mathrm{MPa}$

满足强度要求。

【说明】 应变可很方便地通过粘贴在构件表面的应变片测得，见图 1.26。应变片的工作原理是：当一个导体在其弹性极限内受外力拉伸时，会变窄变长，电阻变大；相反，当被压

缩后会变宽变短，其电阻变小。通过测量应变片的电阻变化，其覆盖区域的应变就可以演算出来。应变片具有方向性，【例 1.9】中的应变片粘贴时，应使其栅长方向与 BC 杆的轴线平行。

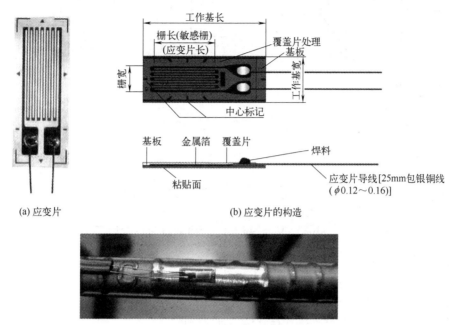

(a) 应变片   (b) 应变片的构造

(c) 处于工作状态的应变片

图 1.26

【例 1.10】 如图 1.27 所示的轴向拉伸钢杆，已知材料的弹性模量 $E=200\text{GPa}$，泊松比 $\mu=0.25$，测得其表面上 K 点处的横向线应变 $\varepsilon'=-2\times10^{-4}$，试求荷载 F 和总伸长 Δl。

解：由 $\varepsilon'=-\mu\varepsilon$，得 $\varepsilon=-\dfrac{\varepsilon'}{\mu}=-\dfrac{-2\times10^{-4}}{0.25}=8\times10^{-4}$

由胡克定律 $\sigma=E\varepsilon=200\times10^{3}\times8\times10^{-4}=160$（MPa）

由 $\sigma=\dfrac{N}{A}$，得荷载 $F=N=\sigma A=160\times10\times10=16\times10^{3}\text{N}=16\text{kN}$

总伸长 $\Delta l=\dfrac{Nl}{EA}=\dfrac{16\times10^{3}\times1.5\times10^{3}}{200\times10^{3}\times10\times10}=1.2$（mm）

【讨论】 计算总伸长 Δl 的第二种方法

因为 $\varepsilon=\dfrac{\Delta l}{l}$，所以总伸长 $\Delta l=l\varepsilon=1.5\times10^{3}\times8\times10^{-4}=1.2$（mm）

【说明】 上述例题中的应变片粘贴时，应使其栅长方向与杆轴线垂直，即栅长方向为水平方向。

【*例 1.11】 图 1.28（a）所示支架，圆形钢杆 BC 的直径 $d=20\text{mm}$，AC 杆为 8 号槽钢。已知材料的弹性模量均为 $E=200\text{GPa}$，荷载 $F=60\text{kN}$，试计算 C 点的位移。

解：选节点 C，画受力图，如图 1.28（b）所示。列平衡方程：

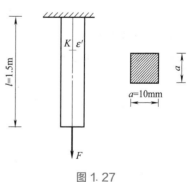

图 1.27

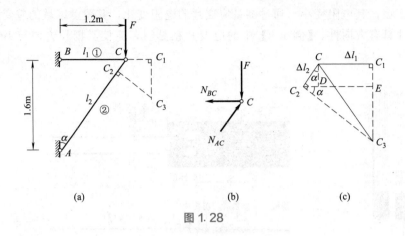

图 1.28

由 $\sum F_y = 0$，$N_{AC}\cos\alpha = F$，$N_{AC} = 60 \times \dfrac{5}{4} = 75$（kN）（压）

由 $\sum F_x = 0$，$N_{BC} = N_{AC}\sin\alpha$，$N_{BC} = 75 \times \dfrac{3}{5} = 45$（kN）（拉）

查附录型钢规格表，8 号槽钢的横截面积为 $A_2 = 10.24\text{cm}^2$，显然，斜杆 AC 的长度为 $l_2 = 2\text{m}$。

假设将支架在 C 点拆开，BC 杆伸长

$$\Delta l_1 = \frac{N_{BC}l_1}{EA_1} = \frac{45 \times 10^3 \times 1.2 \times 10^3}{200 \times 10^3 \times \dfrac{\pi \times 20^2}{4}} = 0.859(\text{mm})$$

然后变为 BC_1。

AC 杆缩短

$$\Delta l_2 = \frac{N_{AC}l_2}{EA_2} = \frac{75 \times 10^3 \times 2 \times 10^3}{200 \times 10^3 \times 1024} = 0.732(\text{mm})$$

然后变为 AC_2，如图 1.28（a）所示。

分别以 A、B 为圆心，AC_2 和 BC_1 为半径，画弧线交于 C_3 点，C_3 点即为结构变形后节点 C 的位置。因为变形很小，用垂直于杆件的线段 C_2C_3 和 C_1C_3 来代替相应的圆弧线。CC_3 就是 C 点的位移，见放大图图 1.28（c）。

C 点的水平位移：$CC_1 = \Delta l_1 = 0.859\text{mm}$

C 点的竖直位移：
$$\begin{aligned}
C_1C_3 &= C_1E + EC_3 = \Delta l_2\cos\alpha + C_2E\tan\alpha \\
&= \Delta l_2\cos\alpha + (C_2D + DE)\tan\alpha \\
&= \Delta l_2\cos\alpha + (\Delta l_2\sin\alpha + \Delta l_1)\tan\alpha \\
&= 0.732 \times \frac{4}{5} + \left(0.732 \times \frac{3}{5} + 0.859\right) \times \frac{3}{4} \\
&= 1.56\ (\text{mm})
\end{aligned}$$

资源 1.2
桁架位移计算

最后求得 C 点的位移为：

$$CC_3 = \sqrt{CC_1^2 + C_1C_3^2} = \sqrt{0.859^2 + 1.56^2} = 1.78\ (\text{mm})$$

本题较适合计算机求解，其建模、运算过程，请扫二维码资源 1.2 观看。

小结

本章所介绍的内力、应力、变形、应变等概念会贯穿后面的所有章节，因此非常重要。计算内力的截面法、推导应力公式的分析方法、强度计算的三类问题等等，也同样适用于后面介绍的其他变形。

求内力的方法——截面法，是材料力学计算内力的通用方法。

1. 内力

轴向拉（压）杆的内力称为轴力，用符号 N 表示。轴力的正负号的规定：拉力为正，压力为负，注意所有内力正负号都是根据变形情况来规定的，这样可以保证内力的计算与隔离体的选择无关。通过轴力图可很清楚地观察轴力在杆件内的分布情况。

2. 应力

杆件轴向拉伸和压缩时，横截面上的正应力是均匀分布的，正应力的计算公式为：

$$\sigma = \frac{N}{A}$$

3. 变形

纵向伸长量为：$\Delta l = l_1 - l$ ，$\Delta l = \dfrac{Nl}{EA}$

线应变：$\varepsilon = \dfrac{\Delta l}{l}$

材料的胡克定律：$\sigma = E\varepsilon$

4. 强度条件

$$\sigma_{max} = \frac{N_{max}}{A} \leqslant [\sigma]$$

利用强度条件，可以解决三类问题：强度校核、设计截面、确定许用荷载。

📖 **习题**

1.1　试画出图示轴向拉（压）杆的轴力图。

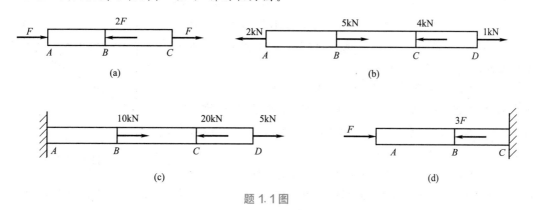

题 1.1 图

1.2　如图所示的钢筋混凝土竖柱 AB。已知其横截面为 $500mm \times 500mm$ 的正方形，柱高为 $4m$，材料的容重 $\gamma = 25kN/m^3$；柱顶还作用一集中荷载 $F = 100kN$。试画出其轴力图。

1.3　图示桁架的下弦杆 AC 由两根等边角钢L $50 \times 50 \times 5$ 组成，在某截面处钻有直径

$d=12\text{mm}$ 的两个孔，求杆 AC 横截面上的最大工作应力。

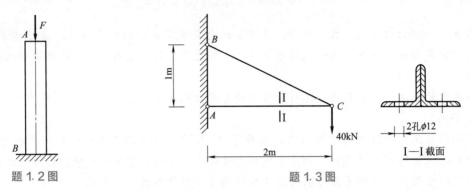

题1.2图   题1.3图

1.4 一根直径 $d=20\text{mm}$，长度 $l=1\text{m}$ 的轴心拉杆，在弹性范围内承受拉力 $F=40\text{kN}$。已知材料的弹性模量 $E=2.1\times10^5\text{MPa}$，泊松比 $\mu=0.3$。求该杆的长度改变量 Δl 和直径改变量 Δd。

1.5 等直杆如图所示。已知杆件的横截面积 $A=200\text{mm}^2$，材料的弹性模量 $E=200\text{GPa}$，求各段杆的应变、伸长及全杆的总伸长。

1.6 用吊索起吊一钢管如图所示。已知钢管重量 $W=10\text{kN}$，吊索直径 $d=40\text{mm}$，试计算吊索的应力。

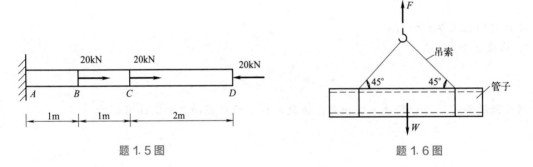

题1.5图   题1.6图

1.7 图示为一个三角形托架，已知杆 AB 为圆截面钢杆，许用应力为 $[\sigma]=170\text{MPa}$；杆 AC 为正方形截面木杆，许用应力为12MPa，荷载 $F=60\text{kN}$，试选择钢杆截面的直径和木杆截面的边长。

1.8 图示三角架中，已知杆①的横截面积 $A_1=600\text{mm}^2$，材料的许用应力 $[\sigma]_1=160\text{MPa}$；杆②的横截面积 $A_2=900\text{mm}^2$，其许用应力 $[\sigma]_2=100\text{MPa}$，试求结构的许用荷载 $[F]$。

题1.7图

1.9 图示三角架由杆 AB 和杆 AC 组成。杆 AB 由两根12b号的槽钢组成，许用应力为160MPa；杆 AC 为一根22a号的工字钢，许用应力为100MPa。求该结构的许用荷载 $[F]$。

1.10 图示结构中，AB 杆为刚性杆，杆①、②和③的材料分别为钢、木和铜。各杆的横截面积分别为 $A_1=1000\text{mm}^2$，$A_2=10000\text{mm}^2$，$A_3=3000\text{mm}^2$；弹性模量分别为 $E_1=200\text{GPa}$，$E_2=10\text{GPa}$，$E_3=100\text{GPa}$，荷载 $F=12\text{kN}$。试求 C、D 两点处的位移。

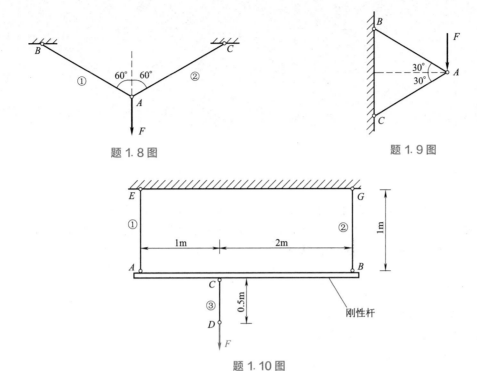

题 1.8 图　　　　题 1.9 图

题 1.10 图

1.11　图示三角支架中，$\alpha=30°$，杆 AB 由两根不等边角钢L $63\times40\times4$ 组成，材料的许用应力为 $[\sigma]=160\text{MPa}$，当 $W=15\text{kN}$ 时，校核杆 AB 的强度。

1.12　图示桁架中，每杆长均为 1m，并均由两根 Q235 等边角钢组成，材料的许用应力为 $[\sigma]=160\text{MPa}$。设 $F=400\text{kN}$，试选择 AC 杆和 CD 杆所用角钢的型号。

*1.13　图示结构受竖向荷载 F 作用，两杆材料相同，且抗拉和抗压的许用应力相等，均为 $[\sigma]$，求使杆系具有最小重量时的 θ 角。

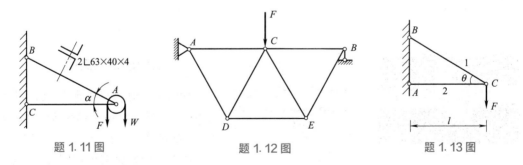

题 1.11 图　　　　题 1.12 图　　　　题 1.13 图

第二章　剪切

素质目标

- 通过抗剪件的设计，培养自觉遵守法律、法规以及技术标准的习惯；
- 能相互协作学习讨论，学会团队合作，并在小组学习中构建自己的知识体系；
- 培养工程素养及精益求精的工匠精神。

知识目标

- 能识别工程中的剪切现象；
- 掌握判别剪切面和挤压面的方法；
- 掌握各种挤压面积的计算方法。

技能目标

- 能进行剪切的实用计算；
- 能进行挤压的实用计算；
- 能进行铆钉和螺栓等连接件的设计。

第一节　概述

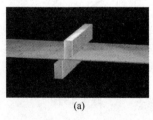

(a)　　　　　　　　　　(b)

图 2.1

一、剪切的工程实例

如图 2.1 剪切机剪断钢板、图 2.2 的销连接、图 2.3 轴与轮传递转动的键、图 2.4 的铆接、图 2.5 的螺栓连接等等都是实际工程中常见的剪切问题，剪切是本书要研究的第二种基本变形。

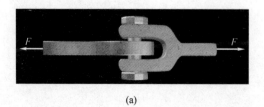

(a)

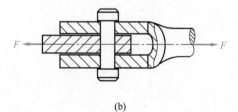

(b)

图 2.2

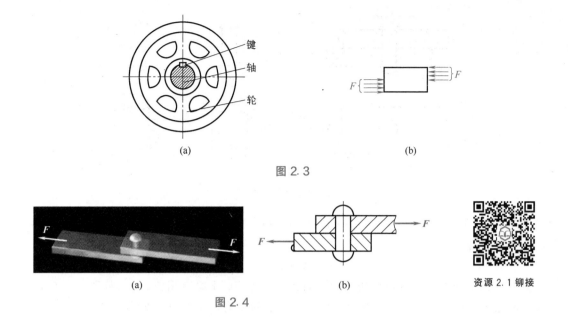

图 2.3

图 2.4

资源 2.1 铆接

二、剪切的受力变形特点

剪切的受力和变形可简化为图 2.6 所示的简图，其受力特点是：作用在构件两侧面上的横向外力大小相等，方向相反，作用线相距很近。其变形特点是：两外力间的横截面发生相对错动。

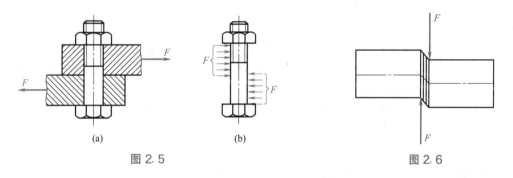

图 2.5

图 2.6

第二节 剪切的实用计算

对于承受剪切的构件的强度，要进行精确的分析是比较困难的，因为剪切构件应力的实际分布情况比较复杂，所以在实际设计中作了一些假设，采用简化的计算方法，称为剪切的实用计算。

如图 2.7 所示，以铆接为例，连接处的破坏可能有三种情况：铆钉在两侧与钢板接触面的压力 F 作用下，将沿着 m—m 截面被剪断；铆钉与钢板在相互接触面上因挤压而使连接发生松动；连接板因为铆钉孔削弱发生拉伸破坏。

如图 2.7 所示，m—m 截面称为剪切面。假设沿着 m—m 截面截开，并选下侧隔离体

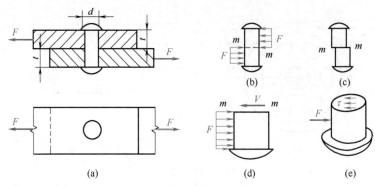

图 2.7

为研究对象，见图 2.7 (d)，为了保持平衡，铆钉剪切面上有与截面相切的内力 V，称为剪力，由静力平衡方程

$$V = F$$

剪力 V 是剪切面上分布力系的合力。因此，在剪切面上必有切应力 τ，见图 2.7 (e)，τ 的分布情况比较复杂，在实用计算时是以剪切面上的平均切应力为依据的，即

$$\tau = \frac{V}{A} \tag{2.1}$$

式中 A——剪切面面积。

式 (2.1) 计算的 τ 并非剪切面上的真实应力，称为计算切应力或名义切应力。

剪切强度条件为

$$\tau = \frac{V}{A} \leqslant [\tau] \tag{2.2}$$

式中 $[\tau]$——材料的许用切应力，它是在与构件实际受力情况相似的条件下进行剪切破坏试验，并同样按切应力在剪切面上均匀分布的假设计算出来，再除以安全系数而获得的。

根据试验，一般情况下，材料的许用切应力 $[\tau]$ 与许用正应力 $[\sigma]$ 之间有如下的关系：

对塑性材料，$[\tau] = (0.6 \sim 0.8)[\sigma]$；对脆性材料，$[\tau] = (0.8 \sim 1.0)[\sigma]$

剪切强度条件式 (2.2) 虽然是结合铆接的情况得出的，但也可适用于其他类似的剪切构件。

综上所述，实用计算是一种带经验性的强度计算。这样计算虽然比较粗略，但由于许用切应力的测定方法与实际构件的受力情况相似，而且其计算也与名义切应力的计算方法相同，所以它基本上是符合实际情况的，在工程实际中得到了广泛应用。

和图 2.7 情况不同，图 2.8 所示的 $m—m$ 截面和 $n—n$ 截面都是剪切面，这种情况称为双剪，图 2.7 所示的情况又称为单剪。在双剪时，每个剪切面上的剪力是外力 F 的一半，即

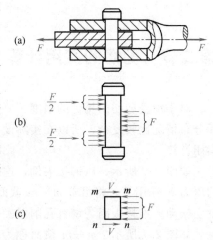

图 2.8

$$V = \frac{F}{2}$$

双剪时的切应力：$\tau = \dfrac{\dfrac{F}{2}}{A} = \dfrac{F}{2A}$

第三节 挤压的实用计算

还是以铆接为例，受剪构件除了可能被剪断外，还可能发生挤压破坏。所谓挤压是指发生在铆钉与连接板的孔壁之间相互接触面上的压紧现象。其相互接触面称为挤压面，由挤压面传递的压力称为挤压力，用 F_{bs} 表示，在挤压面上产生的正应力称为挤压应力（bearing stress），以 σ_{bs} 表示。若挤压应力过大，将使铆钉或铆钉孔产生显著的局部塑性变形，造成铆接件松动而丧失承载能力，发生挤压破坏。

在挤压面上，挤压应力的分布情况也比较复杂，在实用计算中假设挤压应力在挤压面上均匀分布，所以，挤压应力可按下式计算：

$$\sigma_{bs} = \frac{F_{bs}}{A_{bs}} \qquad (2.3)$$

式中　A_{bs}——挤压面面积。

挤压面面积 A_{bs} 的计算分两种情况：当挤压面为平面时，如图 2.9 所示，A_{bs} 为实际的接触面积，即

$$A_{bs} = bt \qquad (2.4)$$

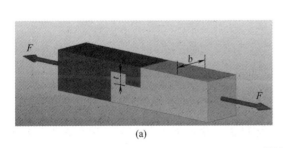

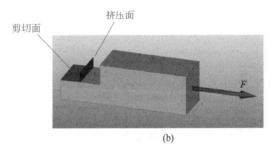

图 2.9

当挤压面为半圆柱面时，如图 2.10（a）所示的铆钉、螺栓、销钉等，挤压面上挤压应力分布较复杂，如图 2.10（b）所示，最大挤压应力在半圆弧的中点处。如果用挤压面的正投影作为计算面积，即图 2.10（c）中的直径平面 $ABCD$ 的面积，利用式（2.3）计算的结果与最大挤压应力值相近。即当挤压面为圆柱面时，采用计算挤压面积

$$A_{bs} = dt \qquad (2.5)$$

挤压强度条件为

$$\sigma_{bs} = \frac{F_{bs}}{A_{bs}} \leqslant [\sigma_{bs}] \qquad (2.6)$$

式中　$[\sigma_{bs}]$——材料的许用挤压应力。

根据试验，材料的许用挤压应力 $[\sigma_{bs}]$ 与许用正应力 $[\sigma]$ 之间有如下的关系：

对塑性材料，$[\sigma_{bs}] = (1.5 \sim 2.5)[\sigma]$；对脆性材料，$[\sigma_{bs}] = (0.9 \sim 1.5)[\sigma]$

【例 2.1】 图 2.11（a）所示的铆钉连接件，三个铆钉直径相同。已知钢板宽度 $b =$

100mm，厚度 $t=10$mm；铆钉直径 $d=20$mm，铆钉的 $[\tau]=100$MPa，钢板的 $[\sigma_{bs}]=300$MPa，钢板的 $[\sigma]=160$MPa。试求许用荷载。

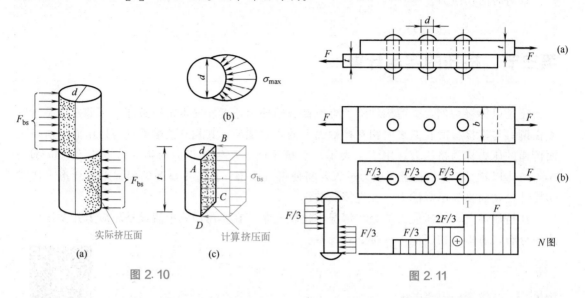

图 2.10　　　　　　　　　　　图 2.11

解：（1）按照剪切强度条件确定荷载 F　为了简化计算，当铆钉的材料和直径均相同时，假设每个铆钉的受力相等。故每个铆钉剪切面上的剪力 $V=\dfrac{F}{3}$，由剪切强度条件式（2.2）

$$\frac{V}{A}\leqslant[\tau]，即\frac{\dfrac{F}{3}}{\dfrac{\pi d^2}{4}}\leqslant[\tau]$$

得　　　　　$F\leqslant\dfrac{3\pi d^2}{4}[\tau]=\dfrac{3\pi\times20^2}{4}\times100=94.2\times10^3(\text{N})=94.2\,(\text{kN})$

（2）按照挤压强度条件确定荷载 F　按照上述假定，挤压力 $F_{bs}=\dfrac{F}{3}$，由挤压强度条件式（2.6）

$$\frac{F_{bs}}{A_{bs}}\leqslant[\sigma_{bs}]，即\frac{\dfrac{F}{3}}{td}\leqslant[\sigma_{bs}]$$

得　　　　　　$F\leqslant3td[\sigma_{bs}]=3\times10\times20\times300=180\times10^3\,(\text{N})=180\,(\text{kN})$

（3）按照钢板抗拉强度条件确定荷载 F　钢板的受力图和轴力图，见图 2.11（b），1—1 截面为危险截面，注意该截面因钉孔而被削弱，由拉压强度条件

$$\frac{N_{max}}{A_{1-1}}\leqslant[\sigma]，即\frac{F}{t(b-d)}\leqslant[\sigma]$$

得　　　　　$F\leqslant t(b-d)[\sigma]=10\times(100-20)\times160=128\times10^3(\text{N})=128\,(\text{kN})$

许用荷载应取上述三个 F 中最小的，即 $[F]=94.2$kN

【讨论】 注意在【例 2.1】解（3）中，对于开有圆孔的钢板，如图 2.12（a）所示，计算抗拉强度的危险截面面积时，是钢板的横截面积（矩形）减去圆孔在钢板横截面上的最大

面积（也是矩形），即 $A_{1-1}=t(b-d)$，如图 2.12（b）。

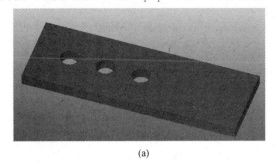 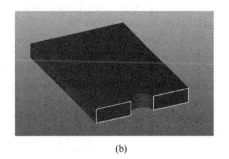

图 2.12

第四节　应用分析

【例 2.2】　轮和轴通过键连接，如图 2.13（a）所示，已知键所受的力为 $F=12\text{kN}$。键的尺寸为：$b=28\text{mm}$，$h=16\text{mm}$，$l=45\text{mm}$。键的许用切应力 $[\tau]=80\text{MPa}$，轮毂的许用挤压应力 $[\sigma_{bs}]=100\text{MPa}$，试校核键的强度。

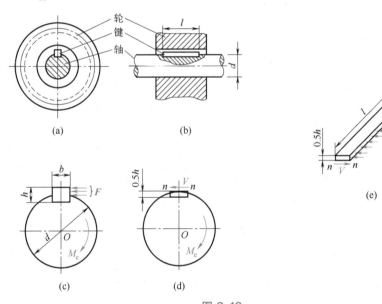

图 2.13

解：（1）校核键的剪切强度　剪切面上的剪力 $V=F=12\text{kN}$，键的工作切应力为

$$\tau=\frac{V}{A}=\frac{F}{lb}=\frac{12\times10^{3}}{45\times28}=9.5\ (\text{MPa})<[\tau]=80\ (\text{MPa})$$

满足剪切强度条件。

（2）校核挤压强度　与轴和键比较，通常轮毂抵抗挤压的能力较弱。轮毂上的挤压力 $F_{bs}=F=12\text{kN}$，通常键与轮毂的接触高度为 $0.5h$，则挤压面积为

$$A_{bs}=\frac{lh}{2}$$

故轮毂的工作挤压应力为

$$\sigma_{bs} = \frac{F_{bs}}{A_{bs}} = \frac{F}{\dfrac{lh}{2}} = \frac{12 \times 10^3}{\dfrac{45 \times 16}{2}} = 33.3 \text{ (MPa)} < [\sigma_{bs}] = 100 \text{ (MPa)}$$

也满足挤压强度条件。所以，该键连接的剪切强度和挤压强度都是足够的。

【例2.3】 如图2.14（a）所示铆接件，已知主板厚度 $t_1 = 15\text{mm}$，盖板厚度 $t_2 = 10\text{mm}$，钢板宽度 $b = 150\text{mm}$，铆钉直径 $d = 25\text{mm}$。铆钉的 $[\tau] = 80\text{MPa}$，$[\sigma_{bs}] = 300\text{MPa}$，钢板的 $[\sigma] = 160\text{MPa}$，外力 $F = 300\text{kN}$。试校核强度。

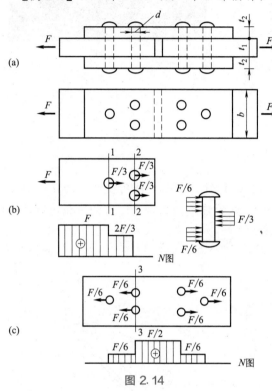

图2.14

解：（1）剪切强度计算 本例铆钉为双剪，每个铆钉的每个剪切面上的剪力 $V = \dfrac{F}{6}$，见图2.14（b），于是铆钉的工作切应力

$$\tau = \frac{V}{A} = \frac{\dfrac{F}{6}}{\dfrac{\pi d^2}{4}} = \frac{4 \times 300 \times 10^3}{6 \times \pi \times 25^2}$$

$$= 101.9 \text{ (MPa)} > [\tau] = 100 \text{ (MPa)}$$

超过1.9%，不超过5%，工程上是允许的，可认为满足剪切强度条件。

（2）挤压强度计算 因为 $t_1 < 2t_2$，铆钉中段的挤压应力必然大于上、下段的挤压应力，因此应校核铆钉中段的挤压强度。见图2.14（b），铆钉中段的挤压力 $F_{bs} = \dfrac{F}{3}$，于是铆钉的工作挤压应力

$$\sigma_{bs} = \frac{F_{bs}}{A_{bs}} = \frac{\dfrac{F}{3}}{t_1 d} = \frac{300 \times 10^3}{3 \times 15 \times 25} = 266.7 \text{ (MPa)} < [\sigma_{bs}] = 300 \text{ (MPa)}$$

满足挤压强度条件。

（3）钢板抗拉强度校核 主板和盖板的受力图和轴力图，见图2.14（b）、（c），1—1截面、2—2截面、3—3截面均为危险截面，需分别校核。

$$\sigma_{1-1} = \frac{N_{1-1}}{A_{1-1}} = \frac{F}{t_1(b-d)} = \frac{300 \times 10^3}{15 \times (150-25)} = 160 \text{ (MPa)} = [\sigma] = 160 \text{ (MPa)}$$

$$\sigma_{2-2} = \frac{N_{2-2}}{A_{2-2}} = \frac{\dfrac{2F}{3}}{t_1(b-2d)} = \frac{2 \times 300 \times 10^3}{3 \times 15 \times (150-2 \times 25)} = 133.3 \text{ (MPa)} < [\sigma] = 160 \text{ (MPa)}$$

$$\sigma_{3-3} = \frac{N_{3-3}}{A_{3-3}} = \frac{\dfrac{F}{2}}{t_2(b-2d)} = \frac{300 \times 10^3}{2 \times 10 \times (150-2 \times 25)} = 150 \text{ (MPa)} < [\sigma] = 160 \text{ (MPa)}$$

总之，铆接件满足所有强度条件。

小结

构件承受剪切时，常伴随挤压现象。解决这类问题的关键是正确确定剪切面和挤压面。剪切面是构件将要发生相对错动的面，它与外力方向平行；挤压面是相互压紧的面，它与外力垂直。

(1) 剪切实用计算是假设剪切面上切应力均匀分布，由此得出剪切强度条件：

$$\tau = \frac{V}{A} \leqslant [\tau]$$

(2) 挤压实用计算是假设挤压面上挤压应力均匀分布，由此得出挤压强度条件：

$$\sigma_{bs} = \frac{F_{bs}}{A_{bs}} \leqslant [\sigma_{bs}]$$

特别注意挤压面积 A_{bs} 的取值：当挤压面为平面时，A_{bs} 为实际的接触面积；当挤压面为半圆柱面时，取直径截面面积。

强度条件中的许用应力是在相似条件下进行试验，同样按照应力均匀分布的假设计算出来的。实践表明，上述的实用计算方法，在工程实际中是切实可行的。

习题

2.1 如图所示的单个螺栓连接件，已知 $t=20\text{mm}$，$F=200\text{kN}$，螺栓的许用切应力 $[\tau]=80\text{MPa}$，试选择螺栓的直径。

2.2 图示铆钉连接件，钢板厚度 $t=10\text{mm}$，铆钉直径 $d=17\text{mm}$，外力 $F=24\text{kN}$，铆钉的 $[\tau]=140\text{MPa}$，$[\sigma_{bs}]=320\text{MPa}$，试校核强度。

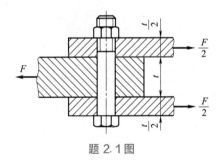

题 2.1 图

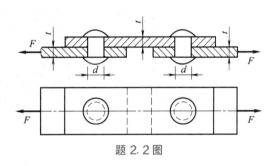

题 2.2 图

2.3 图示铆钉连接件，$t_1=8\text{mm}$，$t_2=10\text{mm}$，$F=200\text{kN}$，铆钉的 $[\tau]=100\text{MPa}$，$[\sigma_{bs}]=240\text{MPa}$，试确定铆钉的直径。

2.4 图示一减速机上齿轮与轴通过键连接。已知键受外力 $F=12\text{kN}$，所用键的尺寸为 $b=28\text{mm}$、$h=16\text{mm}$、$l=60\text{mm}$，键的 $[\tau]=87\text{MPa}$、$[\sigma_{bs}]=100\text{MPa}$，试校核键的强度。

2.5 图示剪刀，销子 C 的直径为 5mm，剪直径与销子直径相同的铜丝时，若力 $F=200\text{N}$，$a=30\text{mm}$，$b=150\text{mm}$，试求铜丝与销子横截面上的平均切应力。

2.6 两矩形截面木杆，用两块钢板连接如

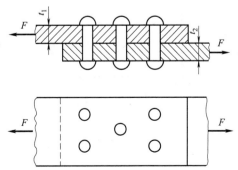

题 2.3 图

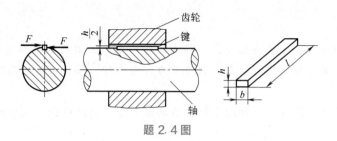

题 2.4 图

图所示。$b=150\text{mm}$，轴向拉力 $F=60\text{kN}$，木材的 $[\sigma]=10\text{MPa}$、$[\tau]=1\text{MPa}$、$[\sigma_{bs}]=10\text{MPa}$，试求接头尺寸 δ、l 和 h。

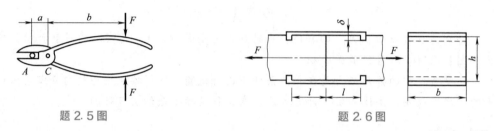

题 2.5 图　　　　　　　　　　　　　　　　题 2.6 图

2.7　图示拉杆，已知 $[\tau]=0.6[\sigma]$，试求拉杆直径 d 与端头高度 h 的合理比值。

【提示】　剪切面为图示箭头所指的圆柱面，剪切面面积 $A=\pi dh$。

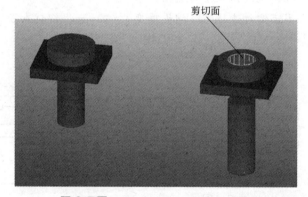

题 2.7 图

2.8　图示结构中，AB 杆的横截面积 $A=100\text{mm}^2$，材料的许用应力 $[\sigma]=100\text{MPa}$，荷载 $F=4.8\text{kN}$。试求：

（1）校核 AB 杆的强度。

（2）若 C 处螺栓的许用切应力 $[\tau]=40\text{MPa}$，试设计螺栓直径 d。

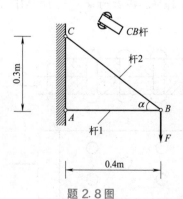

题 2.8 图

第三章　扭转

素质目标

- 通过扭转轴的设计，培养质量意识和遵守法律法规以及技术标准的习惯；
- 培养思辨能力、解决问题的能力和创新能力；
- 树立团结、协作、共同进步的团队合作理念。

知识目标

- 正确理解扭矩、极惯性矩、扭转切应力、扭转角、切应变等概念；
- 掌握切应力互等定理及剪切胡克定律；
- 了解矩形截面轴扭转时的特性。

技能目标

- 能灵活运用截面法计算扭矩；
- 能熟练绘制扭矩图；
- 能应用强度条件和刚度条件进行扭转轴的设计。

　　扭转是杆件的又一种基本变形形式，本章主要研究杆件在扭转时的内力、应力和变形，最终目的是能够进行扭转轴的强度设计和刚度校核。

第一节　扭转轴的内力及内力图

一、扭转轴的工程实例及受力变形特点

　　在荷载作用下产生扭转（torsion）变形的杆件，往往还伴随有其他形式的变形。以扭转变形为主的杆件通常称为轴。如图 3.1（a）所示的汽车转向轴 AB，驾驶员通过方向盘把力偶作用于转向轴的 A 端，在转向轴的 B 端，则受到来自转向器阻抗力偶的作用，所以转向轴 AB 承受扭转变形；又如图 3.1（b）所示的雨篷梁，雨篷板上的荷载会引起雨篷梁的扭转；如图 3.1（c）所示框架结构的边梁，作用在与该边梁相垂直梁上的荷载也会在边梁上引起扭转变形。

　　从上述的三个扭转实例中，可看到扭转轴的受力特点是：受扭杆件上作用着其作用面与杆件轴线相垂直的外力偶（external couple）。

扭转轴的变形特点是在任意两个横截面之间产生绕杆件轴线的相对转角。该相对转角称为扭转角，用 φ 来表示。见图 3.2。

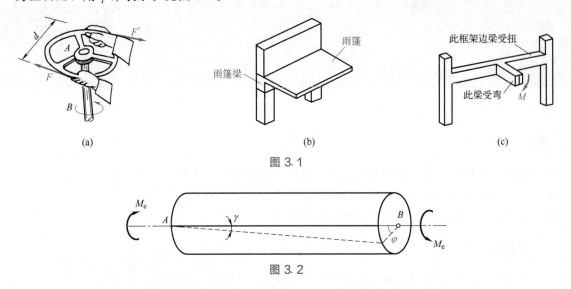

图 3.1

图 3.2

二、扭转轴内力——扭矩的计算

1. 外力偶矩的计算

对于机械中的轴，作用于轴上的外力偶 M_e 往往不是直接给出的，而是根据轴所传递的功率 P 和轴的转速 n 导出的。根据动力学知识，可以导出 M_e、P 和 n 的关系如下：

$$M_e = 9550 \frac{P}{n} \tag{3.1}$$

式中　　M_e——外力偶矩大小，N·m；

　　　　P——轴传递的功率，kW；

　　　　n——轴的转速，r/min（转/分）。

当功率的单位为马力，而其他的单位不变时，

$$M_e = 7024 \frac{P}{n} \tag{3.2}$$

2. 扭矩

在作用于轴上的外力偶矩都求出后，就可以用截面法计算横截面上的内力。下面来分析如图 3.3（a）所示扭转轴在 m—m 横截面上的内力。

首先，假想地把杆件沿 m—m 截面分成两部分。

其次，选左侧隔离体 A 为研究对象，见图 3.3（b）。

再次，在隔离体的截开处，用作用于截面上的内力代替弃去部分对留下部分的作用。由于整个轴是平衡的，所以 A 隔离体也处于平衡状态，这就要求 m—m 截面上的内力系必须合成为一个力偶，其力偶矩就是扭转轴的内力——扭矩（torsional moment，torque），用符号 T 来表示。

扭矩的正负按右手螺旋法则确定：伸开右手，让四指的绕向与截面上力偶的绕向一致，若拇指指向截面的外法线方向，则扭矩为正；反则为负。图 3.3（b）所示的扭矩为正。

最后，对隔离体列平衡方程。对隔离体 A，由 $\sum M=0$，得 $T-M_e=0$

$$T=M_e$$

如果取右侧的隔离体 B 为研究对象，如图 3.3（c）所示，仍可得到 $T=M_e$ 的结果。从图 3.3（b）和（c）可看到，同一隔面上的扭矩尽管转向相反，但有了扭矩正负的规定后，当任选一隔离体为研究对象时所计算出的同一截面上的内力均相同（包括内力的大小和正负号），即同一截面上内力的确定与隔离体的选择无关。这也正是规定内力正负的意义之所在。

三、扭转轴的内力图

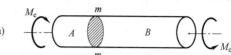
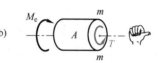
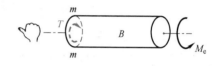

若作用于扭转轴上的外力偶超过两个，则在杆件的各横截面上，扭矩一般不尽相同。这时往往用扭矩图（torque diagram）表示扭矩沿杆件轴线的变化情况。关于扭矩图的绘制，通过下面的例题来说明。

【例 3.1】 如图 3.4（a）所示的传动轴，轴的转速为 $300\mathrm{r/min}$，主动轮 A 输入的功率 $P_A=60\mathrm{kW}$，两个被动轮 B、C 输出的功率分别为 $P_B=20\mathrm{kW}$、$P_C=40\mathrm{kW}$。作其扭矩图。

图 3.3

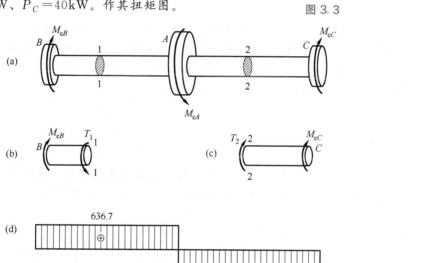

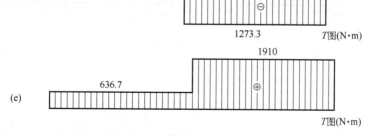

图 3.4

解： （1）计算外力偶矩

$$M_{eA}=9550\frac{P_A}{n}=9550\times\frac{60}{300}\mathrm{N\cdot m}=1910\mathrm{N\cdot m}$$

$$M_{eB}=9550\frac{P_B}{n}=9550\times\frac{20}{300}\text{N}\cdot\text{m}=636.7\text{N}\cdot\text{m}$$

$$M_{eC}=9550\frac{P_C}{n}=9550\times\frac{40}{300}\text{N}\cdot\text{m}=1273.3\text{N}\cdot\text{m}$$

（2）利用截面法，计算各段的扭矩　首先，沿1—1截面假想地把杆件分成两部分，并选左侧部分为研究对象。画出其受力图，见图3.4（b）。由$\sum M=0$，得

$$T_1-M_{eB}=0,\ T_1=M_{eB}=636.7\text{N}\cdot\text{m}$$

其次，沿2—2截面假想地把杆件分成两部分，并选右侧部分为研究对象。画出其受力图，注意在画内力时均是按正方向画出的，见图3.4（c）。由$\sum M=0$，得

$$T_2+M_{eC}=0,\ T_2=-M_{eC}=-1273.3\text{N}\cdot\text{m}$$

若选取一个坐标系，其横坐标表示横截面的位置，纵坐标表示相应截面上的扭矩，便可用图线表示扭矩沿杆件轴线的变化情况，这种图线称为扭矩图。在画扭矩图时，将正扭矩画在轴线的上侧；负扭矩画在轴线的下侧。且在扭矩图中扭矩为正的区域画上符号"⊕"；表示扭矩为负的区域画上符号"⊖"，见图3.4（d）。

从图3.4（d）所示的扭矩图中可以看出，在集中力偶矩作用处，扭矩图要发生突变。

若把本例中的主动轮布置于轴的一侧，如右侧，则轴的扭矩图将变得如图3.4（e）所示。这时轴的最大扭矩是1910N·m。由此可见，传动轴上主动轮和从动轮布置位置不同，轴所承受的最大扭矩也就不相同。两者相比，显然图3.4（a）所示的布局较合理。

【例3.2】　如图3.5（a）所示为雨篷梁的计算简图，雨篷上的均布荷载在雨篷梁上产生均布外力偶矩t（均布力偶矩的集度），作雨篷梁的扭矩图。已知雨篷梁的跨度为l。

解：去掉雨篷梁两端的约束，加外力偶分别用M_{eA}和M_{eB}表示。由力偶的对称性可知：

$$M_{eA}=M_{eB}=\frac{tl}{2}$$

见图3.5（b）。用截面法，设从距A端为x的位置把雨篷梁截开，选左侧隔离体为研究对象，并按正方向画出该截面上的扭矩，见图3.5（c）。由$\sum M=0$，得

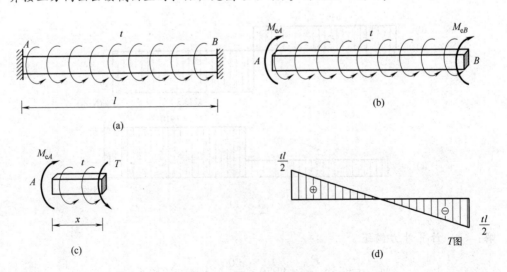

(a)

(b)

(c)

(d)

图3.5

$$T + tx - \frac{tl}{2} = 0$$

$$T = \frac{tl}{2} - tx \quad (0 \leqslant x \leqslant l)$$

然后，作扭矩图。由于扭矩方程为一直线，只要确定两点即可。设

$$x = 0, \quad T = \frac{tl}{2}$$

$$x = l, \quad T = -\frac{tl}{2}$$

最后画出的扭矩图见图 3.5（d）。

第二节 薄壁圆筒的扭转

为了得到剪切时应力与应变之间的关系，需要寻找所谓的纯剪切状态，为此需要研究薄壁圆筒的扭转问题。

一、薄壁圆筒扭转时横截面上的切应力

选取一个薄壁圆筒，在其表面画出圆周线和纵向平行线，如图 3.6（a）所示。在圆筒两端施加垂直于圆筒轴线的一对转向相反的外力偶 M_e，使其产生扭转变形，如图 3.6（b）所示。

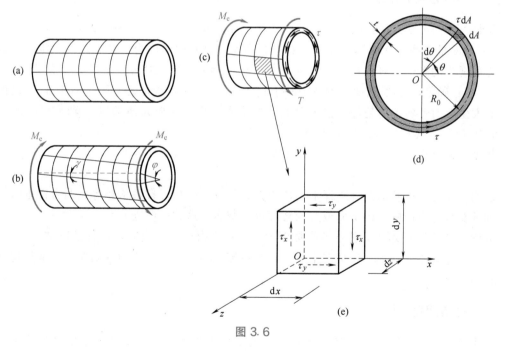

图 3.6

当变形较小时，可以观察到如下现象：

（1）圆周线的形状、大小及间距均没有改变，只是各圆周线绕轴线相对转动了一个角度；

（2）纵向线都倾斜了相同的角度，变形前的小矩形变成了平行四边形（正视图）。

根据上述变形现象，得出如下假设和推论：

（1）圆轴扭转变形的平面假设。圆轴扭转变形前为平面的横截面，变形后仍然保持为平面，圆周线的形状、大小不变，半径仍保持为直线，而且两相邻横截面间的距离不变。

（2）由于圆周线的形状、大小不变，而且两相邻横截面间的距离不变，可以推断：横截面上没有正应力。

（3）如图 3.6（c）所示的隔离体上必然有一个与外力偶矩 M_e 平衡的扭矩 T，由于只有内力微元 τdA 才能合成扭矩，说明横截面上必然存在切应力。由于各纵向线有相同的倾角 γ，说明在横截面沿圆周上各点的切应力相等；又因为是薄壁圆筒，壁厚 t 很小，可认为切应力沿壁厚方向均匀分布，如图 3.6（d）所示。

综上所述，薄壁圆筒扭转时，横截面上任一点处的切应力值都相等，方向都与圆周相切。于是，由横截面上内力与应力间的静力学关系，得

$\int_A R_0 \tau dA = T$，因此

$$\tau = \frac{T}{\int_A R_0 dA} = \frac{T}{R_0 \int_A dA} = \frac{T}{R_0 \times 2\pi R_0 t}$$

即

$$\tau = \frac{T}{2\pi t R_0^2} \tag{3.3}$$

式中，R_0 为薄壁圆筒的平均半径。

二、切应力互等定理

用相邻的两个横截面、两个径向截面和两个环向截面，从圆筒中截取出一个边长分别为 dx、dy、dz 的微小正六面体，如图 3.6（e）所示，该六面体称为**单元体**。单元体每个面上的应力可视为均布，每对相对的面上的应力可视为相同。单元体左、右两侧上的切应力 τ_x 由式（3.3）确定，τ_x 所在面上的剪力等于 $\tau_x dy dz$，其对 z 轴的矩等于 $\tau_x dy dz dx$，使得单元体有发生顺时针转动的趋势。根据单元体的平衡条件，在单元体的以 y 轴为法线的面上必有切应力 τ_y，其对 z 轴产生大小为 $\tau_y dx dz dy$ 的逆时针力矩。

根据平衡条件 $\sum M_z = 0$，即 $\tau_x dy dz dx - \tau_y dx dz dy = 0$，可得出

$$\tau_x = \tau_y \tag{3.4}$$

上式表明，在相互垂直的两个平面上，切应力必然成对存在，且数值相等；两者都垂直于两个平面的交线，方向则共同指向或共同背离这一交线。这就是**切应力互等定理**。

如图 3.6（e）所示单元体的四个侧面上只有切应力而无正应力，这种情况称为**纯剪切**。切应力互等定理不仅在纯剪切情况下成立，在各侧面同时存在正应力和切应力的非纯剪切情况下也是成立的。

三、剪切胡克定律

如图 3.6（e）所示的单元体，在切应力的作用下将产生如图 3.7 所示的剪切变形，互相垂直的两侧边所夹直角发生了微小改变，直角的改变量称为切应变（shearing strain），用 γ 表示，其单位为弧度（rad）。

薄壁圆筒的扭转实验表明，当切应力 τ 不超过材料的剪切比例极限 τ_p 时，切应力 τ 与

切应变 γ 成正比关系，可以表示为

$$\tau = G\gamma \tag{3.5}$$

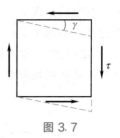

图 3.7

这就是剪切胡克定律。式中比例系数 G 称为材料的剪切弹性模量。它的单位与材料的拉、压弹性模量 E 相同，常用单位为 GPa。对于不同材料，其 G 值不相同，可由试验测定。钢材的剪切弹性模量 G 约为 80GPa。

另外，对于各向同性材料，可以证明三个弹性常量 E、G、μ 之间存在下列关系

$$G = \frac{E}{2(1+\mu)} \tag{3.6}$$

所以，对于各向同性材料，在三个弹性常量中，只要用试验求得其中两个值，则另一个即可确定。

第三节　扭转轴的应力

在确定了扭转轴的内力之后，还不能够判断该轴是否有足够的强度和刚度。本节主要讨论圆轴扭转时横截面上的应力，为轴的设计做准备。

一、变形几何条件

取一易于变形的实心圆轴，在其表面上画出等间距的纵向线和圆周线，形成了一些小矩形（正视图），如图 3.8（a）所示。在圆轴的两端面上施加外力偶矩，使其产生扭转变形，如图 3.8（b）所示。当变形不大时，可以观察到与薄壁圆筒扭转时相同的现象发生：圆周线的形状、大小及间距均没有改变，仅发生绕轴线的相对转动；纵向线都倾斜了相同的角度 γ，变形前的小矩形变成了平行四边形。

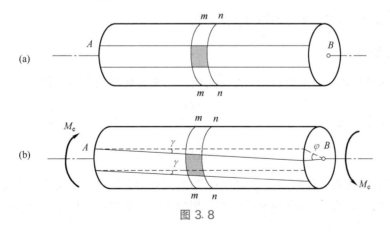

图 3.8

由于圆周线的形状、大小不变，而且两相邻横截面间的距离不变，可以推断与薄壁圆筒扭转时的情况一样，其横截面上没有正应力，只有垂直于半径方向的切应力。

下面分析切应变在圆轴内的分布规律。

在图 3.8 中，用截面 m—m 和 n—n 截取出一段长为 $\mathrm{d}x$ 的轴来观察，如图 3.9（a）所

示。变形后截面 $n-n$ 相对于截面 $m-m$ 转动了一个角度 $d\varphi$。由于截面 $n-n$ 做刚性转动，因此其上的两个半径 O_2B 和 O_2C 仍保持为直线，它们都转过了同样的角度而达到新位置 O_2B' 和 O_2C'。这时圆轴表面上的矩形 $ABCD$ 的直角发生了变化，其改变量 γ 就是圆轴表面处单元体的切应变。如果再在这一小段轴中取出如图 3.9（b）所示的楔形体，则有

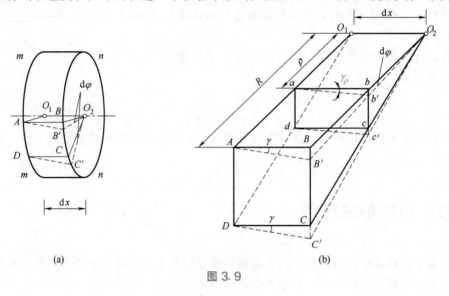

图 3.9

$$\gamma = \frac{BB'}{AB} = \frac{R\,d\varphi}{dx} = R\,\frac{d\varphi}{dx} \tag{3.7}$$

同样地，在距离轴线为 ρ 的位置，矩形 $abcd$ 变形到 $ab'c'd$，则其切应变 γ_ρ 为

$$\gamma_\rho = \frac{bb'}{ab} = \frac{\rho\,d\varphi}{dx} = \rho\,\frac{d\varphi}{dx} \tag{3.8}$$

上式为圆轴扭转时的变形几何条件，对于同一横截面，$\dfrac{d\varphi}{dx}$ 为常量，该式表明横截面上任意点的切应变 γ_ρ 与其到圆心的距离 ρ 成正比。

二、物理条件

以 τ_ρ 表示横截面上距离圆心为 ρ 处的切应力，由剪切胡克定律可知

$$\tau_\rho = G\gamma_\rho$$

将式（3.8）代入，得

$$\tau_\rho = G\rho\,\frac{d\varphi}{dx} \tag{3.9}$$

上式表明，横截面上任意点的切应力 τ_ρ 与其到圆心的距离 ρ 成正比。因为 γ_ρ 发生在垂直于半径的平面内，所以 τ_ρ 也与半径垂直，切应力的分布规律如图 3.10 所示，也可扫描资源 3.1 查看。

三、静力学条件

距离为 ρ 处的微面积 dA 上有切应力 τ_ρ，如图 3.10 所示，切应力 τ_ρ 与横截面上的扭矩 T 有如下的静力学关系

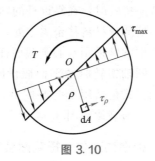

图 3.10

$$T = \int_A \rho \tau_\rho \, dA$$

式中，A 为横截面的面积。

将式（3.9）代入上式，并注意 $\dfrac{d\varphi}{dx}$ 在横截面上为一常数，得

$$T = \int_A \rho G \rho \frac{d\varphi}{dx} dA = G \frac{d\varphi}{dx} \int_A \rho^2 \, dA$$

令 $I_P = \int_A \rho^2 \, dA$ ，称为截面的极惯性矩，则

$$\frac{d\varphi}{dx} = \frac{T}{GI_P} \tag{3.10}$$

上式为计算圆轴扭转变形的基本公式，$\dfrac{d\varphi}{dx}$ 表示圆轴的单位长度扭转角。将其代入式（3.9），得到切应力的计算公式：

$$\tau_\rho = \frac{T}{I_P} \rho \tag{3.11}$$

式中　T——横截面上的扭矩；

　　ρ——所求切应力的点到圆心的距离；

　　I_P——截面的极惯性矩，是一个由截面形状和尺寸决定的几何量，常用单位是 m^4 或 mm^4。

上式表明，切应力在横截面上是沿径向线性分布的，最大切应力 τ_{max} 发生在横截面周边上各点处，而在圆心处切应力为零。

设圆截面的半径为 R，当 $\rho = R$ 时，τ_ρ 达到最大值 τ_{max}，即

$$\tau_{max} = \frac{T}{I_P} \rho_{max} = \frac{T}{I_P} R \tag{3.12}$$

引入记号

$$W_t = \frac{I_P}{R} \tag{3.13}$$

W_t 称为抗扭截面系数，它也是一个只与横截面形状和尺寸有关的几何量，其具体计算见下述内容。代入式（3.12）得

$$\tau_{max} = \frac{T}{W_t} \tag{3.14}$$

这表明，圆轴扭转时，横截面上的最大切应力与该截面上的扭矩成正比，与抗扭截面系数成反比。

由公式（3.11）可知，实心截面扭转时，在靠近杆的轴线处，切应力很小，使该处材料未得到充分利用。如果将圆周中心处部分材料移至周边处，就可以充分发挥材料的作用，因而在工程中常常采用空心圆截面杆。

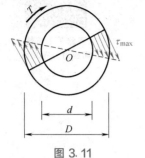

图 3.11

实心圆轴扭转时的平面假设同样适用于空心圆轴，因此，前面得到的公式也适用于空心圆截面轴。空心圆轴扭转时横截面上的切应力分布规律如图 3.11 所示。

四、极惯性矩与抗扭截面系数

如图 3.12（a）所示，距离圆心为 ρ 的环形微面积 $dA = 2\pi\rho d\rho$，则其极惯性矩为

$$I_P = \int_A \rho^2 \, dA = \int_0^{D/2} \rho^2 2\pi\rho \, d\rho = 2\pi \int_0^{D/2} \rho^3 \, d\rho = \frac{\pi D^4}{32} \tag{3.15}$$

按照同样的方法，可得图 3.12（b）的圆环截面的极惯性矩为

$$I_P = \frac{\pi}{32}(D^4 - d^4) = \frac{\pi D^4}{32}\left[1 - \left(\frac{d}{D}\right)^4\right] \tag{3.16}$$

令 $\alpha = \dfrac{d}{D}$，称为圆环截面内、外径之比，则

$$I_P = \frac{\pi D^4}{32}(1 - \alpha^4) \tag{3.17}$$

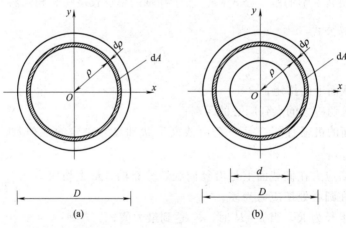

图 3.12

实心圆和圆环截面的抗扭截面系数分别为：

$$W_t = \frac{I_P}{R} = \frac{\pi D^4/32}{D/2} = \frac{\pi D^3}{16} \tag{3.18}$$

$$W_t = \frac{I_P}{R} = \frac{\pi D^4(1 - \alpha^4)/32}{D/2} = \frac{\pi D^3}{16}(1 - \alpha^4) \tag{3.19}$$

W_t 的量纲是长度的三次方，常用单位是 m^3 或 mm^3。

【例 3.3】 如图 3.13（a）所示阶梯状圆轴，AB 段直径 $d_1 = 120mm$，BC 段直径 $d_2 = 100mm$。外力偶矩 $M_{eA} = 22kN \cdot m$，$M_{eB} = 36kN \cdot m$，$M_{eC} = 14kN \cdot m$。试求该轴的最大切应力 τ_{max}。

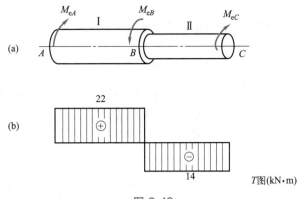

图 3.13

解：（1）画扭矩图 如图 3.13（b）所示。

（2）计算最大切应力 由扭矩图可以知道，AB 段的扭矩较 BC 段大。但是由于两段轴直径不同，因此需分别计算各段的最大切应力。由公式（3.14）可以得到

AB 段内：

$$\tau_{1\max} = \frac{T_1}{W_{t1}} = \frac{22 \times 10^3 \mathrm{N \cdot m}}{\frac{\pi}{16} \times (0.12)^3 \mathrm{m}^3} = 64.8 \times 10^6 \mathrm{Pa} = 64.8 \mathrm{MPa}$$

BC 段内：

$$\tau_{2\max} = \frac{T_2}{W_{t2}} = \frac{14 \times 10^3 \mathrm{N \cdot m}}{\frac{\pi}{16} \times (0.1)^3 \mathrm{m}^3} = 71.3 \times 10^6 \mathrm{Pa} = 71.3 \mathrm{MPa}$$

比较上述计算结果可知，该轴的最大切应力位于 BC 段内任一截面的周边各点处。

第四节 圆轴扭转时的强度条件及应用

为了保证圆轴在扭转时有足够的强度，必须使轴内的最大工作切应力 $\tau_{\max}$ 不超过材料的许用扭转切应力。于是，可建立圆轴在扭转时的强度条件为

$$\tau_{\max} \leqslant [\tau] \tag{3.20}$$

由于等直圆轴的最大工作切应力 $\tau_{\max}$ 发生在最大扭矩 $T_{\max}$ 所在横截面（危险截面）的周边上任一点处，因此上述强度条件也可写为

$$\tau_{\max} = \frac{T_{\max}}{W_t} \leqslant [\tau] \tag{3.21}$$

式中，$[\tau]$ 为材料的许用扭转切应力，其值可查有关资料。

试验指出，在静荷载作用下，材料的许用切应力 $[\tau]$ 和许用拉应力 $[\sigma]$ 之间存在一定关系，对于塑性材料，$[\tau] = (0.5 \sim 0.6)[\sigma]$；对于脆性材料，$[\tau] = (0.8 \sim 1.0)[\sigma]$。

【例 3.4】 实心圆轴如图 3.14（a）所示。已知外力偶矩 $M_{eA} = 318 \mathrm{N \cdot m}$，$M_{eB} = 382 \mathrm{N \cdot m}$，$M_{eC} = 1273 \mathrm{N \cdot m}$，$M_{eD} = 573 \mathrm{N \cdot m}$，若材料的许用切应力 $[\tau] = 50 \mathrm{MPa}$。试按照强度条件设计此轴的直径。

解：（1）画扭矩图 如图 3.14（b）所示，由图可知，最大扭矩发生在 BC 段，其值为 $T_{\max} = 700 \mathrm{N \cdot m}$。因为该轴为等截面圆轴，所以危险截面为 BC 段内各横截面，其周边各

点处切应力达到最大值。

（2）按强度条件设计轴的直径 由强度条件

$$\tau_{max} = \frac{T_{max}}{W_t} \leqslant [\tau]$$

式中，$W_t = \frac{\pi d^3}{16}$，则 $d \geqslant \sqrt[3]{\frac{16 T_{max}}{\pi [\tau]}} = \sqrt[3]{\frac{16 \times 700 \text{N} \cdot \text{m}}{\pi \times 50 \times 10^6 \text{Pa}}} = 0.0415 \text{m}$

故应选用直径不小于 41.5mm 的实心圆轴。

(a)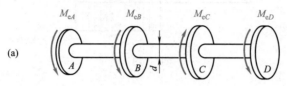

(b)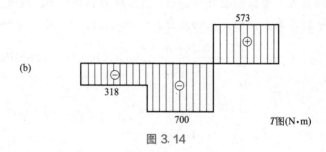

图 3.14

第五节　圆轴扭转时的刚度条件

一、圆轴扭转变形计算

由扭转变形现象可知，圆轴扭转时，各横截面之间绕轴线发生相对转动。因此，圆轴扭转时的变形，可用两个横截面绕轴线转动的相对转角即扭转角来度量。在前面推导圆轴扭转切应力时，已经得到了计算圆轴扭转变形的基本公式，由式（3.10），可得到相距 $\mathrm{d}x$ 的两横截面间的相对扭转角为

$$\mathrm{d}\varphi = \frac{T}{GI_P} \mathrm{d}x$$

则相距为 l 的两横截面间的扭转角为

$$\varphi = \int_0^l \frac{T}{GI_P} \mathrm{d}x \tag{3.22}$$

对于等直圆轴，且在长度为 l 的范围内，扭矩 T 为常数，则

$$\varphi = \frac{Tl}{GI_P} \tag{3.23}$$

这就是计算圆轴扭转变形的基本公式。式中 GI_P 称为圆轴的抗扭刚度，φ 称为长度为 l 的圆轴的扭转角。

由上式可见，扭转角与扭矩和圆轴长度 l 成正比，与圆轴的抗扭刚度 GI_P 成反比。扭

转角的单位是弧度（rad）。

如果在圆轴的两截面间，扭矩图是分段的矩形，或者轴为阶梯轴（I_P 为变量），则扭转角应取各段相对扭转角的代数和，即

$$\varphi = \sum \varphi_i = \sum \frac{T_i l_i}{G I_{Pi}} \tag{3.24}$$

对于圆轴来讲，其变形的强弱程度由单位长度的扭转角 φ' 来反映，按其定义有

$$\varphi' = \frac{\varphi}{l}$$

根据公式（3.23）可得

$$\varphi' = \frac{T}{G I_P} \tag{3.25}$$

φ' 的单位是 rad/m。

当 φ' 的单位采用 °/m 时，式（3.25）变为下式

$$\varphi' = \frac{T}{G I_P} \times \frac{180°}{\pi} \tag{3.26}$$

对于等截面圆轴来说，最大单位长度扭转角 φ'_{max} 发生在最大扭矩 T_{max} 所在的段上。对于变截面轴来说，应按 T 和 I_P 两个因素来判断，分段计算 φ'，然后比较得到 φ'_{max}。

【例 3.5】　如图 3.15（a）所示圆截面轴，直径 $d = 70$mm，第一段的长度 $l_1 = 0.4$m，第二段的长度 $l_2 = 0.6$m，所受荷载如图 3.15（a）。材料的剪切弹性模量 $G = 8 \times 10^4$MPa，求最大单位长度扭转角 φ'_{max} 及全轴的扭转角 φ。

解：（1）画扭矩图如图 3.15（b）所示。两段中的扭矩分别为

$T_1 = -1.6$kN·m，$T_2 = 0.8$kN·m

（2）容易判断 φ'_{max} 发生在第一段内。

（3）截面几何参数

$$I_P = \frac{\pi d^4}{32} = \frac{3.14 \times 70^4 \text{mm}^4}{32} = 2.36 \times 10^6 \text{mm}^4$$

（4）计算 φ'_{max} 及 φ

$$\varphi'_{max} = \frac{T_1}{G I_P} = \frac{1.6 \times 10^3 \text{N·m}}{8 \times 10^{10} \text{Pa} \times 2.36 \times 10^{-6} \text{m}^4} = 0.0085 \text{rad/m}$$

$$\varphi = \sum \frac{T_i l_i}{G I_P} = \frac{T_1 l_1}{G I_P} + \frac{T_2 l_2}{G I_P} = \frac{-1.6 \times 10^3 \text{N·m} \times 0.4\text{m} + 0.8 \times 10^3 \text{N·m} \times 0.6\text{m}}{8 \times 10^{10} \text{Pa} \times 2.36 \times 10^{-6} \text{m}^4}$$

$$= -0.000847 \text{rad}$$

结果的负号表明最右端截面相对最左端截面的转向为顺时针（从右向左看）。

二、圆轴扭转的刚度条件

为了避免受扭轴产生过大的变形，除了要保证强度条件以外，还要满足刚度要求。工程中，通常用单位长度扭转角 φ' 来限制轴的扭转变形。因此，其刚度条件为

$$\varphi'_{\max} \leqslant [\varphi'] \tag{3.27}$$

根据式（3.25），即可得到刚度条件为

$$\varphi'_{\max} = \frac{T_{\max}}{GI_P} \leqslant [\varphi'] \tag{3.28}$$

式中，$[\varphi']$ 为单位长度许用扭转角，其单位为 rad/m，具体数值可从有关手册中查得。若以 $°/m$ 为单位，则上述公式应乘以 $180°/\pi$，即

$$\varphi'_{\max} = \frac{T_{\max}}{GI_P} \times \frac{180°}{\pi} \leqslant [\varphi'] \tag{3.29}$$

【例 3.6】 如图 3.16 所示汽车的传动轴，转动时输入的力偶矩 $M_e = 1.6 \text{kN} \cdot \text{m}$，轴由无缝钢管制成。外径 $D = 90 \text{mm}$，内径 $d = 84 \text{mm}$。已知许用单位长度扭转角为 $[\varphi'] = 0.026 \text{rad/m}$，材料的剪切弹性模量 $G = 80 \text{GPa}$，试对该轴作刚度校核。

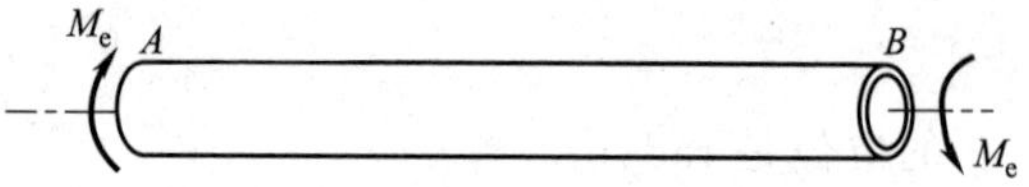

图 3.16

解：（1）计算扭矩 圆轴横截面上的扭矩为
$$T = M_e = 1.6 \text{kN} \cdot \text{m}$$

（2）计算圆轴的极惯性矩
$$I_P = \frac{\pi}{32}(D^4 - d^4) = \frac{\pi}{32}(90^4 - 84^4) \times 10^{-12} = 1.55 \times 10^{-6} (\text{m}^4)$$

（3）校核轴的刚度 轴的最大单位长度扭转角为
$$\varphi'_{\max} = \frac{T}{GI_P} = \frac{1.6 \times 10^3}{80 \times 10^9 \times 1.55 \times 10^{-6}} = 0.013 (\text{rad/m}) < [\varphi'] = 0.026 (\text{rad/m})$$

故该轴的刚度要求是满足的。

第六节　矩形截面扭转轴简介

工程中，除了圆截面的受扭杆件外，还有一些非圆截面的受扭杆件，如内燃机曲轴的曲柄臂、石油钻机的主轴以及雨篷梁等都是矩形截面受扭杆。因此，有必要研究非圆截面杆，特别是矩形截面杆的扭转问题。

取一根横截面为矩形的等直杆，在其侧面画出纵向线和横向周界线，如图 3.17（a）所示，扭转变形后，横向周界线变为空间曲线，如图 3.17（b）所示。这表明变形后杆件的横截面不再保持为平面，而变成曲面，这种现象称为翘曲。所以，平面假设对非圆截面杆件的扭转已不再适用，同时，根据平面假设建立起来的圆轴扭转时的应力和变形计算公式也不再适用。

矩形截面杆的扭转问题需用弹性力学的方法来研究。下面只将矩形截面杆在自由扭转时的弹性力学研究主要结果简述如下（如图 3.18）：

（1）横截面的四个角点处切应力恒等于零；

（2）横截面周边各点处的切应力必与周边相切，组成一个与扭矩转向相同的环流；

（3）最大切应力 $\tau_{\max}$ 发生在横截面长边的中点处，其值为

$$\tau_{\max} = \frac{T}{\beta b^3} \tag{3.30}$$

（4）在短边的中点处存在较大的切应力 τ_1，其值为

$$\tau_1 = \gamma\tau_{max} \tag{3.31}$$

（5）单位长度相对扭转角的计算公式为

$$\varphi' = \frac{T}{Ga b^4} \tag{3.32}$$

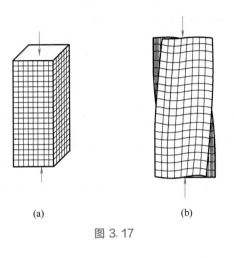

图 3.17

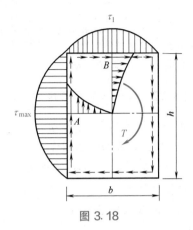

图 3.18

在以上三式中，T 为横截面上的扭矩；α、β、γ 为与边长比 h/b 有关的系数，其数值已列于表 3.1 中。

表 3.1 α 、 β 、 γ 系数表

h/b	1.0	1.5	2.0	2.5	3.0	4.0	6.0	8.0	10.0
α	0.140	0.294	0.457	0.622	0.790	1.123	1.789	2.456	3.123
β	0.208	0.346	0.493	0.645	0.801	1.115	1.789	2.456	3.123
γ	1.000	0.858	0.796	0.766	0.753	0.745	0.743	0.743	0.743

第七节 应用分析

【例 3.7】 如图 3.19（a）所示扭转实心圆轴，轴的直径 $D=60\mathrm{mm}$，材料的剪切弹性模量 $G=80\mathrm{GPa}$。试画出扭矩图，并计算扭转角 φ_{AC}。

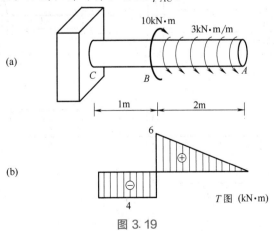

图 3.19

解： 可用截面法并选右侧隔离体，得 AB 段扭矩 $T_1(x)=3x\,\mathrm{kN\cdot m}$，$BC$ 段扭矩 $T_2=-4\mathrm{kN\cdot m}$，扭矩图如图 3.19（b）所示。

最右端相对最左端的扭转角为

$$\varphi_{AC}=\varphi_{AB}+\varphi_{BC}=\int_0^2 \frac{T_1(x)}{GI_\mathrm{P}}\mathrm{d}x+\frac{T_2 l_{BC}}{GI_\mathrm{P}}=\int_0^2 \frac{3x}{GI_\mathrm{P}}\mathrm{d}x+\frac{T_2 l_{BC}}{GI_\mathrm{P}}$$

$$=\frac{1}{GI_\mathrm{P}}(6-4)=\frac{32\times 2\times 10^3}{80\times 10^9\times \pi\times 60^4\times 10^{-12}}=0.0196(\mathrm{rad})=1.12°$$

从右向左看，扭转角转向为逆时针。

【例 3.8】 有一内外径之比为 $\alpha=\dfrac{d}{D}=0.8$ 的空心圆轴与直径为 d 的实心圆轴在 E 截面用键相连接，如图 3.20（a）所示，已知外力偶矩 $M_{eA}=4\mathrm{kN\cdot m}$，$M_{eB}=6\mathrm{kN\cdot m}$，$M_{eC}=2\mathrm{kN\cdot m}$。材料的剪切弹性模量 $G=80\mathrm{GPa}$，$[\tau]=45\mathrm{MPa}$，$[\varphi']=0.5°/\mathrm{m}$，键的许用切应力 $[\tau]_1=100\mathrm{MPa}$，许用挤压应力 $[\sigma_{bs}]=280\mathrm{MPa}$。试：（1）设计此轴的直径 D 和 d；（2）校核键的强度。

解： （1）画扭矩图如图 3.20（b）所示。

AB 段：

由强度条件：$\tau_{\max}=\dfrac{T_{AB}}{W_\mathrm{t}}=\dfrac{16T_{AB}}{\pi D^3(1-\alpha^4)}\leqslant[\tau]$，得

$$D\geqslant \sqrt[3]{\frac{16T_{AB}}{\pi(1-\alpha^4)[\tau]}}=\sqrt[3]{\frac{16\times 4\times 10^3}{\pi\times(1-0.8^4)\times 45\times 10^6}}=0.092(\mathrm{m})=92\ (\mathrm{mm})$$

由刚度条件：$\varphi'_{\max}=\dfrac{T_{AB}}{GI_\mathrm{P}}\times \dfrac{180°}{\pi}\leqslant[\varphi']$，得

$$D\geqslant \sqrt[4]{\frac{32T_{AB}}{G\pi(1-\alpha^4)[\varphi']}\times \frac{180°}{\pi}}=\sqrt[4]{\frac{32\times 4\times 10^3\times 180°}{80\times 10^9\times \pi^2\times(1-0.8^4)\times 0.5}}=0.1(\mathrm{m})=100\ (\mathrm{mm})$$

可见，AB 段直径 D 由刚度条件控制，取 $D=100\mathrm{mm}$，内径 $d=0.8D=80\mathrm{mm}$。

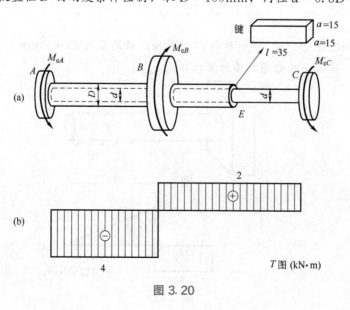

图 3.20

BC 段：

由强度条件：$\tau_{\max} = \dfrac{T_{BC}}{W_t} = \dfrac{16T_{BC}}{\pi d^3} \leqslant [\tau]$，得

$$d \geqslant \sqrt[3]{\frac{16T_{BC}}{\pi[\tau]}} = \sqrt[3]{\frac{16 \times 2 \times 10^3}{\pi \times 45 \times 10^6}} = 0.061(\text{m}) = 61\,(\text{mm})$$

由刚度条件：$\varphi'_{\max} = \dfrac{T_{BC}}{GI_P} \times \dfrac{180°}{\pi} \leqslant [\varphi']$，得

$$d \geqslant \sqrt[4]{\frac{32T_{BC}}{G\pi[\varphi']} \times \frac{180°}{\pi}} = \sqrt[4]{\frac{32 \times 2 \times 10^3 \times 180°}{80 \times 10^9 \times \pi^2 \times 0.5}} = 0.073(\text{m}) = 73\,(\text{mm})$$

可见，*BC* 段直径 *d* 也由刚度条件控制，可取 *d* = 73mm。

考虑到 *AB* 段的计算结果，最后取 *D* = 100mm，*d* = 80mm。

（2）*E* 截面处，轴和键的受力关系，如图 3.21 所示。由平衡方

程 $\sum M_O = 0$，得 $V\dfrac{d}{2} = T_{BC}$，即

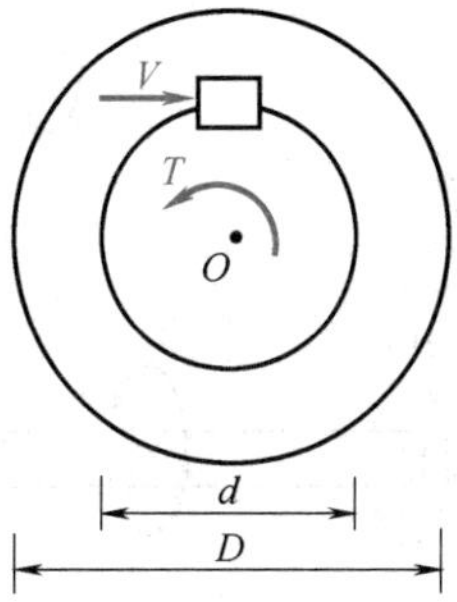

$$V = \frac{2T_{BC}}{d} = \frac{2 \times 2 \times 10^3}{80 \times 10^{-3}} = 50 \times 10^3\,(\text{N})$$

图 3.21

于是，键的切应力

$$\tau = \frac{V}{A} = \frac{50 \times 10^3}{35 \times 15 \times 10^{-6}} = 95.2 \times 10^6\,(\text{Pa}) = 95.2\,(\text{MPa}) < [\tau]_1$$
$$= 100\,(\text{MPa})$$

所以，满足键的剪切强度要求。

键的挤压应力

$$\sigma_{bs} = \frac{V}{A_{bs}} = \frac{50 \times 10^3}{35 \times \dfrac{15}{2} \times 10^{-6}} = 190.4 \times 10^6\,(\text{Pa}) = 190.4\,(\text{MPa}) < [\sigma_{bs}] = 280\,(\text{MPa})$$

所以，也满足键的挤压强度要求。

小结

本章主要研究扭转轴的强度设计和刚度设计。

1. 扭矩

扭矩是与横截面相平行的分布内力系的合力偶矩，用符号 *T* 表示。扭矩的正负按右手螺旋法则确定。

2. 应力

圆轴扭转时，横截面上仅有切应力，切应力垂直于半径且沿径向呈线性分布，距离圆心越远，切应力就越大，其计算公式为

$$\tau = \frac{T}{I_P}\rho$$

3. 强度条件

$$\tau_{\max} = \frac{T_{\max}}{W_t} \leqslant [\tau]$$

4.扭转轴的变形计算及刚度条件

扭转角计算公式

$$\varphi = \frac{Tl}{GI_P}$$

刚度条件

$$\varphi'_{max} = \frac{T_{max}}{GI_P} \times \frac{180°}{\pi} \leqslant [\varphi']$$

 习题

3.1 试画出图示扭转轴的扭矩图。

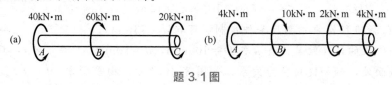

题 3.1 图

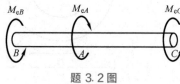

题 3.2 图

3.2 如图所示的传动轴。已知在 A 截面处输入的功率为 $P_A = 10kW$,在 B、C 截面处输出的功率相等即 $P_B = P_C = 5kW$,轴的转速 $n = 60r/min$。试画出它的扭矩图。

3.3 图示空心圆截面轴,外径 $D = 40mm$,内径 $d = 20mm$,扭矩 $T = 1kN \cdot m$,试计算 $\rho = 15mm$ 的 A 点处的切应力及横截面上的最大和最小切应力。

3.4 阶梯圆轴 AB 尺寸和所受荷载如图所示。已知:$l = 2m$,$d = 100mm$,$M_1 = M_2 = 2kN \cdot m$,材料的剪切弹性模量 $G = 80GPa$。试作出其扭矩图,并求出最大切应力和最大扭转角。

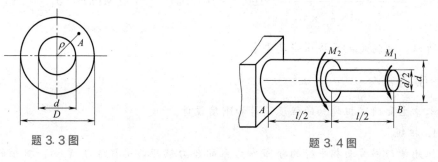

题 3.3 图   题 3.4 图

3.5 如图所示两段直径 $d = 100mm$ 的圆轴由法兰盘和螺栓加以连接,八个螺栓布置在 $D_0 = 200mm$ 的圆周上。已知圆轴扭转时的最大切应力为 $70MPa$,螺栓许用切应力 $[\tau] = 60MPa$,求螺栓所需的直径 d_0。

3.6 扭转轴的横截面如图。其上的扭矩 $T = 4kN \cdot m$,截面尺寸 $b = 5cm$,$h = 9cm$,材料的剪切弹性模量 $G = 80GPa$。求:(1)横截面上的最大切应力;(2)短边中点的切应力 τ_1;(3)单位长度扭转角 φ'。

3.7 一钢制圆轴,材料的许用切应力 $[\tau] = 50MPa$,剪切弹性模量 $G = 8 \times 10^4 MPa$。轴在两端受扭转力偶矩 $M = 18kN \cdot m$ 的作用,其许用单位长度扭转角 $[\varphi'] = 0.3°/m$。试确定轴的直径。

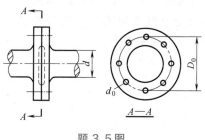

题 3.5 图

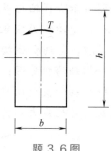

题 3.6 图

3.8 图示钢制传动轴，A 为主动轮，B、C 为从动轮，两从动轮转矩之比 $M_{eB}/M_{eC}=2/3$，材料的许用切应力 $[\tau]=60\text{MPa}$，轴径 $D=100\text{mm}$。试按强度条件确定主动轮的许用转矩 $[M_{eA}]$。

3.9 某空心钢轴，内外直径之比 $\alpha=0.8$，传递功率 $P=60\text{kW}$，转速 $n=250$ 转/分，单位长度允许扭转角 $[\varphi']=0.8°/\text{m}$，试选择内外径 d、D。

3.10 图示有实心轴和空心轴，两轴长度、材料及受力均相同。空心圆轴的内外径之比 $\alpha=0.8$。试求两轴具有相等的强度时（$\tau_{\max}=[\tau]$ 时，T 相等）它们的重量比与刚度比。

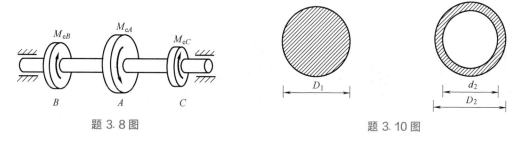

题 3.8 图   题 3.10 图

3.11 一传动实心圆轴简化模型如图，其上作用有扭转力矩 $M_A=6.28\text{kN·m}$、$M_B=12.56\text{kN·m}$、$M_C=6.28\text{kN·m}$，圆轴直径 $d=100\text{mm}$，已知材料的剪切弹性模量为 $G=80\text{GPa}$，$[\tau]=40\text{MPa}$，同时规定许用单位长度扭转角 $[\varphi']=0.5°/\text{m}$。试求

（1）画出轴的扭矩图；

（2）校核该轴的强度；

（3）校核该轴的刚度。（计算时 π 取 3.14）

3.12 一空心圆轴，截面尺寸如图所示，其上作用有扭转力矩，已知材料的 $[\tau]=80\text{MPa}$。试求

（1）该轴能承受的最大扭矩；

（2）当两段扭转角相等时，l_1 和 l_2 的关系。

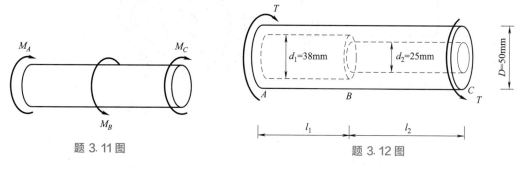

题 3.11 图   题 3.12 图

3.13 如图所示阶梯轴与厚度为 t 的圆盘固连，圆盘通过 4 个螺钉与墙壁连接。阶梯轴 AC 段直径为 d_1，受均布力偶矩 m 作用，CB 段 B 截面受力偶矩 M 作用，直径为 d_2，已知 $d_1 = 2d_2$，$M = ml$，与墙壁连接的螺钉直径为 d，分布和位置如图所示。

（1）画出阶梯轴的扭矩图；

（2）计算阶梯轴的最大切应力；

（3）计算螺钉的切应力和挤压应力。

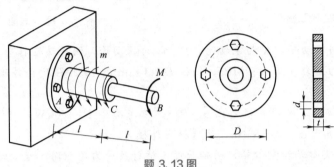

题 3.13 图

3.14 如图所示的实心圆轴，已知主动轮 A 传递的外力偶矩 $M_{e1} = 15 \text{kN} \cdot \text{m}$，从动轮 B 和 C 传递的外力偶矩分别为 $M_{e2} = 9 \text{kN} \cdot \text{m}$，$M_{e3} = 6 \text{kN} \cdot \text{m}$。试求

（1）当 AB 段和 BC 段的最大切应力相等时，其直径 d_1 和 d_2 的比值是多少？

（2）主动轮和从动轮如何布置时比较合理？此时若轴设计成等截面，材料的剪切弹性模量 $G = 80 \text{GPa}$，许用单位长度扭转角 $[\varphi'] = 1°/\text{m}$，试按照刚度条件确定圆轴的直径。

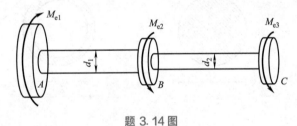

题 3.14 图

3.15 直径 $D = 100 \text{mm}$ 的实心圆轴，作用有外力偶矩如图所示，已知材料的剪切弹性模量为 $G = 80 \text{GPa}$，$[\tau] = 60 \text{MPa}$，$[\varphi'] = 0.50°/\text{m}$。试求

（1）校核该轴的强度；

（2）校核该轴的刚度。

*3.16 图示已知一实心圆轴横截面上的扭矩为 T，现设想将圆轴分成四个等厚度的圆环，试分别求出每个圆环承受的扭矩占总扭矩 T 的比值。

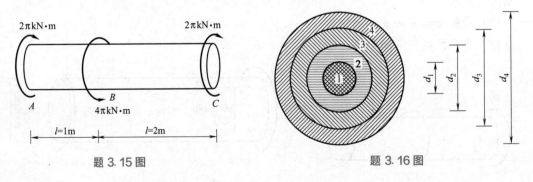

题 3.15 图　　　　　　　　题 3.16 图

第四章　弯曲内力

素质目标

- 通过绘制弯曲内力图，培养质量意识和精益求精的工匠精神；
- 培养合作意识和团队精神；
- 养成自觉遵守法律、法规以及技术标准的习惯。

知识目标

- 正确理解弯曲内力——剪力和弯矩等概念；
- 掌握弯曲内力正负号的判断方法；
- 熟悉弯曲内力在工程中的应用。

技能目标

- 能灵活运用截面法计算剪力和弯矩；
- 能熟练应用规律法绘制剪力图和弯矩图；
- 能熟练应用叠加原理绘制剪力图和弯矩图；
- 能利用手机 app "结构大师"绘制弯曲内力图。

本章主要研究弯曲梁的内力——剪力和弯矩，最终目的是能够准确、快速地画出剪力图和弯矩图。

第一节　平面弯曲梁的内力

一、平面弯曲梁的工程实例及受力变形特点

凡以弯曲为主要变形的杆件，当水平放置或倾斜放置时，通常称为梁（beam）。梁在建筑工程中有着广泛的应用。如图 4.1（a）所示的桥式吊车梁、图 4.1（b）所示的火车轴、图 4.1（c）所示的阳台挑梁。

工程中最常见的梁，其横截面通常都采用对称的形状，如矩形、工字形、T 形及圆形等。梁横截面的竖向对称轴与梁轴线所确定的平面称为梁的纵向对称平面，如图 4.2 所示的阴影区显示了该梁的纵向对称平面。当所有的荷载都作用在梁的纵向对称平面内时，则梁的纵向轴线将弯曲成一条平面曲线（又称为挠曲线），这条曲线也在梁的这个纵向对称平面内，

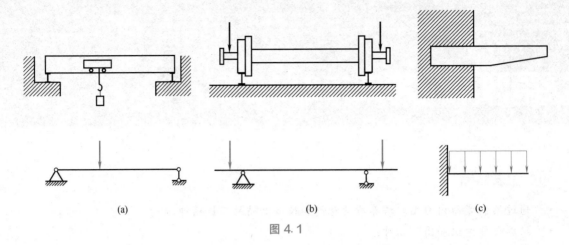

(a)　　　　　　　　　　(b)　　　　　　　　　　(c)

图 4.1

因此把这种弯曲称为平面弯曲。平面弯曲是本书要研究的又一种形式的基本变形。

平面弯曲梁的受力特点是：所受的外力都作用在梁的纵向对称平面内且均与梁的纵向轴线相垂直；所受的外力偶矩也都作用在梁的纵向对称平面内。

平面弯曲梁的变形特点是：梁变形后，其原为直线的轴线变成了纵向对称平面内的一条曲线。

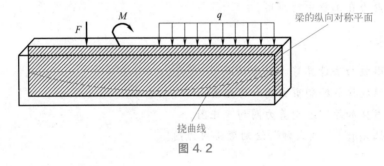

图 4.2

二、静定梁的三种基本形式

作用在梁上的荷载通常有三种，即：集中荷载 F、分布荷载 q 和集中力偶矩 M。在平面弯曲中，我们要研究的静定梁有三种基本形式，即：简支梁、外伸梁和悬臂梁，分别见图 4.1 的（a）、（b）、（c）。

三、平面弯曲梁内力——剪力和弯矩的计算

如图 4.3 所示为一平面弯曲梁，现用截面法求 m—m 横截面上的内力。

首先，求支座反力 F_A 和 F_B，因为对称，$F_A = F_B = 4\text{kN}$。然后，沿 m—m 截面假想地把梁分成两部分，并选左边部分为研究对象，如图 4.3（b）所示。由于整个梁是平衡的，所以隔离体也处于平衡状态。由 $\sum F_y = 0$，可知在该截面上肯定作用着一个竖直向下的力与 F_A 平衡，此力称为剪力（shearing force），用符号 V 来表示，它实际上是与横截面相切的分布力系的合力，剪力是弯曲梁的内力之一。

另外，从图 4.3（b）可看出，剪力 V 和支座反力 F_A 共同组成一个顺时针的力偶。由 $\sum M = 0$，可知在该截面上肯定还作用着一个逆时针的内力偶，其力偶矩称为弯矩（bending moment），用符号 M 来表示，它实际上是与横截面相垂直的分布内力系的合力偶矩，它是弯曲梁的另一个内力。显然，该例中的 M 大小为 $4kN \times 1m = 4kN \cdot m$。

由此可见，平面弯曲梁的内力有两个：一个是剪力 V，另一个是弯矩 M。

由牛顿第二定律，当选右侧的隔离体为研究对象时，所得到的两个内力均与选左侧隔离体时大小相等，但方向相反。为了使上述两种算法得到的同一截面上的弯矩和剪力，不但数值相同而且符号也一致，即为了使弯矩和剪力的计算与隔离体的选择无关，本书作如下的规定：使隔离体顺时针转动的剪力为正，反则为负；使梁下侧受拉的弯矩为正，反则为负，如图 4.4 所示。按此规定，图 4.3（b）所画出的剪力和弯矩均为正。

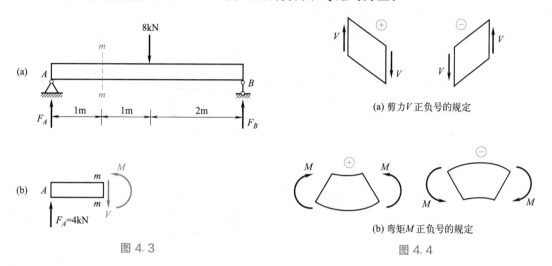

图 4.3

(a) 剪力 V 正负号的规定

(b) 弯矩 M 正负号的规定

图 4.4

第二节 集中荷载作用下的弯曲内力图

在梁上所取的横截面不同，其剪力和弯矩一般也不相同。为了进行强度和刚度计算，需要知道剪力和弯矩沿梁轴线的变化情况，以及剪力和弯矩的极值及其所在的位置。用图线表示剪力和弯矩的变化情况最为方便，我们把这种图线分别称为剪力图（shearing force diagram）和弯矩图（bending moment diagram）。画剪力图和弯矩图的方法有多种，其中最基本的方法是截面法：即首先列出剪力的函数表达式 $V = V(x)$ 和弯矩的函数表达式 $M = M(x)$，它们分别称为剪力方程和弯矩方程，然后，再根据剪力方程和弯矩方程画出其剪力图和弯矩图。

一、截面法

如图 4.5（a）所示的简支梁上作用着集中荷载 F，已知梁的跨度为 l，试画出其剪力图和弯矩图。

首先，求支座反力 F_A 和 F_B。

由 $\sum M_B = 0$，得 $Fb - F_A l = 0$，$F_A = \dfrac{b}{l} F$

由 $\sum F_y = 0$，得 $F_B = \dfrac{a}{l} F$

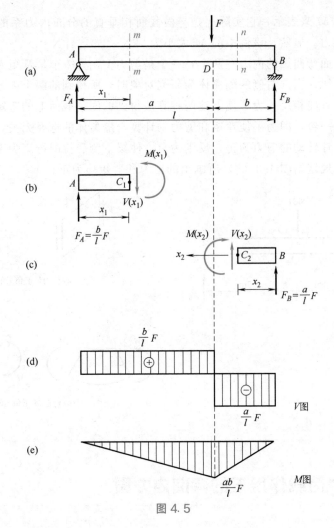

图 4.5

然后，沿 $m—m$ 截面假想地把梁分成两部分，并选左侧部分为研究对象，见图 4.5（b）。画出其受力图，在画内力时均按正方向画出。由于整个梁是平衡的，所以隔离体也处于平衡状态。

由 $\sum F_y = 0$，得

$$V(x_1) = \frac{b}{l}F \quad (0 < x_1 < a) \tag{4.1}$$

上式即左段 AD 的剪力方程。

对截面的形心 C_1 求力矩，由 $\sum M_{C_1} = 0$，即 $M(x_1) - \frac{b}{l}Fx_1 = 0$

得

$$M(x_1) = \frac{b}{l}Fx_1 \quad (0 \leqslant x_1 \leqslant a) \tag{4.2}$$

上式即左段 AD 的弯矩方程。

再沿 $n—n$ 截面假想地把梁分成两部分，并选右侧部分为研究对象，见图 4.5（c）。画出其受力图，在画内力时均按正方向画出。注意，此时选向左的方向为坐标轴 x_2 的正方向。$x_2 = 0$，所代表是 B 截面，而 $x_2 = b$，所代表的是 D 截面。

由 $\sum F_y = 0$，得

$$V(x_2) = -\frac{a}{l}F \quad (0 < x_2 < b) \tag{4.3}$$

上式即右段 DB 的剪力方程。

对 $n-n$ 截面的形心 C_2 求力矩，由 $\sum M_{C_2} = 0$，即：$-M(x_2) + \frac{a}{l}Fx_2 = 0$

得
$$M(x_2) = \frac{a}{l}Fx_2 \quad (0 \leqslant x_2 \leqslant b) \tag{4.4}$$

上式即右段 DB 的弯矩方程。

最后根据剪力方程和弯矩方程，分段画出剪力图和弯矩图，见图 4.5（d）、(e)。

【注意】 画弯矩图与画其他内力图（即 N 图、T 图和 V 图）有所不同。

（1）在建筑工程中规定把弯矩图画在受拉的一侧，且在弯矩图上不用标出正负。

（2）又因为规定了梁的下侧受拉为正，所以当弯矩为正时，弯矩图要画在轴的下侧，这与其他内力图的画法正好相反！

由上述内容可以得到这样的一个结论：当简支梁上作用着一个集中荷载 F 时，最大弯矩出现在集中荷载作用的截面上，且

$$M_{\max} = \frac{ab}{l}F \tag{4.5}$$

特别地，当集中荷载作用在梁的正中间时，即 $a = b = \frac{l}{2}$ 时，

$$M_{\max} = \frac{Fl}{4} \tag{4.6}$$

二、软件实现

实际上，如上所述，当所有量都用符号表示时，得到的结果可看成公式，就像式（4.5）和式（4.6）那样，能解决一系列问题。

如图 4.6（a）所示，当 $a = 2$m，$b = 4$m，$l = 6$m，$F = 24$kN 时，根据图 4.5（d）、(e)，即可快速画出其内力图。

现在，智能手机功能强大，使用手机"结构大师"app，可以轻松、快捷地绘制出弯曲内力图，见图 4.7（a）、(b)。操作过程可扫二维码资源 4.1。

【手机"结构大师"app 简介】 "结构大师"app 实现了在手机上进行结构分析，通过指端画线快捷建模，方便简单且功能强大，不仅可以绘制内力图，还支持动力学、影响线、几何组成分析等。利用人工智能学算法还支持输出手算方法的解题步骤。

普通手机可安装竖版"结构大师"app，图标见图 4.8（a），它是专为小屏手机设计的；如果是在大屏幕设备（平板）上使用，可安装"结构大师 HD"app，图标见图 4.8（b），为平板电脑设计的 HD 版是推荐的经典版本。这两款 app 均可在应用商店免费下载。

现在"结构大师"还提供了电脑版，为免安装的绿色软件，使用起来很方便，可到其官网下载使用软件。

观察图 4.6，能够发现如下普遍适用的重要规律，为了以后使用方便，本书专门设置了如下的规律编号。特别指出的是，这些规律只适用于从左向右画的内力图。

【规律 1】 在集中力作用处，剪力图会发生突变，突变的方向与集中力的方向相同，突变的幅度与集中力的大小相等。

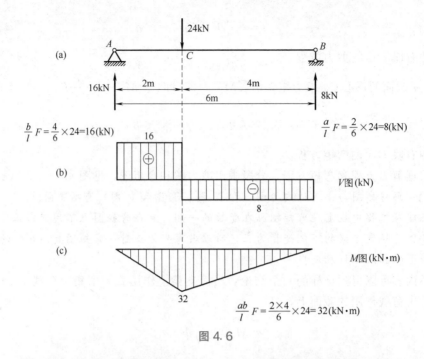

图 4.6

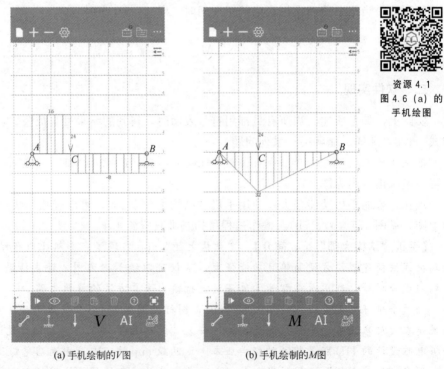

(a) 手机绘制的V图   (b) 手机绘制的M图

图 4.7

【规律 2】 在没有荷载作用的区段，剪力图为水平线。

【规律 3】 在剪力图为水平线时，对应区段的弯矩图为斜线。

【规律 4】 弯矩图倾斜的方向与剪力图所在轴线的位置相反，倾斜的幅度等于剪力图与轴线所包围的面积。

【规律1】解释 在图 4.6（a）的最左端 A 位置作用有向上的支座反力 16kN，剪力图就从 0 竖直向上到 16；在 C 位置作用有向下的集中荷载 24kN，剪力图由 16 竖直向下降了 24 到轴线下方的 8；在最右端 B 位置作用有向上的支座反力 8kN，剪力图又从 8 竖直向上到 0，剪力图回零，完成了封口，说明剪力图绘制正确。

【规律2】解释 在图 4.6（a）的 AC 段和 CB 段没有荷载作用，剪力图均为水平线。

【规律3】解释 AC 段的剪力图是在轴线上方的水平线，对应区段的弯矩图就是向下倾斜的直线；BC 段的剪力图是在轴线下方的水平线，对应区段的弯矩图就是向上倾斜的直线。

(a)

(b)

图 4.8

【规律4】解释 AC 段弯矩图向下倾斜的幅度等于 AC 段的剪力图与轴线所包围的面积：16×2＝32，即弯矩图从 0 开始，斜向下降至 C 截面的 32；CB 段的弯矩图向上倾斜的幅度等于 CB 段的剪力图与轴线所包围的面积：8×4＝32，弯矩图从 32 正好回零，完成了封口，说明弯矩图绘制正确。

事实上，上述四个规律，体现的正是荷载、剪力和弯矩之间内在的微积分关系，详细介绍见下节。

三、多集中荷载作用下的弯曲内力图

图 4.9（a）所示简支梁上作用有三个集中荷载，现在要画出其弯曲内力图，若利用前述的截面法，需要假想地截开四次，列四个剪力方程和四个弯矩方程，尤其是中间两段（CD 段和 DE 段），计算比较烦琐，总结上面四个规律的目的就是寻找画内力图的简单方法。

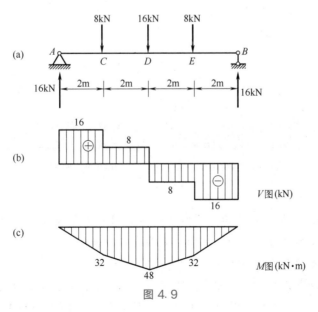

图 4.9

首先，求支座反力，因为对称，$F_A = F_B = 16kN$。

下面画剪力图，参看图 4.9（b）。从最左端 A 开始，A 位置作用有向上的支座反力 16kN，根据【规律1】，剪力图从 0 竖直向上至 16；AC 段没有荷载作用，根据【规律2】，

剪力图为水平线；C 位置作用有向下的荷载 8kN，剪力图从 16 竖直向下降至 8；然后水平画至 D；D 位置作用有向下的荷载 16kN，剪力图从 8 竖直向下至轴线下方 8；然后水平画至 E；E 位置作用有向下的荷载 8kN，剪力图从轴线下方 8 再降至 16；然后水平画至最右端 B；在 B 位置作用有向上的支座反力 16kN，剪力图从 16 竖直向上升到 0，完成了封口，说明剪力图绘制正确。这样，就很快捷地画出了剪力图。

下面画弯矩图，参看图 4.9（c）。从最左端 A 开始，AC 段的剪力图为轴线上方的水平线，根据【规律3】和【规律4】，对应的弯矩图，从 0 开始，向下倾斜剪力图与轴线所包围的面积：$16 \times 2 = 32$；CD 段的剪力图仍为轴线上方的水平线，弯矩图则继续向下倾斜 CD 段剪力图的面积：$8 \times 2 = 16$，即由 32 向下斜至 48；DE 段的剪力图为轴线下方的水平线，弯矩图该向上倾斜 DE 段剪力图的面积：$8 \times 2 = 16$，即由 48 向上斜至 32；EB 段的剪力图仍为轴线下方的水平线，弯矩图则继续向上倾斜 EB 段剪力图的面积：$16 \times 2 = 32$，弯矩图正好回零，完成了封口，说明弯矩图绘制也正确。这样，就便捷地画出了弯矩图。

利用总结的四个规律，快速、方便地绘制的弯曲内力图是否正确呢？可用手机 app 验证，见图 4.10。

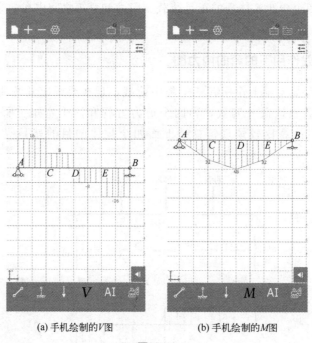

资源 4.2
图 4.9（a）的
手机绘图

(a) 手机绘制的 V 图　　　　(b) 手机绘制的 M 图

图 4.10

【例 4.1】 如图 4.11（a）所示，为结构试验常用的力学模型，试画出其剪力图和弯矩图。梁在 CD 段的变形称为纯弯曲。试问纯弯曲有何特征？

解： 首先，求支座反力，因为对称，$F_A = F_B = F$。

依据前述规律画剪力图，参看图 4.11（b）。A 位置作用有向上的支座反力 F，剪力图从 0 竖直向上至 F；AC 段剪力图为水平线；C 位置作用有向下的荷载 F，剪力图从 F 回零；CD 段无剪力，即 CD 段的剪力图与轴线重合；D 位置作用有向下的荷载 F，剪力图从 0 竖直向下降至 F；DB 段剪力图为水平线；在 B 位置作用有向上的支座反力 F，剪力图从 F 竖直向上升回零，完成了封口。

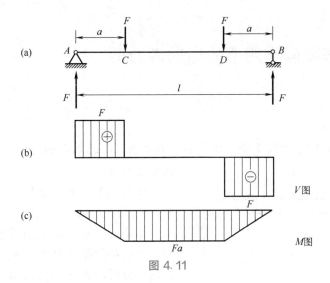

图 4.11

下面画弯矩图，参看图 4.11（c）。从最左端 A 开始，AC 段的剪力图为轴线上方的水平线，弯矩图从 0 开始，向下倾斜剪力图与轴线所包围的面积 Fa；关键是 CD 段的弯矩图如何画？CD 段无剪力图，或者说 CD 段剪力图的面积为零，则弯矩图不做任何倾斜，即为水平线。这是普遍规律，本书总结为【规律5】，方便以后使用。

【规律5】　当剪力图与轴线重合（即剪力为零）时，弯矩图为平行于轴线的直线。

DB 段的剪力图为轴线下方的水平线，弯矩图向上倾斜 DB 段剪力图的面积 Fa，弯矩图正好回零，完成了封口。

从图 4.11（b）、（c）可以看出，纯弯曲（CD 段）的特征：没有剪力，只有弯矩，且弯矩为常数。

手机"结构大师"app 验证，见图 4.12。

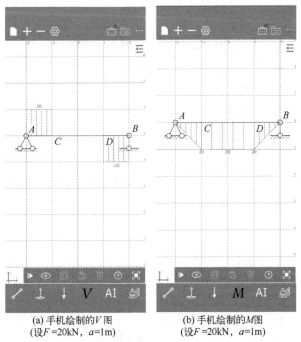

(a) 手机绘制的 V 图
（设 F=20kN，a=1m）

(b) 手机绘制的 M 图
（设 F=20kN，a=1m）

图 4.12

资源 4.3
图 4.11（a）的
手机绘图

第三节 均布荷载作用下的弯曲内力图

一、截面法

如图 4.13（a）所示的简支梁上作用着均布荷载 q，已知梁的跨度为 l，试画出其剪力图和弯矩图。

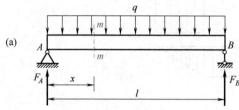

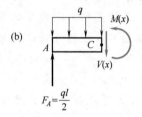

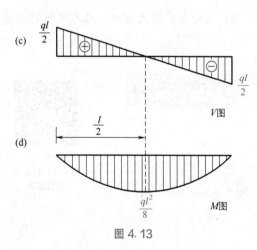

图 4.13

首先，求支座反力 F_A 和 F_B，由于荷载对称，$F_A = F_B = ql/2$。

然后，沿 m—m 截面假想地把梁分成两部分，并选左侧部分为研究对象，画出其受力图，在画内力时均按正方向画出。由于整个梁是平衡的，所以隔离体也处于平衡状态。

由 $\sum F_y = 0$，即：$\dfrac{ql}{2} - V(x) - qx = 0$

得 $V(x) = \dfrac{ql}{2} - qx$ （$0 < x < l$） （4.7）

上式即整根梁的剪力方程。画剪力图时，由于剪力方程为一直线，只要确定 A、B 两点的坐标值即可：当 $x = 0$ 时，$V(0) = \dfrac{ql}{2}$；当 $x = l$ 时，$V(l) = -\dfrac{ql}{2}$。最后画出的剪力图见图 4.13（c）。

对截面的形心 C 求力矩，由 $\sum M_C = 0$，即

$$M(x) + qx\,\frac{x}{2} - \frac{ql}{2}x = 0$$

得 $M(x) = \dfrac{ql}{2}x - \dfrac{q}{2}x^2$ （$0 \leqslant x \leqslant l$） （4.8）

上式即该梁的弯矩方程。

画弯矩图时，由于弯矩方程为抛物线，需按画抛物线的方法来画出弯矩图。先确定抛物线的极值位置及其大小，可用抛物线知识，

当 $x = -\dfrac{b}{2a} = -\dfrac{\dfrac{ql}{2}}{2 \times \left(-\dfrac{q}{2}\right)} = \dfrac{l}{2}$ 时，

$$M_{\max} = \frac{4ac - b^2}{4a} = \frac{4 \times \left(-\dfrac{q}{2}\right) \times 0 - \left(\dfrac{ql}{2}\right)^2}{4 \times \left(-\dfrac{q}{2}\right)} = \frac{ql^2}{8}$$

所以，极值位于跨中且为正的，应画在轴线的下方。另外，当 $x=0$ 和当 $x=l$ 时，M 均为零，即可画出弯矩图，见图 4.13（d）。当然了，也可利用高等数学来更快捷地画出弯矩图，详细过程可看后面的内容。

综上所述，在均布荷载作用的区域，剪力图是斜线；弯矩图是抛物线，当简支梁满跨 l 上都作用着均布荷载 q 时，最大弯矩出现在梁的正中间，且

$$M_{max}=\frac{ql^2}{8} \tag{4.9}$$

式（4.9）是结构设计常用的重要公式。

二、软件实现

如图 4.14（a）所示，当 $q=2\mathrm{kN/m}$，$l=6\mathrm{m}$ 时，可快速计算梁内的最大弯矩为：

$$M_{max}=\frac{ql^2}{8}=\frac{2\times 6^2}{8}=9\,(\mathrm{kN\cdot m})$$

可快速画出其弯矩图，见图 4.14（c）。

使用手机"结构大师"app绘制的内力图，见图 4.15。

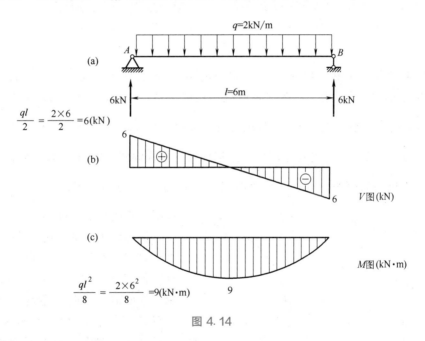

图 4.14

认真观察图 4.14，能够发现均布荷载作用时普遍适用的规律：

【规律6】 在均布荷载作用的区域，剪力图是斜线。其倾斜的方向与均布荷载的方向相同，倾斜的幅度等于均布荷载与轴线包围的面积，或倾斜的斜率为均布荷载的集度 q。

【规律7】 在均布荷载作用的区域，弯矩图是曲线，其开口方向符合弓箭效应。

【规律6】解释 在图 4.14（a）的最左端 A 位置作用有向上的支座反力6kN，由【规律1】，剪力图从0竖直向上到6，见图 4.14（b）；AB 段作用有向下的均布荷载，剪力图向下倾斜均布荷载的面积：$2\times 6=12$，即由 A 位置的6倾斜至最右端轴线下方的6，在竖直方向上共下降了12；最右端 B 位置作用有向上的支座反力6kN，剪力图从6竖直向上回零，完成了封口。

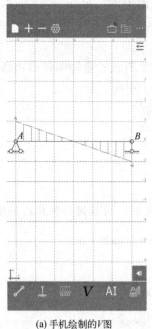

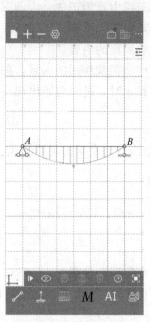

资源 4.4
图 4.14 (a) 的
手机绘图

(a) 手机绘制的 V 图　　　　(b) 手机绘制的 M 图

图 4.15

【规律7】解释　在图 4.14 (b) 中，梁左侧 3m 的剪力图在轴线上方，由【规律4】，对应的弯矩图应向下倾斜，注意：在均布荷载作用的区域，弯矩图是向下以曲线的形式倾斜的，倾斜的幅度等于左侧 3m 剪力图与轴线所包围的三角形面积：$\frac{1}{2} \times 3 \times 6 = 9$；梁右侧 3m 的剪力图在轴线下方，对应的弯矩图应向上以曲线的形式倾斜，倾斜的幅度等于右侧 3m 剪力图与轴线所包围的面积，也是三角形面积 $\frac{1}{2} \times 3 \times 6 = 9$，弯矩图正好回零，完成了封口，

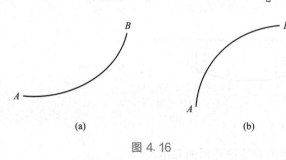

(a)　　　　　　　　(b)

图 4.16

说明弯矩图绘制正确。

值得说明的是，从 A 倾斜到 B，画直线只有一种情形，但画曲线时，可能有两种情况，如图 4.16 (a)、(b) 所示，即所谓开口向上还是开口向下，有人总结了弓箭效应，非常实用。如图 4.17 所示，把箭看成均布荷载，弯矩图与弓的变形形状一致，即箭头向下，弯矩图就开口向上，如图 4.17 (a) 所示；反之，向上的均布荷载，弯矩图开口就向下，如图

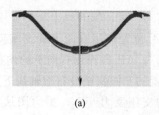

(a)　　　　　　　　(b)

图 4.17

4.17（b）所示。

三、弯矩、剪力和分布荷载集度间的微分关系

式（4.8），$M(x)$ 对 x 分别求一阶导数和二阶导数得：

$$\frac{\mathrm{d}M(x)}{\mathrm{d}x} = \frac{ql}{2} - qx = V(x)$$

$$\frac{\mathrm{d}^2 M(x)}{\mathrm{d}x^2} = \frac{\mathrm{d}V(x)}{\mathrm{d}x} = -q$$

于是得到这样的结论：在梁的任何截面处，将弯矩方程 $M(x)$ 对 x 求导，就会得到剪力方程 $V(x)$；而再将剪力方程 $V(x)$ 对 x 求导，就会得到分布荷载的集度 q（以向上为正）。

q、V、M 间的微分关系，从几何上来说就是剪力图在某点的切线斜率等于相应截面分布荷载的集度，而弯矩图在某点的切线斜率等于相应截面的剪力值。前面总结的七个规律，包括下节的【规律 8】和【规律 9】，正是这些关系的不同表现形式，它们对绘制剪力图和弯矩图有很大的帮助。

在高等数学中，当利用微积分求函数 $f(x)$ 的极值时，首先需求出 $f(x)$ 的一阶导数 $f'(x)$，然后令其等于零，求得 $f(x)$ 的驻点。由于弯矩方程 $M(x)$ 对 x 的一阶导数就是剪力方程 $V(x)$，因此在剪力为零处，弯矩有极值。参看图 4.6、图 4.9 和图 4.14，在剪力为零的位置弯矩都出现了极值。

从前面几个弯曲内力图的绘制过程中，我们发现画剪力图要比画弯矩图容易。现在假设剪力图已经画出，那么如何利用剪力与弯矩的关系来画弯矩图呢？

弯矩方程 $M(x)$ 对 x 的一阶导数就是剪力 $V(x)$，由于微分的逆运算就是积分，因此，当已知剪力方程求弯矩时，只要对剪力方程积分即可，而积分的几何含义就是求面积，所以可用求剪力图与梁轴线所包围的面积的方法来确定弯矩的值，进而画出各段的弯矩图。

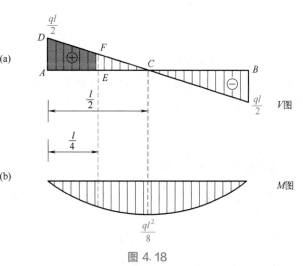

图 4.18

如图 4.18〔即图 4.13（c）、(d)〕所示，在该图中剪力图与轴线的交点（即剪力为零的点）位于梁的正中间，可判断在该处弯矩有极值。剪力图与轴线所包围的面积即三角形 ACD 的面积：

$$A = \frac{1}{2} \times \frac{l}{2} \times \frac{ql^2}{2} = \frac{ql^2}{8}$$

正好是弯矩图 4.18（b）中的极值。

综上所述，在剪力图与轴线的交界处，弯矩会出现极值，极值的大小可由剪力图与轴线所包围的面积求得。有了内力的极值，我们就可从各极值当中再确定出内力的最大值，作为

结构设计的依据。

实际上，利用求剪力图与梁的轴线所包围面积的方法，不仅可以求弯矩的极值，而且还可以求出任何截面的弯矩值。例如图 4.18 中的 E 截面，设该截面到梁左端 A 的距离为 $\dfrac{l}{4}$，此时剪力图与梁的轴线所包围图形 $AEFD$ 为一梯形（图中的阴影区），E 截面上的弯矩就等于其面积，为：

$$\frac{EF+AD}{2}\times AE=\frac{\dfrac{ql}{2}+\dfrac{ql}{4}}{2}\times\frac{l}{4}=\frac{3}{32}ql^2$$

而由弯矩方程即式（4.8），所确定的该截面的弯矩为

$$M\left(\frac{l}{4}\right)=\frac{ql}{2}\times\frac{l}{4}-\frac{q}{2}\times\left(\frac{l}{4}\right)^2=\frac{ql^2}{8}-\frac{ql^2}{32}=\frac{3}{32}ql^2$$

两者相等。

第四节　集中力偶矩作用下的弯曲内力图

一、截面法

如图 4.19（a）所示的简支梁上作用着集中力偶矩 M_e，已知梁的跨度为 l，试画出其剪力图和弯矩图。

首先，求支座反力 F_A 和 F_B。

$$F_A=\frac{M_e}{l}\quad(\downarrow),\quad F_B=\frac{M_e}{l}\quad(\uparrow)$$

沿 m—m 截面假想地把梁分成两部分，并选左侧部分为研究对象，见图 4.19（b）。画出其受力图，在画内力时均按正方向画出。由于整个梁是平衡的，所以隔离体也处于平衡状态。

由 $\sum F_y=0$，得：$\qquad V(x_1)=-\dfrac{M_e}{l}\quad(0<x_1<a)$

上式即左段 AD 的剪力方程。

对截面的形心 C_1 求力矩，由 $\sum M_{C_1}=0$，即 $M(x_1)+\dfrac{M_e}{l}x_1=0$

得 $\qquad\qquad\qquad M(x_1)=-\dfrac{M_e}{l}x_1\quad(0\leqslant x_1\leqslant a)$

上式即左段 AD 的弯矩方程。

再沿 n—n 截面假想地把梁分成两部分，并选右侧部分为研究对象，见图 4.19（c）。并选向左的方向为坐标轴 x_2 的正方向。此时 $x_2=0$，所代表是 B 截面，而 $x_2=b$，所代表的是 D 截面。

由 $\sum F_y=0$，得：$\qquad V(x_2)=-\dfrac{M_e}{l}\quad(0<x_2<b)$

上式即右段 DB 的剪力方程。

对 $n-n$ 截面的形心 C_2 求力矩，由 $\sum M_{C_2}=0$，即 $-M(x_2)+\dfrac{M_e}{l}x_2=0$

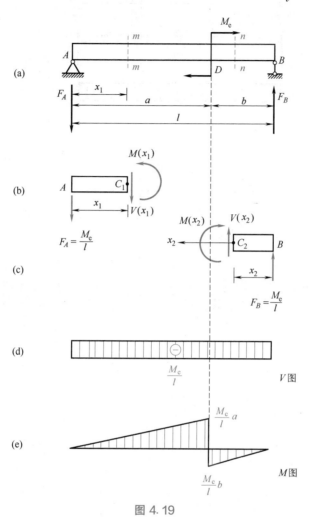

图 4.19

得

$$M(x_2)=\frac{M_e}{l}x_2 \quad (0\leqslant x_2\leqslant b)$$

上式即右段 DB 的弯矩方程。

最后分段画出剪力图和弯矩图，见图 4.19（d）、（e）。

二、软件实现

如图 4.20（a）所示，当 $M_e=18\text{kN}\cdot\text{m}$，$l=6\text{m}$ 时，其内力图，见图 4.20（b）、（c）。使用手机"结构大师"app绘制的内力图，见图 4.21。

仔细观察图 4.20，会发现集中力偶矩作用时普遍适用的规律：

【规律8】 剪力图与集中力偶矩"无关"。

【规律9】 在集中力偶矩作用处，弯矩图要发生突变。突变的方向"顺下逆上"，突变幅度等于集中力偶矩的大小。

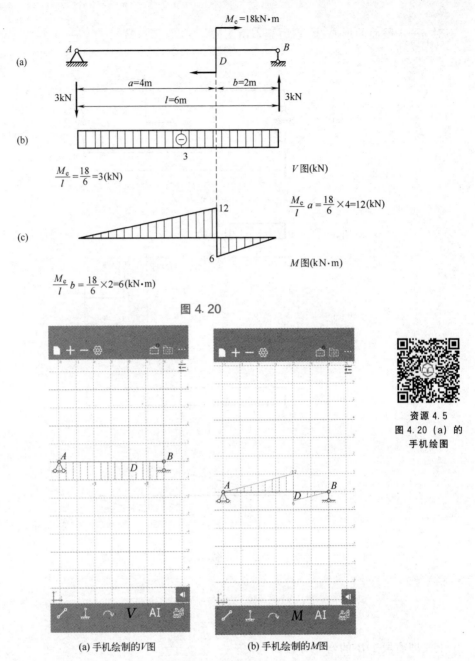

图 4.20

（a）手机绘制的V图　　（b）手机绘制的M图

图 4.21

【规律 8】解释　在图 4.20（a）的最左端 A 位置作用有向下的支座反力 3kN，由【规律 1】，剪力图从 0 竖直向下到 3，见图 4.20（b）；AB 段无需考虑力偶，由【规律 2】，剪力图直接水平画至最右端 B，再从 3 竖直向上回零，完成封口。"无关"之所以加引号，只是画剪力图时，直接忽视集中力偶矩的存在；但是支座反力与集中力偶矩是相关的。

【规律 9】解释　在图 4.20（b）中，梁左侧 4m 的剪力图在轴线下方，由【规律 4】，对应的弯矩图应向上倾斜，倾斜的幅度等于剪力图与轴线所包围的面积：3×4＝12，即由 0 向上倾斜至 D 截面的 12；在 D 截面作用有顺时针的集中力偶矩 18kN·m，弯矩图向下突变 18（若是逆时针，就向上突变，这就是所谓的"顺下逆上"），由 12 竖直向下降到轴线下方的 6，梁右侧 2m 的剪力图仍在轴线下方，对应的弯矩图向上倾斜 $3\times2=6$，弯矩图正好回零，完成了封口，说明弯矩图绘制正确。

三、 单一荷载作用下悬臂梁的弯曲内力图

一般情况下，即便悬臂梁上的荷载没有力偶矩，但在其支座处也会隐含着集中力偶矩。下面三个实例的计算结论不仅是阳台、雨篷等悬挑构件设计的依据，同时在后面研究叠加原理方法时，也可用于快速画出外伸梁外伸部分的内力图，因此，对这三种情况的研究，除了能解决一些实际工程问题外，还有一定的理论意义。

【例 4.2】 如图 4.22（a）所示，试画出其剪力图和弯矩图。

解： 首先，求支座反力，$F_A=F$，$M_A=Fl$，见图 4.22（b）。

依据前述规律画剪力图，见图 4.22（c）。A 位置作用有向上的支座反力 F，剪力图从 0 竖直向上至 F；AB 段剪力图为水平线；B 位置作用有向下的荷载 F，剪力图从 F 回零，封口。

画弯矩图，参看图 4.22（d）。在左端 A 作用有逆时针的集中力偶矩 Fl，根据【规律 9】，弯矩图要发生突变，由"顺下逆上"原则，弯矩图向上突变 Fl，由 0 竖直向上升至 Fl；AB 段剪力图在轴线上方，对应的弯矩图向下倾斜剪力图与轴线所包围的面积：Fl，弯矩图正好回零，封口。

【例 4.3】 如图 4.23（a）所示，试画出其剪力图和弯矩图。

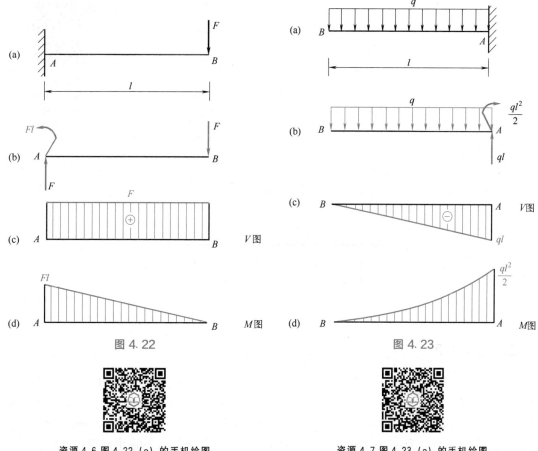

图 4.22　　　　　　　　　　图 4.23

资源 4.6 图 4.22（a）的手机绘图　　　资源 4.7 图 4.23（a）的手机绘图

（设 $F=10\text{kN}$，$l=2\text{m}$）　　　　（设 $q=4\text{kN/m}$，$l=2\text{m}$）

解： 首先，求支座反力，$F_A=ql$，$M_A=\dfrac{ql^2}{2}$，见图 4.23（b）。

依据前述规律画剪力图，见图 4.23（c）。BA 段作用有向下的均布荷载，剪力图向下倾斜均布荷载的面积：ql，即由 B 位置的 0 倾斜至最右端轴线下方的 ql；最右端 A 位置作用有向上的支座反力 ql，剪力图竖直向上回零，完成了封口。

画弯矩图，参看图 4.23（d）。剪力图为在轴线下方的斜线，对应的弯矩图以曲线形式向上倾斜，开口向上，倾斜的幅度等于剪力图与轴线所包围的面积：$\dfrac{1}{2}\times l\times ql=\dfrac{ql^2}{2}$；在右端 A 作用有顺时针的集中力偶 $\dfrac{ql^2}{2}$，弯矩图向下突变，正好回零，封口。

【例 4.4】 如图 4.24（a）所示，试画出其剪力图和弯矩图。

解： 首先，求支座反力，$F_A=0$，$M_A=M$，见图 4.24（b）。

整根梁没有剪力，剪力图与轴线重合，见图 4.24（c）。

画弯矩图，参看图 4.24（d）。在左端 A 作用有顺时针的集中力偶 M，弯矩图向下突变 M，由 0 竖直向下降至 M；由【规律 5】"当剪力图与轴线重合时，弯矩图为平行于轴线的直线"，AB 段为纯剪切。在右端 B 作用有逆时针的集中力偶 M，弯矩图向上突变，正好回零，完成了封口。

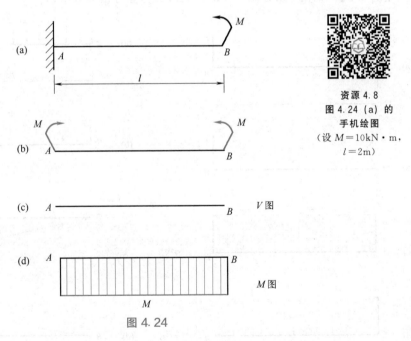

资源 4.8
图 4.24 (a) 的
手机绘图
（设 $M=10\text{kN}\cdot\text{m}$，
$l=2\text{m}$）

图 4.24

四、工程应用

通过前面一些实例的学习，大家对弯曲内力有了一些初步的认识，那么剪力和弯矩与受弯构件的设计又有什么关系呢？如图 4.25 所示为一钢筋混凝土梁配筋情况，底部的纵向钢筋根数及其直径就是由弯矩的大小决定的，而箍筋的间距及其直径则是由剪力的大小决定的。

而如图 4.26 所示为 H 形钢梁，上下翼缘的设计由弯矩来决定，而中间腹板的设计则由剪力来决定。

资源 4.9
弯曲内力的工
程应用之一

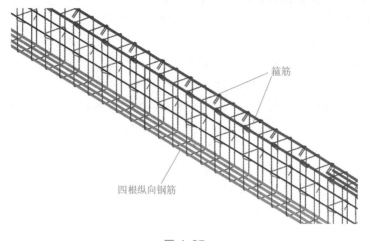

图 4.25

资源 4.10
弯曲内力的工
程应用之二

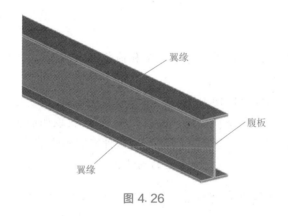

图 4.26

第五节　单跨静定梁在任意荷载作用下的弯曲内力图

在用前述总结的九条规律画内力图时，需遵循"从左到右"的原则。所谓的"从左到右"即所有内力图的绘制都是从杆件的左端开始，画至右端终止。它可归结为下列的三种情况：

（1）水平的杆件，见图 4.27。从 A 开始，画至 B 结束。

（2）倾斜的杆件，见图 4.28。从 A 开始，画至 B 结束。

（3）刚架，见图 4.29（a）、（b）。假想钻到（站到）刚架的内侧，俯视每段直杆，从左到右。对图（a），画内力图的顺序是 $A{\rightarrow}B{\rightarrow}C{\rightarrow}D$；对图（b），画内力图的顺序是 $A{\rightarrow}B{\rightarrow}C$。

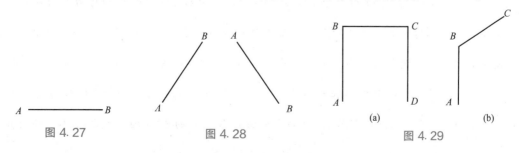

图 4.27　　　　　　　　　图 4.28　　　　　　　（a）　　　　　　（b）

图 4.29

为了使用方便，把前面的九条规律写在一起：

【规律1】 在集中力作用处，剪力图会发生突变，突变的方向与集中力的方向相同，突变的幅度与集中力的大小相等。

【规律2】 在没有荷载作用的区段，剪力图为水平线。

【规律3】 在剪力图为水平线时，对应区段的弯矩图为斜线。

【规律4】 弯矩图倾斜的方向与剪力图所在轴线的位置相反，倾斜的幅度等于剪力图与轴线所包围的面积。

【规律5】 当剪力图与轴线重合（即剪力为零）时，弯矩图为平行于轴线的直线。

【规律6】 在均布荷载作用的区域，剪力图是斜线。其倾斜的方向与均布荷载的方向相同，倾斜的幅度等于均布荷载与轴线包围的面积，或倾斜的斜率为均布荷载的集度 q。

【规律7】 在均布荷载作用的区域，弯矩图是曲线，其开口方向符合弓箭效应。

【规律8】 剪力图与集中力偶矩"无关"。

【规律9】 在集中力偶矩作用处，弯矩图要发生突变。突变的方向"顺下逆上"，突变幅度为集中力偶矩的大小。

值得说明的是：

利用规律法绘制弯矩图时，需参考剪力图和荷载图（当有集中力偶矩时），因此要先画剪力图，然后再画弯矩图。

另外，利用这种方法画弯曲内力图时，在最右端都必须回到零。当从最左端开始画弯矩图，若画至最右端时，弯矩图是自动封口的（回到零），就说明我们前面计算的支座反力以及所画的剪力图和弯矩图都是正确的。因此，用这种方法画弯曲内力图有自动校核的功能。

【例4.5】 试画出图4.30（a）所示梁的内力图。

解：因为对称，支座反力 $F_A = F_B = \dfrac{1}{2} \times 20 \times 10 = 100$（kN）。

先画剪力图，DA 段作用有向下的均布荷载，由【规律6】，剪力图向下倾斜均布荷载的面积：$20 \times 2 = 40$，即由 D 位置的0倾斜至 A 位置的 -40；A 位置作用有向上的支座反力100kN，剪力图从 -40 竖直向上突变100至轴线上方60；AB 段同样作用有向下的均布荷载，剪力图再向下倾斜均布荷载的面积：$20 \times 6 = 120$，即由 A 位置的60倾斜至 B 位置的 -60，与轴线交点 C 正好位于梁的正中间；B 位置作用有向上的支座反力100kN，剪力图从 -60 竖直向上突变100至轴线上方40；BE 段也作用有向下的均布荷载，剪力图向下倾斜均布荷载的面积：$20 \times 2 = 40$，即由 B 位置的40倾斜至最右端的0，完成了封口。

再画弯矩图，DA 段的剪力图为在轴线下方的斜线，由【规律7】，对应的弯矩图应向上以曲线的形式且开口向上进行倾斜，倾斜的幅度等于 DA 段剪力图与轴线所包围的三角形面积：$\dfrac{1}{2} \times 2 \times 40 = 40$，即由 D 位置的0倾斜至轴线上方的40；AC 段的剪力图为在轴线上方的斜线，对应的弯矩图应向下以曲线的形式且开口向上进行倾斜，倾斜的幅度等于 AC 段剪力图与轴线所包围的较大三角形面积：$\dfrac{1}{2} \times 3 \times 60 = 90$，即由 A 位置的40倾斜至 C 位置轴线下方的50；CB 段的剪力图在轴线下方，对应的弯矩图应向上倾斜 CB 段剪力图的面积：$\dfrac{1}{2} \times 3 \times 60 = 90$，即由 C 位置的50向上倾斜至 B 位置的40（轴线上方）；BE 段的剪力图为在轴线上方的斜线，对应的弯矩图向下以曲线的形式倾斜 BE 段剪力图面积：$\frac{1}{2} \times 2 \times$ 40＝40，即由 B 位置的 40 倾斜至 0；完成了封口，说明弯矩图绘制正确。

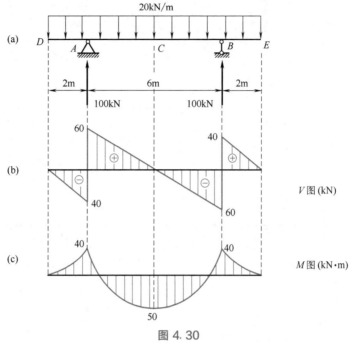

图 4.30

资源 4.11
图 4.30（a）的
手机绘图

【讨论】【例 4.5】是图 4.31 所示静置液体罐设计的力学模型，罐体及所装液体的重量为均布荷载，其中两个支座位置的设计很关键，若支座布置合理，可以大大地节省材料，提高经济效益。

对于本例，若支座位于梁的两端，即为简支梁时，其最大弯矩可由式（4.9）求出：

$$M_{\max} = \frac{ql^2}{8} = \frac{20 \times 10^2}{8} = 250 \text{（kN·m）}$$

图 4.31

而在【例 4.5】中，通过把两个支座向梁内移动 20％跨度，变成外伸梁，从图 4.30（c）可看到其最大弯矩只有简支梁时的五分之一，即 50kN·m，因此若按外伸梁设计，可大大减小罐体所用钢板的厚度。

【例 4.5】支座的位置是否最合理？如何布置才是最经济的？请大家认真思考一下。

【例 4.6】 试画出如图 4.32（a）所示梁的剪力图和弯矩图。

解： 首先，求支座反力 F_A 和 F_B。由 $\sum M_B = 0$，得

$$F_A = \frac{12\text{kN} \times 10\text{m} - 16\text{kN·m} + 2\text{kN/m} \times 8\text{m} \times 4\text{m}}{8\text{m}} = 21\text{kN}（\uparrow）$$

由 $\sum M_A = 0$，得

$$F_B = \frac{-12\text{kN} \times 2\text{m} + 16\text{kN·m} + 2\text{kN/m} \times 8\text{m} \times 4\text{m}}{8\text{m}} = 7\text{kN}（\uparrow）$$

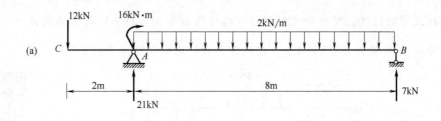

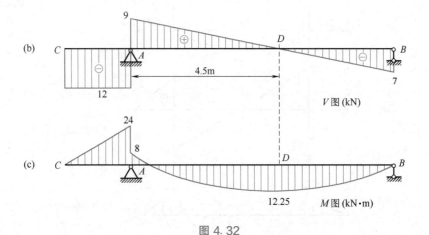

图 4.32

再由 $\sum F_y = 0$，

$$21kN + 7kN - 12kN - 2kN/m \times 8m = 0$$

验证上述计算结果是正确的。

画剪力图，见图 4.32（b）：由于在 C 处作用有集中力 12kN（↓），剪力图向下突变 12kN；CA 段无荷载，剪力图水平向右画 2m 至 A 截面；A 处作用有集中力 $F_A = 21kN$（↑），剪力图从 -12 开始向上突变 21 至 9；剪力图与 A 处的集中力偶矩无关；AB 段作用有向下的均布荷载 $q = 2kN/m$，剪力图从 9 开始，向下以直线倾斜，到达 B 截面时，共下降了均布荷载与轴线所包围的面积 $2 \times 8 = 16$，即到达 B 截面时，剪力已变成了 $9 - 16 = -7$；B 处作用有集中力 $F_B = 7kN$（↑），剪力图向上突变 7，正好回零，完成封口。

画弯矩图，见图 4.32（c）：CA 段的剪力图是平行于轴线的直线且在轴线的下方，弯矩图斜向上以直线倾斜剪力图与轴线所包围的矩形面积，即 $2 \times 12 = 24$；在 A 处作用有集中力偶矩 16kN·m（顺时针），弯矩图向下突变 16，由 24 竖直降至 8；再向右画弯矩图时，需要确定剪力图与轴线交点（D 点）的位置，根据【规律 6】"剪力图倾斜的斜率为均布荷载的集度 q"，本例 $q = 2kN/m$，即沿水平方向，每向右每移动 1m，剪力值就向下降落 2kN，因此，把 9kN 降到零时需在水平方向上移动的距离为 $AD = 9/2 = 4.5m$；AD 段的剪力图位于轴线之上且为斜线，所以弯矩图应向下并以曲线倾斜，开口向上，倾斜的幅度为剪力图与轴线所包围的三角形的面积：$\dfrac{9 \times 4.5}{2} = 20.25$，即由轴线上方的 8 降至 D 截面时为轴线下的 12.25；DB 段的剪力图位于轴线下方，弯矩图向上以曲线倾斜，倾斜的幅度为剪力图与轴线所包围的三角形的面积，即 $\dfrac{7 \times (8 - 4.5)}{2} = 12.25$，正好回零，完成封口。

资源 4.12
图 4.32（a）的
电脑绘图

【例4.6】和【例4.7】中梁的长度较大,用手机"结构大师"app不太方便操作,请扫二维码资源4.12和资源4.13观看电脑版绘图过程。

【例4.7】 试画出如图4.33(a)所示梁的剪力图和弯矩图。

解: 首先,求支座反力 F_A 和 F_B。

由 $\sum M_B = 0$,得

$$F_A = \frac{-12\text{kN} \cdot \text{m} + 4\text{kN/m} \times 12\text{m} \times 6\text{m} + 18\text{kN} \times 8\text{m} - 24\text{kN} \times 2\text{m}}{12\text{m}} = 31\text{kN}(\uparrow)$$

由 $\sum M_A = 0$,得

$$F_B = \frac{12\text{kN} \cdot \text{m} + 4\text{kN/m} \times 12\text{m} \times 6\text{m} + 18\text{kN} \times 4\text{m} + 24\text{kN} \times 14\text{m}}{12\text{m}} = 59\text{kN}(\uparrow)$$

再由 $\sum F_y = 0$,即 $31\text{kN} + 59\text{kN} - 18\text{kN} - 24\text{kN} - 4\text{kN/m} \times 12\text{m} = 0$,验证上述计算结果是正确的。

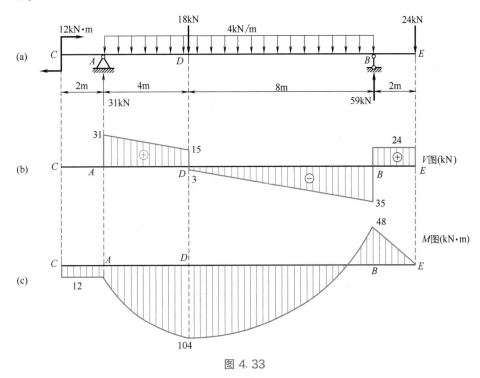

图4.33

画剪力图,见图4.33(b):CA段无荷载,剪力图又与集中力偶矩无关水平,其剪力图与轴线重合(即剪力为零);A处作用有集中力 $F_A = 31\text{kN}$($\uparrow$),剪力图从0向上突变至31;AD段作用有向下的均布荷载 $q = 4\text{kN/m}$,剪力图从31开始,向下以直线倾斜,到达D截面时,共下降了均布荷载与轴线所包围的面积 $4 \times 4 = 16$,即到达D截面时,剪力已降至15;D处作用有向下集中力18kN,剪力图从15向下突变18至轴线下方3;DB段也作用有向下的均布荷载 $q = 4\text{kN/m}$,剪力图从 -3 开始,向下以直线倾斜,到达B截面时,共下降了均布荷载与轴线所包围的面积 $4 \times 8 = 32$,即到达B截面时,剪力已降至 -35;B处作用有集中力 $F_B = 59\text{kN}$($\uparrow$),剪力图向上突变59至轴线上方24;BE段无荷载,水平画至最右端E,E处作用有向下集中力24kN,向下突变24,正好回零,完成封口。

画弯矩图,见图4.33(c):最左端作用有集中力偶矩12kN·m(顺时针),弯矩向下突变 12；因为 CA 段剪力为零，所以弯矩图为水平线（CA 段为纯弯曲）；AD 段的剪力图位于轴线之上且为斜线，所以弯矩图应向下以曲线倾斜，开口向上，倾斜的幅度为剪力图与轴线所包围的梯形的面积：$\dfrac{15+31}{2}\times 4=92$，即由 12 降至 D 截面时为 104；DB 段的剪力图位于轴线下方，弯矩图应向上以曲线倾斜，倾斜的幅度为剪力图与轴线所包围的梯形的面积，即 $\dfrac{3+35}{2}\times 8=152$，即由 104 向上倾斜到 B 截面时为轴线上方的 48；BE 段剪力图为轴线上方水平线，则弯矩图以直线向下倾斜 $2\times 24=48$，正好回零，完成封口。

资源 4.13
图 4.33（a）的
电脑绘图

请扫二维码资源 4.13 观看【例 4.7】电脑版绘图过程。

第六节　用叠加原理画梁的内力图

一、用叠加原理画梁的内力图

本节将要介绍的是绘制弯曲内力图的另一种方法——区段叠加法，该方法在有些情况下能更快速地画出弯矩图，而不用事先求支座反力和画出剪力图。其特点是把梁划分成若干梁段，通过分段运用叠加原理来画内力图。

叠加原理　构件在多个荷载共同作用下所引起的某量值（例如支座反力、弯矩以及变形等），等于各个荷载分别单独作用时所引起的该量值的代数和。

首先，我们举例说明如何利用叠加原理来画弯矩图。图 4.34、图 4.35 和图 4.36，梁的跨度为 l，分别画出了三种荷载作用在同一个简支梁上的弯矩图，利用叠加原理，就可以直接画出图 4.37（a）所示简支梁上同时作用这三种荷载时的弯矩图，在任何一个横截面上的弯矩都是前三种情况下，在同一截面上弯矩的代数和。因为整根梁上作用有均布荷载，所以其弯矩图为一抛物线。为了画出抛物线需确定三点的坐标，选两个端截面和跨中，不难看出两个端截面的弯矩分别是 M_{e1} 和 M_{e2}，而梁跨正中央的弯矩是两个三角形的中位线加 $\dfrac{ql^2}{8}$，即 $\dfrac{M_{e1}}{2}+\dfrac{M_{e2}}{2}+\dfrac{ql^2}{8}$；或是梯形的中位线加 $\dfrac{ql^2}{8}$，即 $\dfrac{M_{e1}+M_{e2}}{2}+\dfrac{ql^2}{8}$。注意在图 4.37（b）中竖线 DE 的长度为 $ql^2/8$。

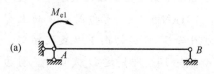

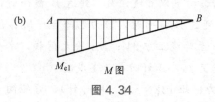

图 4.34

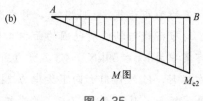

图 4.35

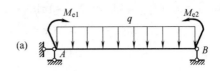

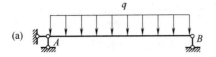

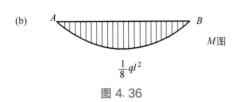

图 4.36

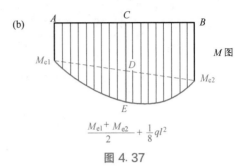

图 4.37

利用叠加原理画出图 4.38（a）所示情况的弯矩图，已知梁的跨度 l，集中荷载 F 作用在梁的正中间。与图 4.37 相类似，只是跨中的弯矩是从 D 点向下降 $\frac{1}{4}Fl$。

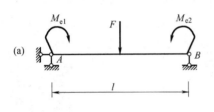

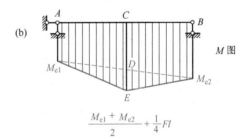

图 4.38

【例 4.8】 试用区段叠加法画出图 4.39（a）所示简支梁的弯矩图。

解：

第一步　求支座反力 F_A 和 F_B。

由 $\sum M_B = 0$，得

$$F_A = \frac{-20\text{kN} \cdot \text{m} + 5\text{kN/m} \times 6\text{m} \times 3\text{m}}{10\text{m}} = 7\text{kN}（\uparrow）$$

由 $\sum M_A = 0$，得

$$F_B = \frac{20\text{kN} \cdot \text{m} + 5\text{kN/m} \times 6\text{m} \times 7\text{m}}{10\text{m}} = 23\text{kN}（\uparrow）$$

再由 $\sum F_y = 0$，即 $23\text{kN} + 7\text{kN} - 5\text{kN/m} \times 6\text{m} = 0$，验证上述计算结果是正确的。

第二步　选取适当的截面（也称为控制截面），将梁分成若干段，使每一梁段的弯矩图要么是直线要么是抛物线。一般将梁的端截面、支座截面、集中力和集中力偶矩作用的截面、均布荷载起始和终止的截面都选作控制截面。对于本题选 A、C、D、B 四个截面为控制截面，把梁分成 AC、CD 和 DB 三段。

第三步　计算各控制截面的弯矩。计算各弯矩一般均用截面法，下列的计算均以控制截面以左的隔离体为研究对象。

$$M_{AC}=0, M_{CA}=7\text{kN}\times2\text{m}=14\text{kN}\cdot\text{m}, M_{CD}=7\text{kN}\times2\text{m}+20\text{kN}\cdot\text{m}=34\text{kN}\cdot\text{m}$$

$$M_D=7\text{kN}\times4\text{m}+20\text{kN}\cdot\text{m}=48\text{kN}\cdot\text{m}, M_{BD}=0$$

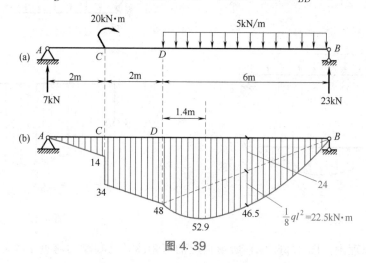

图 4.39

第四步　按上述计算的弯矩值画弯矩图。以所计算出的各控制面的弯矩值作出各纵标线，在无须叠加弯矩的梁段直接连成实线，例如 AC 段和 CD 段。而在要叠加的梁段先连成虚线，然后再以虚线为基线进行叠加，把叠加后的图线用实线画出。例如 DB 段，见图 4.39（b）所示，先连成虚线，DB 段可看成是如图 4.37 所示的简支梁，这时的

$$M_{e1}=48\text{kN}\cdot\text{m}, M_{e2}=0, q=5\text{kN/m}, l=6\text{m}$$

则 DB 段的正中间截面上的弯矩为：

$$\frac{48\text{kN}\cdot\text{m}}{2}+\frac{1}{8}\times5\text{kN/m}\times(6\text{m})^2=24\text{kN}\cdot\text{m}+22.5\text{kN}\cdot\text{m}$$

$$=46.5\text{kN}\cdot\text{m}$$

最后用实的曲线把 D 截面、B 截面和正中间截面的纵标连起来，就得到其最终的弯矩图。

请扫二维码资源 4.14 观看【例 4.8】绘制的内力图。

二、画弯曲内力图各种方法的讨论

在前述内容中，我们共介绍了三种绘制弯曲内力图的方法，即

（1）截面法　通过列剪力方程和弯矩方程来画剪力图和弯矩图。

（2）规律绘制法　利用剪力、弯矩以及荷载之间的规律来画剪力图和弯矩图。

（3）区段叠加法　先求控制截面的内力，然后再进行叠加。

首先，通过列剪力方程和弯矩方程来画剪力图和弯矩图的方法是最基本的方法，不仅适用于直杆，而且也适用于曲杆等复杂情况。

其次，利用剪力、弯矩以及荷载之间的规律来快速画剪力图和弯矩图的方法，是一个非常实用的方法，它有如下的一些优点：计算量小，画图速度快；具有自动校核的功能，若从左端开始画至右端时内力图是按计算封口的，则证明计算是正确的；画图准确，只要内力图画出后，即可准确知道内力的每一个极值在什么位置以及其数值是多少。

最后是先求控制截面的内力，然后再叠加的区段叠加法。这也是常用的一种方法，它要比第一种方法简单，但在一般情况下，不如第二种方法简便，尤其有时还不够准确。例如在

【例 4.8】中利用此方法不能确定最大弯矩的位置及其数值（最大弯矩并不在 DB 的正中间，而是偏左 1.6m，最大弯矩为 52.6kN·m，比叠加法计算的最大弯矩 46.5kN·m，大了 56%），而且计算控制截面的内力值工作量也较大。该方法在结构力学中应用较广泛。

三、用叠加原理准确画梁的弯矩图

与图 4.39 所示的情况不同，有些问题特别适合利用区段叠加法。此时，不用计算支座反力，也不用事先画出剪力图，就可以直接画出准确的弯矩图。

【例 4.9】 试用叠加法画出图 4.40 (a) 所示梁的弯矩图。

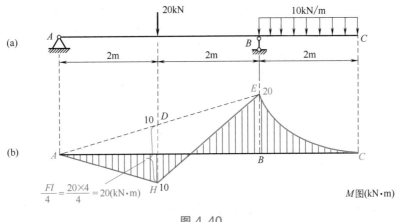

图 4.40

解：首先，画 BC 段弯矩图，BC 段可看成是左端为固定端约束的悬臂梁，因为该悬挑段上部受拉，作用有均布荷载，所以弯矩图为曲线且在轴线上方，根部最危险，由图 4.23 (d)，可知最大弯矩：$\dfrac{ql^2}{2}=\dfrac{10 \times 2^2}{2}=20$（kN·m），见图 4.40 (b) 的 BC 段。

若 AB 段上无荷载，则 AB 段的弯矩图，为图 4.40 (b) 中的虚线 AE，现在 AB 段正中间作用有集中荷载，根据式（4.6），则虚线 AE 正中间点 D 向下移动：$\dfrac{Fl}{4}=\dfrac{20 \times 4}{4}=20$（kN·m），即 D 点移至 H 点，虚线 AE 变成折线 AHE，就是 AB 段的弯矩图（可以把虚线 AE 想象成拉紧的橡皮筋，其两端分别固定在 A、E 两点，当橡皮筋的正中间竖直向下压 20 时，则橡皮筋的形状就是 AB 段的弯矩图）。

【例 4.10】 试用叠加法画出图 4.41 (a) 所示梁的弯矩图。

解：首先，画 DA 段弯矩图，DA 段可看成是右端为固定端约束的悬臂梁，因为该悬挑段上部受拉，作用的是集中荷载，所以弯矩图为斜线且在轴线上方，根部最危险，由图 4.22 (d)，得最大弯矩：$Fl=15 \times 2=30$（kN·m），见图 4.41 (b) 的 DA 段。

若 AB 段上无荷载，则 AB 段的弯矩图，为图 4.41 (b) 中的虚线 EB，现在 AB 段有集中荷载，根据式（4.5），则虚线上的点 P 向下移动：$\dfrac{ab}{l}F=\dfrac{4 \times 2}{6} \times 12=16$（kN·m），即 P 点由轴线上方的 10 竖直下移 16 至轴线下方的 6（H 点），虚线 EB 变成折线 EHB，这就是 AB 段的弯矩图（同样的，可以把虚线 EB 想象成拉紧的橡皮筋，其两端分别固定在 E、B 两点，把橡皮筋上 P 点竖直向下压 16 时，则橡皮筋的形状就是 AB 段的弯矩图）。

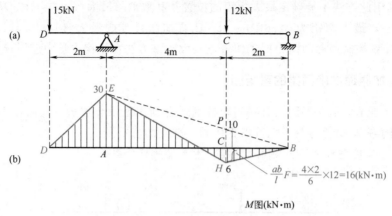

图 4.41

小结

本章主要讨论的是如何绘制平面弯曲梁的剪力图与弯矩图，共介绍了三种方法：截面法、规律绘制法和区段叠加法。

剪力是杆件横截面上的分布内力系沿与截面平行方向的合力，用符号 V 表示。其正负号的规定为：使隔离体顺时针转动的剪力为正，反之为负。

弯矩是与横截面相垂直的分布内力系的合力偶矩，用符号 M 表示。其正负号的规定为：使梁下侧受拉的弯矩为正，反之为负。

内力图反映了内力沿截面的变化情况。对于水平放置的直杆，在画 N 图、T 图和 V 图时，正的内力画在杆件轴线的上侧，负的内力画在杆件轴线的下侧，并且在这三个内力的内力图中表示内力为正的区域画上符号"⊕"；表示内力为负的区域画上符号"⊖"。而弯矩图则有所不同，由于规定了使梁的下侧受拉的弯矩为正，因此，与前几个内力相反，正的弯矩画在杆件轴线的下侧，负的弯矩画在杆件轴线的上侧，并且在弯矩图中不用画表示正负的符号。或者说，在弯矩图中，总是把弯矩画在杆件受拉的一侧。

习题

4.1 对图示梁 1—1 截面（该截面无限接近于 C 截面）使用截面法，分别取左段和右

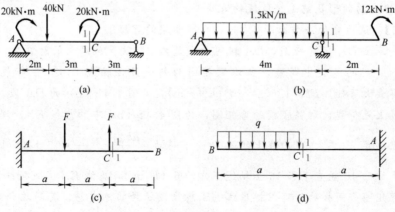

题 4.1 图

段为隔离体画出隔离体的受力图，列平衡方程并求出该截面上的剪力和弯矩。

4.2 试作图示各梁的剪力图和弯矩图，设 F、q、M、l、a 均为已知。

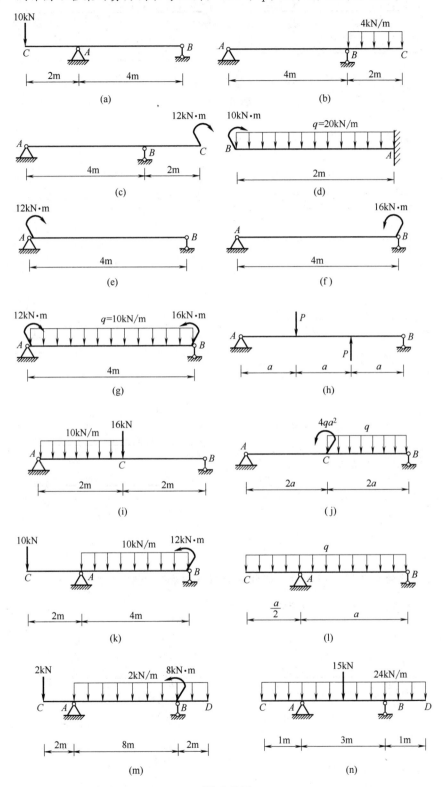

题 4.2 图

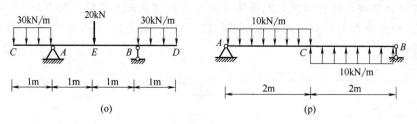

(o)　　　　　　　　　　(p)

题 4.2 图

4.3　用区段叠加法作图示各梁的弯矩图。

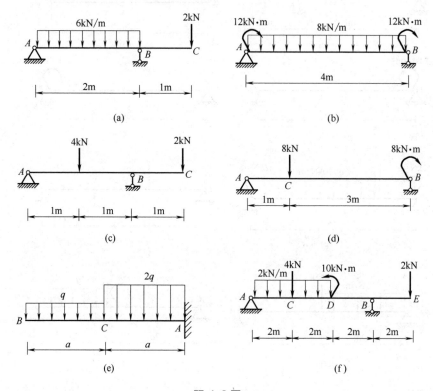

(a)　　　　　　　　　　(b)

(c)　　　　　　　　　　(d)

(e)　　　　　　　　　　(f)

题 4.3 图

4.4　已知梁的弯矩图如图所示，试作梁的荷载图和剪力图。

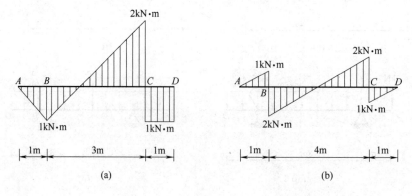

(a)　　　　　　　　　　(b)

题 4.4 图

4.5 试作图示多跨静定梁的剪力图和弯矩图。

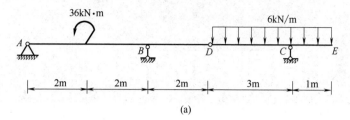

(a)

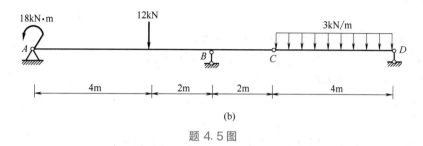

(b)

题 4.5 图

第五章 平面图形几何参数

第一节 形心位置和静矩

建筑结构所用的构件，其横截面都是具有一定几何形状的平面图形。与平面图形形状及尺寸有关的几何量统称为平面图形的几何参数。例如截面面积、形心位置、静矩、惯性矩、惯性半径等。杆件的强度、刚度和稳定性均与这些几何参数密切相关。

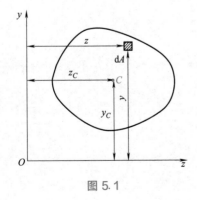

图 5.1

一、形心位置

1. 定义

如图 5.1 所示为一任意平面图形，它可以是假想的杆件横截面。其中 C 点位于整个平面图形的中心，称为平面图形的形心（center of an area）。

设想有一等厚度的均质薄板，其形状与图 5.1 的平面图形相同，在图示 zy 坐标系中，上述均质薄板的重心与平面图形的形心有相同的坐标 y_C 和 z_C。

显然，简单图形的形心位于其几何中心上。

2. 组合图形形心坐标公式

如图 5.2 所示为一 T 形均质薄板，水平放置，其平面图形可看成是由两个矩形组成的，像这样由简单图形组成的平面图形，称为组合图形。设该均质薄板的厚度为 t，密度为 ρ，在重力作用下，T 形板可绕位于 A、B 处的活页（即 z 轴）转动。设 T 形板翼缘的形心位于 C_1 处，其面积为 A_1，到转轴 z 的距离为 y_1；T 形板腹板的形心位于 C_2 处，其面积为 A_2，到转轴 z 的距离为 y_2；整个 T 形板的形心位于 C 处，到转轴 z 的距离为 y_C，见图 5.2（b）。

在重力作用下，整个 T 形板绕 z 轴的力矩为：$(A_1+A_2)t\rho g y_C$

翼缘和腹板绕 z 轴力矩的代数和为：$A_1 t\rho g y_1+A_2 t\rho g y_2$

由合力矩定理得：

$$(A_1+A_2)t\rho g y_C = A_1 t\rho g y_1 + A_2 t\rho g y_2 \tag{5.1}$$

等式两边消去 $t\rho g$

$$(A_1+A_2)y_C = A_1 y_1 + A_2 y_2 \tag{5.2}$$

则该 T 形板的形心坐标公式为：

$$y_C = \frac{A_1 y_1 + A_2 y_2}{A_1 + A_2} \tag{5.3}$$

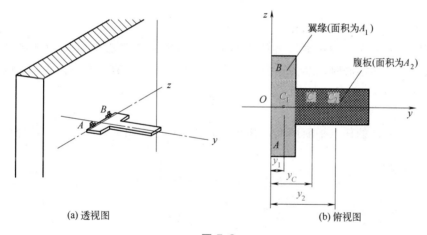

(a) 透视图   (b) 俯视图

图 5.2

一般情况下，由任意简单图形组成的组合图形，确定其形心位置的坐标公式为：

$$\left.\begin{aligned} y_C &= \frac{\displaystyle\sum_{i=1}^{n} A_i y_i}{\displaystyle\sum_{i=1}^{n} A_i} \\[2em] z_C &= \frac{\displaystyle\sum_{i=1}^{n} A_i z_i}{\displaystyle\sum_{i=1}^{n} A_i} \end{aligned}\right\} \tag{5.4}$$

3. 连续图形形心坐标公式

对于图 5.1 所示的连续图形，可用定积分计算，公式如下：

$$y_C = \frac{\int_A y\,\mathrm{d}A}{A}$$

$$z_C = \frac{\int_A z\,\mathrm{d}A}{A} \Bigg\} \tag{5.5}$$

二、静矩

1. 组合图形静矩的计算

式（5.1）等号两边均为绕 z 轴的力矩。而式（5.2）等号两边已消去了公因子 $t\rho g$，所以就不是力矩了，它们只由平面图形本身的性质所决定，称为平面图形绕 z 轴的静矩（static moment）。静矩用符号 S 表示，对于图 5.2 所示的情况有：

$$S_z = (A_1 + A_2)y_C = A_1 y_1 + A_2 y_2$$

一般情况下，对于组合平面图形，对 y 轴和 z 轴的静矩，其计算公式如下：

$$S_y = A z_C = \sum_{i=1}^{n} A_i z_i$$

$$S_z = A y_C = \sum_{i=1}^{n} A_i y_i \Bigg\} \tag{5.6}$$

式中，A 为组合图形的总面积。

即平面图形对 z 轴（或 y 轴）的静矩等于图形面积 A 与形心坐标 y_C（或 z_C）的乘积。当坐标轴通过图形的形心时，其静矩为零；反之，若图形对某轴的静矩为零，则该轴必通过图形的形心。

2. 连续图形静矩的计算

对于图 5.1 所示的任意平面图形，其面积为 A。该平面图形对 y 轴、z 轴静矩的计算公式如下：

$$S_y = A z_C = \int_A z\,\mathrm{d}A$$

$$S_z = A y_C = \int_A y\,\mathrm{d}A \Bigg\} \tag{5.7}$$

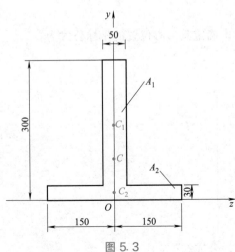

图 5.3

由于式（5.7）中的积分函数为 z 或 y 的一次方，所以静矩也称为一次矩，静矩的单位为长度的三次方，其数值可正、可负也可为零。

【例 5.1】 确定图 5.3 所示 T 形截面的形心位置，并计算对 z 轴和 y 轴的静矩。

解： 将 T 形截面分为两个矩形，其面积分别为：

$$A_1 = 50\,\mathrm{mm} \times 270\,\mathrm{mm} = 13.5 \times 10^3\,\mathrm{mm}^2$$

$$A_2 = 300\,\mathrm{mm} \times 30\,\mathrm{mm} = 9 \times 10^3\,\mathrm{mm}^2$$

腹板和翼缘形心的 y 坐标分别为 $y_1 = 165\,\mathrm{mm}$，$y_2 = 15\,\mathrm{mm}$，形心位于 y 轴上，所以 $z_C = 0$。

由式（5.4）的第一式得：

$$y_C = \frac{A_1 y_1 + A_2 y_2}{A_1 + A_2} = \frac{13.5 \times 10^3 \times 165\text{mm}^3 + 9 \times 10^3 \times 15\text{mm}^3}{13.5 \times 10^3 \text{mm}^2 + 9 \times 10^3 \text{mm}^2} = 105\text{mm}$$

应用式（5.6）可求得 T 形截面对 z 轴的静矩为：

$$S_z = A_1 y_1 + A_2 y_2 = 13.5 \times 10^3 \text{mm}^2 \times 165\text{mm} + 9 \times 10^3 \text{mm}^2 \times 15\text{mm} = 2.36 \times 10^6 \text{mm}^3$$

当然，对 z 轴的静矩也可由整体 T 形直接求出：

$$S_z = (A_1 + A_2) y_C = (13.5 \times 10^3 \text{mm}^2 + 9 \times 10^3 \text{mm}^2) \times 105\text{mm} = 2.36 \times 10^6 \text{mm}^3$$

由于 y 轴是对称轴，通过截面形心，所以 T 形截面对 y 轴的静矩 $S_y = 0$。

第二节　惯性矩、极惯性矩、惯性积和惯性半径

一、惯性矩

如图 5.4 所示为一平面任意图形，在平面图形上坐标为（y、z）点处任取一微面积 $\mathrm{d}A$，微面积 $\mathrm{d}A$ 与它到 z 轴（或 y 轴）距离平方的乘积的总和，称为该图形对 z 轴（或 y 轴）的惯性矩（second axial moment of area），用 I_z（或 I_y）表示，即

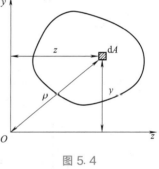

$$\left. \begin{array}{l} I_z = \int_A y^2 \mathrm{d}A \\ I_y = \int_A z^2 \mathrm{d}A \end{array} \right\} \tag{5.8}$$

由于式（5.8）中的积分函数为 y 或 z 的二次方，所以惯性矩也称为二次矩，惯性矩恒为正值，在国际单位制中，其单位是 m^4。

图 5.4

【例 5.2】　矩形截面高为 h、宽为 b。试计算该矩形对通过形心的轴（简称形心轴）z、y 的惯性矩 I_z 和 I_y。

解：（1）计算 I_z　取平行于 z 轴的微面积 $\mathrm{d}A = b\mathrm{d}y$，如图 5.5（a）所示，$\mathrm{d}A$ 到 z 轴的距离为 y，应用式（5.8）得

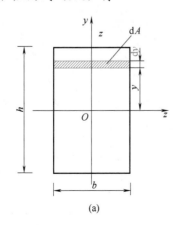

(a)

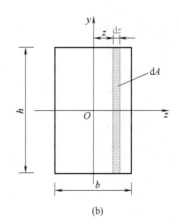

(b)

图 5.5

$$I_z = \int_A y^2 \, \mathrm{d}A = \int_{-h/2}^{h/2} y^2 b \, \mathrm{d}y = \frac{bh^3}{12}$$

（2）计算 I_y　取平行于 y 轴的微面积 $\mathrm{d}A = h\,\mathrm{d}z$，如图 5.5（b）所示，$\mathrm{d}A$ 到 y 轴的距离为 z，于是

$$I_y = \int_A z^2 \, \mathrm{d}A = \int_{-b/2}^{b/2} z^2 h \, \mathrm{d}z = \frac{hb^3}{12}$$

因此，矩形截面对形心轴的惯性矩为

$$I_z = \frac{bh^3}{12}, \quad I_y = \frac{hb^3}{12}$$

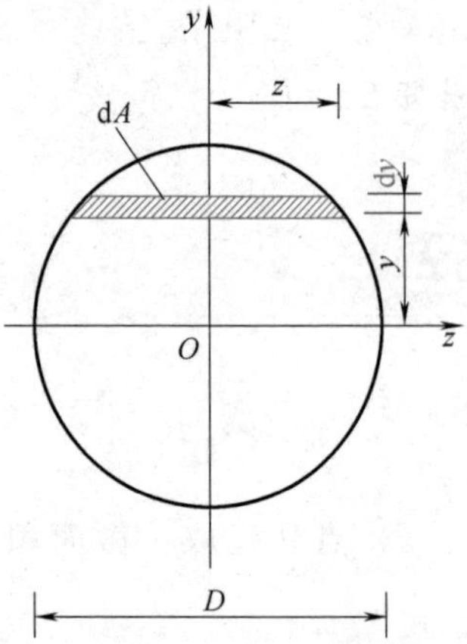

【例 5.3】　圆形截面直径为 D，如图 5.6 所示，试计算它对形心轴的惯性矩。

解：取平行于 z 轴的微面积 $\mathrm{d}A = 2z\,\mathrm{d}y = 2\sqrt{\left(\dfrac{D}{2}\right)^2 - y^2}\,\mathrm{d}y$，代入式（5.8）得

$$I_z = \int_A y^2 \, \mathrm{d}A = 2\int_{-D/2}^{D/2} y^2 \sqrt{\left(\frac{D}{2}\right)^2 - y^2}\,\mathrm{d}y = \frac{\pi D^4}{64}$$

由于对称，圆形截面对任一根形心轴的惯性矩都等于 $\dfrac{\pi D^4}{64}$。

表 5.1 列出了几种常见图形的面积、形心和惯性矩。

图 5.6

表 5.1　几种常见图形的几何参数

序号	图形	面积 A	形心位置	惯性矩
1	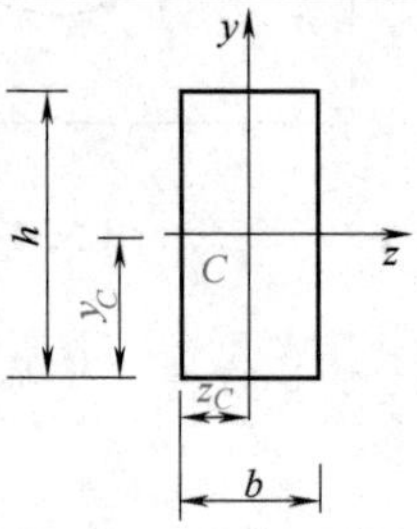 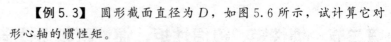	bh	$z_C = \dfrac{b}{2}$ $y_C = \dfrac{h}{2}$	$I_z = \dfrac{bh^3}{12}$ $I_y = \dfrac{hb^3}{12}$
2	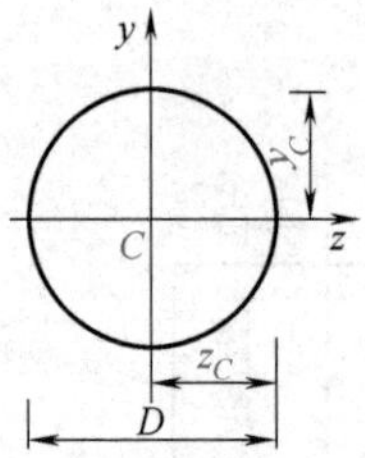	$\dfrac{\pi D^2}{4}$	$z_C = \dfrac{D}{2}$ $y_C = \dfrac{D}{2}$	$I_z = I_y = \dfrac{\pi D^4}{64}$
3	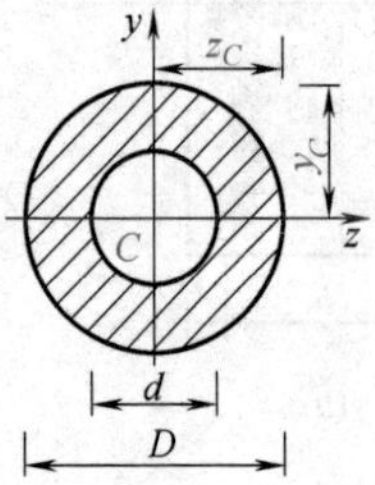 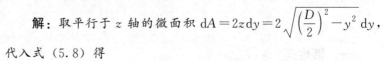	$\dfrac{\pi(D^2 - d^2)}{4}$	$z_C = \dfrac{D}{2}$ $y_C = \dfrac{D}{2}$	$I_z = I_y = \dfrac{\pi(D^4 - d^4)}{64}$

续表

序号	图形	面积 A	形心位置	惯性矩
4		$\dfrac{\pi R^2}{2}$	$y_C = \dfrac{4R}{3\pi}$	$I_z = \left(\dfrac{1}{8} - \dfrac{8}{9\pi^2}\right)\pi R^4$ $I_y = \dfrac{\pi D^4}{128}$

二、极惯性矩

如图 5.4 所示，微面积 $\mathrm{d}A$ 与它到坐标原点 O 距离的平方之乘积 $\rho^2 \mathrm{d}A$ 称为微面积 $\mathrm{d}A$ 对 O 点的极惯性矩（second polar moment of area），整个截面上所有微面积对原点 O 的极惯性矩之和，称为截面对坐标原点 O 的极惯性矩，记为 I_p，即

$$I_p = \int_A \rho^2 \mathrm{d}A \tag{5.9}$$

由图 5.4 可见，

$$\rho^2 = y^2 + z^2$$

故

$$I_p = \int_A \rho^2 \mathrm{d}A = \int_A (y^2 + z^2)\mathrm{d}A = \int_A y^2 \mathrm{d}A + \int_A z^2 \mathrm{d}A = I_z + I_y$$

此式表示，截面对任意一对互相垂直的轴的惯性矩之和，等于截面对该两轴交点的极惯性矩。

【**例 5.4**】 求图 5.7 所示的圆环对其圆心 O 点的极惯性矩。

解： 由式（5.9）可得

$$I_p = \int_A \rho^2 \mathrm{d}A = \int_{d/2}^{D/2} \rho^2 2\pi\rho\mathrm{d}\rho = \frac{\pi}{32}(D^4 - d^4)$$

由对称性可知，$I_y = I_z$，又 $I_y + I_z = I_p$，故

$$I_y = I_z = \frac{1}{2}I_p = \frac{\pi}{64}(D^4 - d^4)$$

对实心圆截面，$d = 0$，则 $I_y = I_z = \dfrac{\pi}{64}D^4$

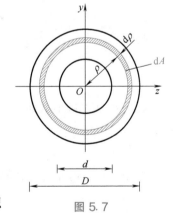

图 5.7

三、惯性积

在图 5.4 中，微面积 $\mathrm{d}A$ 与它的两个坐标 y、z 的乘积 $yz\mathrm{d}A$，称为微面积对 y、z 两轴的惯性积，整个图形上所有微面积对 y、z 两轴的惯性积之和，即积分 $\displaystyle\int_A yz\mathrm{d}A$ 称为截面对 y、z 两轴的惯性积，记为 I_{zy}，即

$$I_{zy} = \int_A yz\mathrm{d}A \tag{5.10}$$

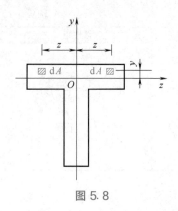

图 5.8

惯性积是图形对某两个正交的坐标轴而言的，同一图形对不同的两个坐标轴有不同的惯性积。由于坐标值 y、z 有正有负，所以惯性积可能为正、为负，也可能为零。它的单位是 m^4。

如果图形有一根对称轴（如图 5.8 中的 y 轴），在对称轴两侧对称位置上取相同的微面积 dA 时，由于它们的 z 坐标大小相等、符号相反，所以对称位置微面积的两个乘积 $zydA$ 大小相等、符号相反，它们之和为零。将此推广到整个面积，就得到

$$I_{zy} = \int_A yz\,dA = 0$$

由此可知：若平面图形具有一根对称轴，则该图形对于包括此对称轴在内的两正交坐标轴的惯性积一定等于零。

四、惯性半径

在实际工程中，为稳定性设计的需要，将图形的惯性矩表示为图形面积 A 与某一长度平方的乘积，

$$I_z = i_z^2 A$$

或

$$i_z = \sqrt{\frac{I_z}{A}} \tag{5.11}$$

式中，i_z 为平面图形对 z 轴的惯性半径，单位为 m。

宽为 b、高为 h 的矩形截面，对其形心轴 z 及 y 的惯性半径（参见图 5.5），可由式（5.11）计算得到：

$$i_z = \sqrt{\frac{I_z}{A}} = \sqrt{\frac{bh^3/12}{bh}} = \frac{h}{\sqrt{12}}$$

同样有：

$$i_y = \sqrt{\frac{I_y}{A}} = \sqrt{\frac{hb^3/12}{bh}} = \frac{b}{\sqrt{12}}$$

直径为 D 的圆形截面，由于对称，它对任一根形心轴的惯性半径都相等（参见图 5.6），

$$i = \sqrt{\frac{I}{A}} = \sqrt{\frac{\pi D^4/64}{\pi D^2/4}} = \frac{D}{4}$$

外径为 D、内径为 d 的圆环形截面，对任一根形心轴的惯性半径：

$$i = \sqrt{\frac{I}{A}} = \sqrt{\frac{\pi(D^4-d^4)/64}{\pi(D^2-d^2)/4}} = \frac{\sqrt{D^2+d^2}}{4}$$

第三节　平行移轴公式

同一平面图形对不同坐标轴的惯性矩、惯性积并不相同，但它们之间存在着一定的联

系。下面讨论图形对两根互相平行的坐标轴的惯性矩、惯性积之间的关系。

图 5.9 中 C 是截面的形心，y 轴和 z 轴是通过截面形心的坐标轴，y_1、z_1 轴为分别与 y、z 轴平行的另一对坐标轴。截面形心 C 在 $O_1 y_1 z_1$ 中的坐标为 a、b。

截面对形心轴 y、z 轴的惯性矩为 I_y、I_z，惯性积为 I_{yz}，下面求截面对 y_1、z_1 轴的惯性矩 I_{y_1}、I_{z_1} 和惯性积 $I_{y_1 z_1}$。根据定义，截面对 z_1、z 轴的惯性矩为

$$I_{z_1} = \int_A y_1^2 \mathrm{d}A$$

$$I_z = \int_A y^2 \mathrm{d}A$$

如图 5.9 所示，相互平行的坐标系中坐标轴之间的换算关系为

$$y_1 = y + a$$
$$z_1 = z + b$$

代入上式，有

$$I_{z_1} = \int_A y_1^2 \mathrm{d}A = \int_A (y+a)^2 \mathrm{d}A = \int_A y^2 \mathrm{d}A + 2a \int_A y \mathrm{d}A + a^2 \int_A \mathrm{d}A$$

由于 y、z 轴是一对形心轴，静矩 $S_z = \int_A y \mathrm{d}A = 0$，且 $A = \int_A \mathrm{d}A$，故有

$$I_{z_1} = I_z + a^2 A \tag{5.12}$$

同理，有

$$I_{y_1} = I_y + b^2 A \tag{5.13}$$

$$I_{z_1 y_1} = I_{zy} + abA \tag{5.14}$$

式中截面形心 C 的坐标 a、b 有正负号。上述三个公式称为惯性矩、惯性积的平行移轴公式。用这些式子即可根据截面对形心轴的惯性矩或惯性积，来计算截面对平行于形心轴的其他轴的惯性矩或惯性积，或者进行相反的运算。

【**例 5.5**】 计算图 5.10 所示 T 形截面对形心轴 z、y 的惯性矩。

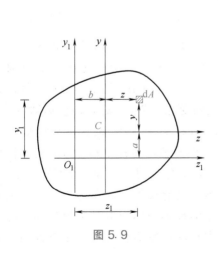

图 5.9

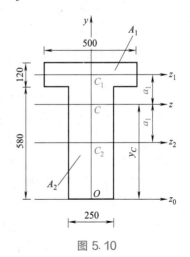

图 5.10

解：（1）求截面形心位置　由于截面有一根对称轴 y，故形心必在此轴上，即 $z_C = 0$ 为求 y_C，先设参考轴 z_0 如图 5.10 所示，将图形分为两个矩形，这两部分的面积和形心对 z_0 轴的坐标分别为

$$A_1 = 500\text{mm} \times 120\text{mm} = 60 \times 10^3 \text{mm}^2,$$

$$y_1 = 580\text{mm} + 60\text{mm} = 640\text{mm}$$

$$A_2 = 250\text{mm} \times 580\text{mm} = 145 \times 10^3 \text{mm}^2,$$

$$y_2 = 580\text{mm}/2 = 290\text{mm}$$

故 $y_C = \dfrac{A_1 y_1 + A_2 y_2}{A_1 + A_2} = \dfrac{60 \times 10^3 \text{mm}^2 \times 640\text{mm} + 145 \times 10^3 \text{mm}^2 \times 290\text{mm}}{60 \times 10^3 \text{mm}^2 + 145 \times 10^3 \text{mm}^2} = 392\text{mm}$

（2）计算 I_z、I_y　整个截面对 z、y 轴的惯性矩应等于两个矩形对 z、y 轴惯性矩之和。即 $I_z = I_{1z} + I_{2z}$

应用平行移轴公式，可得

$$I_{1z} = I_{1z_1} + a_1^2 A_1 = \frac{500\text{mm} \times (120\text{mm})^3}{12} + (640\text{mm} - 392\text{mm})^2 \times 500\text{mm} \times 120\text{mm}$$

$$= 3.76 \times 10^9 \text{mm}^4$$

$$I_{2z} = I_{2z_2} + a_2^2 A_2 = \frac{250\text{mm} \times (580\text{mm})^3}{12} + (392 - 290\text{mm})^2 \times 250\text{mm} \times 580\text{mm}$$

$$= 5.56 \times 10^9 \text{mm}^4$$

所以　　　　$I_z = I_{1z} + I_{2z} = 3.76 \times 10^9 \text{mm}^4 + 5.56 \times 10^9 \text{mm}^4 = 9.32 \times 10^9 \text{mm}^4$

y 轴正好经过矩形 A_1 和 A_2 的形心，所以

$$I_y = I_{1y} + I_{2y} = \frac{120\text{mm} \times (500\text{mm})^3}{12} + \frac{580\text{mm} \times (250\text{mm})^3}{12}$$

$$= 1.25 \times 10^9 \text{mm}^4 + 7.55 \times 10^8 \text{mm}^4 = 2.01 \times 10^9 \text{mm}^4$$

第四节　形心主惯性轴、形心主惯性矩

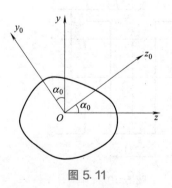

图 5.11

图 5.11 所示图形，对通过 O 点的任意两根正交坐标轴 z、y 的惯性积 I_{zy} 可由式（5.10）确定，当这两根坐标轴同时绕其交点 O 转动时，显然，惯性积会随之而变化。当 α 角在 $0° \sim 360°$ 之间变化时，惯性积则在正值和负值之间变化，若 $\alpha = \alpha_0$，即坐标轴转到 z_0、y_0 轴位置时，图形的惯性积 $I_{z_0 y_0} = 0$，则这对坐标轴 z_0、y_0 称为图形通过 O 点的主惯性轴，简称主轴。截面对主惯性轴的惯性矩称为主惯性矩，简称主惯矩。如果坐标原点 O 选在截面形心，那么通过形心也能找到一对惯性积为零的主惯性轴，这时通过形心的主惯性轴，称为形心主惯性轴，简称形心主轴。图形对形心主轴的惯性矩称为形心主惯性矩，简称形心主惯矩。

如果图形有一根对称轴，则此对称轴及过形心与此轴垂直的轴就是图形的形心主轴。图形对这两根轴的惯性矩就是形心主惯矩。

可以证明：形心主惯矩是图形对通过形心各轴的惯性矩中的最大者和最小者。

小结

本章主要讨论了平面图形的几何参数，为后续内容的研究提前做好准备工作。

1. 形心位置

确定形心位置，常用的公式：$y_C = \dfrac{A_1 y_1 + A_2 y_2}{A_1 + A_2}$

计算出形心坐标后，即可确定梁弯曲时中性轴的位置。

2. 静矩

计算静矩，常用的公式：$S_z = (A_1 + A_2) y_C = A_1 y_1 + A_2 y_2$

静矩主要用于计算弯曲的切应力。

3. 惯性矩

矩形截面对形心轴的惯性矩为：$I_z = \dfrac{bh^3}{12}$，$I_y = \dfrac{hb^3}{12}$

圆形截面对形心轴的惯性矩：$I_z = \dfrac{\pi D^4}{64}$

圆环形截面对形心轴的惯性矩：$I_z = \dfrac{\pi}{64}(D^4 - d^4) = \dfrac{\pi D^4}{64}(1 - \alpha^4)$

惯性矩主要用于计算弯曲梁的正应力、切应力、变形以及压杆稳定校核等，应用非常广泛。

4. 惯性半径

惯性半径的定义式：$i_z = \sqrt{\dfrac{I_z}{A}}$

宽为 b、高为 h 的矩形截面，对其形心轴 z 及 y 的惯性半径：$i_z = \dfrac{h}{\sqrt{12}}$，$i_y = \dfrac{b}{\sqrt{12}}$

直径为 D 的圆形截面，对形心轴的惯性半径：$i = \dfrac{D}{4}$

外径为 D、内径为 d 的圆环形截面，对形心轴的惯性半径：$i = \dfrac{\sqrt{D^2 + d^2}}{4}$

惯性半径主要用于压杆的稳定性计算。

5. 平行移轴公式：$I_z = I_{zC} + a^2 A$

平行移轴公式主要用于计算组合图形的惯性矩。

习题

5.1 求图示各平面图形的形心位置，图中单位为 mm。

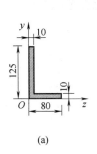

(a)

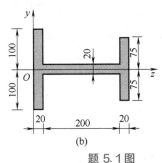

(b)

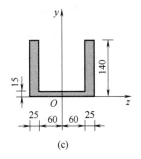

(c)

题 5.1 图

5.2 试计算图示各截面图形对 z_1 轴的静矩，图中单位为 mm。

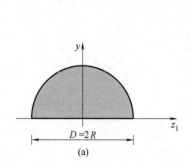

(a)

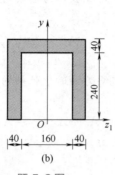

(b)

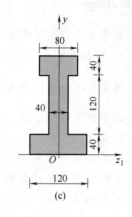

(c)

题 5.2 图

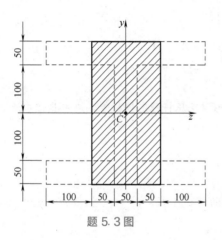

题 5.3 图

5.3 计算矩形截面对其形心轴 z 轴的惯性矩：已知 $b=150$mm，$h=300$mm。如按图中虚线所示，将矩形截面的中间部分移至两边缘变成工字形，计算此工字形截面对 z 轴的惯性矩，并求工字形截面的惯性矩较矩形截面的惯性矩增大的百分比，图中单位为 mm。

5.4 图示 T 形截面图形，求（1）形心 C 的位置；（2）图形对 z 轴的惯性矩。图中单位为 mm。

5.5 图示倒 T 形截面图形，求（1）形心 C 的位置；（2）图形对 y 轴和 z 轴的惯性矩；（3）阴影部分对 z 轴的静矩。图中单位为 mm。

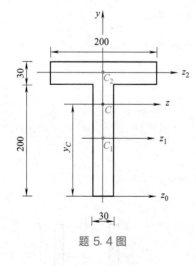

题 5.4 图

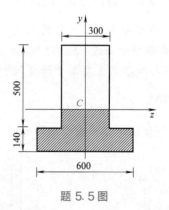

题 5.5 图

第六章 弯曲强度

素质目标

- 通过梁的设计，培养质量意识和遵守法律、法规以及技术标准的习惯；
- 培养思辨能力、解决问题的能力和创新能力；
- 树立团结、协作、共同进步的团队合作理念。

知识目标

- 正确理解弯曲的平面假设、中性层、中性轴等概念；
- 正确理解弯曲正应力和弯曲切应力；
- 熟练掌握平面弯曲梁的正应力强度条件；
- 熟练掌握平面弯曲梁的切应力强度条件。

技能目标

- 能熟练计算平面弯曲梁横截面上任一点的正应力；
- 能熟练计算平面弯曲梁横截面上任一点的切应力；
- 能应用正应力强度条件和切应力强度条件进行梁的设计。

本章主要讨论弯曲变形、与弯矩对应的正应力和与剪力对应的切应力，最终目的是建立弯曲强度条件，能够进行梁的强度设计。

第一节　平面弯曲梁的正应力

在一般情况下，梁的横截面上既有弯矩，也有剪力。与轴向拉压和扭转问题相同，应力与内力的形式是相联系的。弯矩 M 是横截面上法向分布内力的合力偶矩；剪力 V 是横截面上切向分布力系的合力。因此，横截面上有弯矩时，必然有正应力；横截面上有剪力时，必然有切应力。所以，梁横截面上一般既有正应力，也有切应力。本节主要研究梁横截面上的正应力分布规律。

一、梁弯曲时的正应力

如图 6.1（a）所示的简支梁，在梁的纵向对称平面内施加对称的两个外力 F，该梁的剪力图和弯矩图分别如图 6.1（b）、（c）所示。由图可见，在 AC 段和 DB 段，梁各横截面

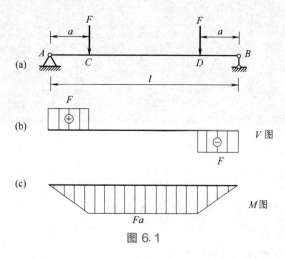

图 6.1

剪力 V 和弯矩 M 同时存在，这种情况的弯曲称为**横力弯曲**或**剪切弯曲**。而在 CD 段，梁各横截面上只有弯矩 M 而没有剪力 V，这种情况的弯曲称为**纯弯曲**。此时，纯弯曲 CD 段梁的横截面上就只有正应力，而没有切应力。纯弯曲是弯曲理论中最简单最基本的情况。

研究纯弯曲梁横截面上正应力的计算公式，需综合考虑几何、物理和静力三个方面。

1. 几何关系

取一矩形截面的梁进行试验。试验前，在梁的侧面画上一些纵向线和横向线，如图 6.2（a）所示，然后在梁的对称位置上施加集中力 F，梁受力后中部梁段发生纯弯曲变形，如图 6.2（b）所示，可以观察到如下一些现象：

（1）变形前相互平行的纵向直线，变形后变成了圆弧线。

（2）变形前的横向直线，变形后仍为直线，而且与纵向弧线相垂直，只是相对旋转了一个角度。

根据上述变形现象，可以作如下推断：变形前原为平面的横截面变形后仍保持为平面，仍然垂直于变形后的梁轴线，这就是梁弯曲变形的**平面假设**。设想梁由无数条纵向纤维组成，在纯弯曲时，各纵向纤维之间无挤压作用，这个假设称为单向受力假设。又根据变形现象，如图 6.2（b）所示的弯曲变形凸向向下，则靠近底面的各层纵向纤维伸长，靠近顶面的各层纵向纤维缩短。由变形的连续性可知，中间必定有一层纤维既不伸长也不缩短，这层纤维称为**中性层**。中性层和横截面的交线称为**中性轴**，参见图 6.3（b）。纯弯曲时，梁的横截面绕中性轴作微小的转动。

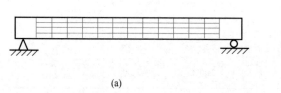

(a)

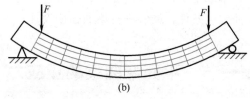

(b)

图 6.2

现在从纯弯曲梁段内截出长为 dx 的微段，在横截面上选取竖向对称轴为 y 轴，中性轴为 z 轴，如图 6.3（a）所示。根据上述的分析，弯曲变形时微段 dx 的左、右横截面仍为平面，只是相对转过一个角度 $d\theta$，如图 6.3（b）、（c）所示。

设曲线 O_1O_2 位于中性层上，其长度仍为 dx，且 $O_1O_2 = dx = \rho d\theta$。距中性层为 y 的 k_1k_2 的原长为 dx，变形后曲线 k_1k_2 长为

$$k_1k_2 = (\rho + y)d\theta$$

上式中，ρ 为中性层的曲率半径。由线应变的定义，则 k_1k_2 的线应变 ε 为

$$\varepsilon = \frac{k_1k_2 - dx}{dx} = \frac{(\rho + y)d\theta - \rho d\theta}{\rho d\theta} = \frac{y}{\rho} \tag{a}$$

式中 ρ 对于同一横截面来说是个常量。（a）式表明，纵向纤维的线应变与它到中性层的距离 y 成正比。

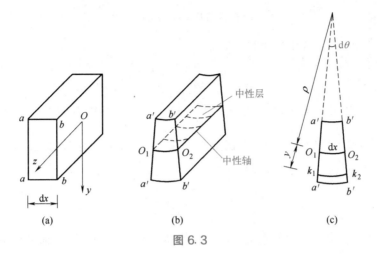

图 6.3

2. 物理关系

根据上述单向受力假设可知，纵向纤维处于单向受拉或受压状态。当材料处于线弹性范围内，根据单向受力状态的胡克定律，即 $\sigma = E\varepsilon$，并将（a）式代入，可得

$$\sigma = E\frac{y}{\rho} \tag{b}$$

（b）式表明，横截面上任一点的正应力与该点到中性轴的距离成正比，即横截面上的正应力沿截面按线性规律分布。在中性轴上，各点的 y 坐标为零，故中性轴上各点处的正应力为零；横截面的上、下边缘处距中性轴最远，所以上、下边缘各点处的正应力绝对值为最大，如图 6.4 所示。

3. 静力关系

在横截面上，取微小面积 dA，其上的微内力 σdA 组成了垂直于横截面的空间平行力系，如图 6.5 所示。该力系向 O 点进行简化，只可能得到三个内力分量，即平行于 x 轴的轴力 N，对 y 轴和 z 轴的力偶矩 M_y 和 M_z。由于纯弯曲时，横截面上只有位于纵向对称平面内的弯矩，即对 z 轴的力偶矩，而轴力和对 y 轴的力偶矩均为零，因此三个内力分量应分别为

$$N = \int_A \sigma dA = 0 \tag{c}$$

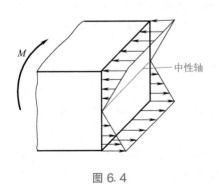

图 6.4

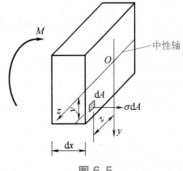

图 6.5

$$M_y = \int_A z\sigma dA = 0 \tag{d}$$

$$M_z = M = \int_A y\sigma dA \tag{e}$$

将（b）式代入（c）式中，可得

$$\int_A \sigma dA = \frac{E}{\rho}\int_A y dA = 0 \tag{f}$$

式中，$E/\rho =$ 常量，不为零，故只有 $\int_A y dA = 0$。由截面几何性质可知，静矩 $S_z = \int_A y dA = 0$，z 轴即中性轴必然通过截面形心，这就完全确定了中性轴的位置。

将（b）式代入（d）式中，可得

$$\int_A z\sigma dA = \frac{E}{\rho}\int_A yz dA = 0 \tag{g}$$

式中，积分 $\int_A yz dA$ 为横截面对 z、y 轴的惯性积 I_{yz}，由于 y 轴是横截面的对称轴，根据截面几何性质可知，$I_{yz} = 0$，故上式自然成立。

将（b）式代入（e）式中，可得

$$M = \int_A y\sigma dA = \frac{E}{\rho}\int_A y^2 dA \tag{6.1}$$

式中，积分 $\int_A y^2 dA$ 为横截面对 z 轴的惯性矩 I_z，即 $I_z = \int_A y^2 dA$。于是，式（6.1）可以写成

$$\frac{1}{\rho} = \frac{M}{EI_z} \tag{6.2}$$

式中，$\frac{1}{\rho}$ 是梁轴线变形后的曲率。上式表明，纯弯曲时，梁轴线的曲率 $\frac{1}{\rho}$ 与弯矩 M 成正比，与 EI_z 成反比。由于 EI_z 越大，曲率 $\frac{1}{\rho}$ 越小，故 EI_z 称为梁的抗弯刚度。将（b）式和式（6.2）联立，消去 $\frac{1}{\rho}$，得

$$\sigma = \frac{M}{I_z}y \tag{6.3}$$

这就是纯弯曲时梁横截面上任一点处的正应力计算公式。上式表明，纯弯曲时，梁横截面上任一点的正应力与弯矩 M 成正比，与横截面对中性轴 z 的惯性矩 I_z 成反比，即正应力沿截面高度呈线性规律分布，距中性轴越远处各点正应力（绝对值）越大，中性轴上各点处正应力等于零，如图 6.4 所示。

在应用式（6.3）计算正应力时，可以不考虑式中 M、y 的正负号，都以绝对值代入，根据梁的变形情况，直接判断所求正应力的正负。正应力 σ 的正负号仍以拉应力为正，压应力为负。以中性层为界，梁凸出的一侧受拉，为拉应力；凹入的一侧受压，为压应力。

在推导式（6.3）的过程中，应用了胡克定律，因此只有当正应力不超过材料的比例极限时公式才适用。另外，式（6.3）是用矩形截面梁导出来的，但在推导过程中并没有用过矩形的截面几何特性。因此，对于具有一个纵向对称平面的梁（如圆形、T 形等），且荷载

作用在该纵向对称平面内时，公式均适用。

二、横力弯曲时梁的正应力

工程上常见的弯曲大多是横力弯曲。在这种情况下，梁的横截面上不仅有弯矩，还有剪力。由于切应力的存在，横截面不能再保持为平面，将发生翘曲。同时，在与中性层平行的纵向截面上，还有由横向力引起的挤压应力。因此，梁在纯弯曲时所作的平面假设和单向受力假设都不成立。但是，根据试验和理论研究可知，对于跨长 l 与横截面高度 h 之比（简称为跨高比）$l/h > 5$ 的横力弯曲梁，横截面上的正应力分布规律与纯弯曲的情况几乎相同，所以正应力的计算公式式（6.3）可以推广应用于横力弯曲梁，其计算结果略低于精确解，而且随着跨高比 l/h 的增大，其误差就越小。

在横力弯曲时，梁横截面上的弯矩 $M(x)$ 随着横截面位置坐标 x 的变化而改变。因此，横力弯曲时，梁横截面上任一点处正应力的计算公式为

$$\sigma = \frac{M(x)}{I_z} y \tag{6.4}$$

【例6.1】 如图6.6（a）所示矩形截面梁，求其 $A_{右邻}$ 截面和 C 截面上 a、b、c 三点处的正应力。

解：

（1）画 M 图，如图6.6（b）所示。

（2）计算截面几何参数

$$I_z = \frac{bh^3}{12} = \frac{150\,\text{mm} \times (300\,\text{mm})^3}{12} = 3.375 \times 10^8\,\text{mm}^4 = 3.375 \times 10^{-4}\,\text{m}^4$$

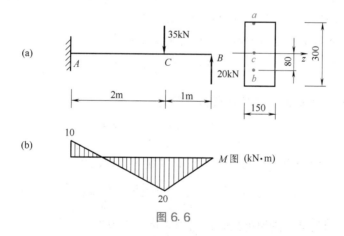

图 6.6

（3）计算各点正应力

$A_{右邻}$ 截面上：

$$\sigma_{Aa} = \frac{M_A}{I_z} y_a = \frac{10 \times 10^3\,\text{N} \cdot \text{m} \times 150 \times 10^{-3}\,\text{m}}{3.375 \times 10^{-4}\,\text{m}^4} = 4.44 \times 10^6\,\text{Pa} = 4.44\,\text{MPa} \quad （拉）$$

$$\sigma_{Ab} = \frac{M_A}{I_z} y_b = -\frac{10 \times 10^3\,\text{N} \cdot \text{m} \times 80 \times 10^{-3}\,\text{m}}{3.375 \times 10^{-4}\,\text{m}^4} = -2.37 \times 10^6\,\text{Pa} = -2.37\,\text{MPa} \quad （压）$$

$$\sigma_{Ac} = 0$$

C 截面上：

$$\sigma_{Ca} = \frac{M_C}{I_z}y_a = -\frac{20 \times 10^3\,\text{N}\cdot\text{m} \times 150 \times 10^{-3}\,\text{m}}{3.375 \times 10^{-4}\,\text{m}^4} = -8.89 \times 10^6\,\text{Pa} = -8.89\,\text{MPa} \quad (压)$$

$$\sigma_{Cb} = \frac{M_C}{I_z}y_b = \frac{20 \times 10^3\,\text{N}\cdot\text{m} \times 80 \times 10^{-3}\,\text{m}}{3.375 \times 10^{-4}\,\text{m}^4} = 4.74 \times 10^6\,\text{Pa} = 4.74\,\text{MPa} \quad (拉)$$

$$\sigma_{Cc} = 0$$

第二节　平面弯曲梁的正应力强度计算

一、梁弯曲时正应力的强度条件

对于等截面直梁，由式（6.4）知道，梁的最大正应力发生在弯矩最大的横截面上，且距离中性轴最远的各点处，即

$$\sigma_{\max} = \frac{M_{\max}}{I_z}y_{\max} \tag{6.5}$$

令

$$W_z = \frac{I_z}{y_{\max}}$$

则式（6.5）可以改写为：

$$\sigma_{\max} = \frac{M_{\max}}{W_z} \tag{6.6}$$

式中，W_z 称为抗弯截面系数，它也是截面的几何参数之一，其值与截面的形状和尺寸有关，量纲为长度的三次方，常用的单位有 mm^3 和 m^3。

对于高为 h、宽为 b 的矩形截面，其抗弯截面系数为

$$W_z = \frac{I_z}{y_{\max}} = \frac{bh^3/12}{h/2} = \frac{bh^2}{6} \tag{6.7}$$

对于直径为 D 的圆截面，其抗弯截面系数为

$$W_z = \frac{I_z}{y_{\max}} = \frac{\pi D^4/64}{D/2} = \frac{\pi D^3}{32} \tag{6.8}$$

对于外径为 D，内径为 d 的圆环形截面，其抗弯截面系数为

$$W_z = \frac{I_z}{y_{\max}} = \frac{\pi D^4(1-\alpha^4)/64}{D/2} = \frac{\pi D^3}{32}(1-\alpha^4) \tag{6.9}$$

另外，各种型钢的 W_z 值均可从附录型钢规格表中查得。

梁在横力弯曲时，横截面上既有正应力，又有切应力。但是，在最大正应力作用的上、下边缘各点处，切应力等于零（详见下一节的讨论）。因此，横截面的上下边缘各点处，材料处于单向受力状态。这样，就可仿照轴向拉（压）时的强度条件来建立梁的正应力强度条件，即要求梁横截面上的最大正应力 $\sigma_{\max}$ 不得超过材料的许用弯曲正应力 $[\sigma]$。因此，梁弯曲时的正应力强度条件可以表示为

$$\sigma_{\max} = \frac{M_{\max}}{W_z} \leqslant [\sigma] \tag{6.10}$$

需要注意的是，对于抗拉和抗压强度相同的材料，如低碳钢，只要绝对值最大的正应力

不超过材料的许用应力 $[\sigma]$ 即可。

而对于抗拉和抗压强度不同的脆性材料，如铸铁梁，其横截面一般上下不对称，应力分布见图 6.7，则要求最大拉应力和最大压应力分别不超过其许用拉应力 $[\sigma_t]$ 和许用压应力 $[\sigma_c]$，即

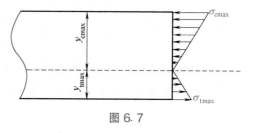

$$\left.\begin{aligned}\sigma_{tmax} &= \frac{M_{max}}{W_z}y_{tmax} \leqslant [\sigma_t] \\ \sigma_{cmax} &= \frac{M_{max}}{W_z}y_{cmax} \leqslant [\sigma_c]\end{aligned}\right\} \qquad (6.11)$$

图 6.7

二、梁弯曲时正应力强度条件应用

利用梁的正应力强度条件，可以解决工程中常见的三类问题。

（1）强度校核　当已知梁的截面形状和尺寸，梁所用的材料以及作用在梁上的荷载时，可校核梁是否满足强度要求，即校核下列关系是否成立。

$$\frac{M_{max}}{W_z} \leqslant [\sigma]$$

（2）选择截面　当已知梁所用材料和作用在梁上的荷载时，根据强度条件，先求出抗弯截面系数 W_z，即

$$W_z \geqslant \frac{M_{max}}{[\sigma]}$$

然后再依据所选用的截面形状，由 W_z 值确定截面的尺寸。

（3）确定梁的许用荷载　当已知梁所用的材料、截面形状和尺寸，根据强度条件，先求出梁所能承受的最大弯矩，即

$$M_{max} \leqslant W_z[\sigma]$$

然后再根据最大弯矩 M_{max} 与荷载的关系，计算出梁所能承受的最大荷载。

在利用强度条件进行上述各项计算时，为了保证既安全可靠又节约材料，设计规范还规定，梁内的最大工作应力 σ_{max} 允许略大于 $[\sigma]$，但不得超过 $[\sigma]$ 的 5%。

【例 6.2】　悬臂钢梁受均布荷载作用，如图 6.8（a）所示。已知材料的许用应力 $[\sigma]=$ 170MPa，试按正应力强度条件选择下述截面尺寸，并比较所耗费的材料：（1）圆截面；（2）高宽比为 $h/b=2$ 的矩形截面；（3）工字形截面。

解：（1）画弯矩图　如图 6.8（b）所示，梁在固定端处截面弯矩最大，其值为 $M_{max}=$

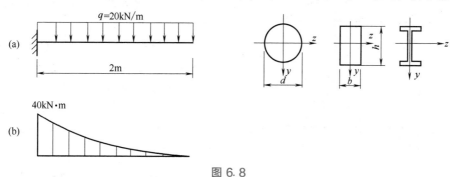

图 6.8

40kN·m。

（2）确定梁的抗弯截面系数 W_z 和截面尺寸 由强度条件 $\sigma_{\max} = \dfrac{M_{\max}}{W_z} \leqslant [\sigma]$，可得

$$W_z \geqslant \frac{M_{\max}}{[\sigma]} = \frac{40 \times 10^3 \text{N} \cdot \text{m}}{170 \times 10^6 \text{Pa}} = 235 \times 10^3 \text{mm}^3 \tag{a}$$

根据 W_z 的取值范围，即可求出各种形状截面尺寸及面积。

圆截面 设圆截面的直径为 d，由 $W_z = \pi d^3/32$，代入（a）式，得

$$d \geqslant \sqrt[3]{\frac{32W_z}{\pi}} = \sqrt[3]{\frac{32 \times 235 \times 10^3 \text{mm}^3}{3.14}} = 133.8\text{mm}$$

其最小面积为

$$A_1 = \frac{1}{4}\pi d^2 = \frac{1}{4} \times \pi \times 133.8^2 \text{mm}^2 = 14060\text{mm}^2$$

矩形截面 由于 $W_z = bh^2/6$，且 $h/b = 2$，代入（a）式，得

$$b \geqslant \sqrt[3]{\frac{3W_z}{2}} = \sqrt[3]{\frac{3 \times 235 \times 10^3 \text{mm}^3}{2}} = 70.6\text{mm}$$

其最小面积为

$$A_2 = bh = 2b^2 = 2 \times (70.6\text{mm})^2 = 9970\text{mm}^2$$

工字形截面 根据（a）式中 W_z 值，查附录型钢规格表，可选用 20a 号工字钢，其 $W_z = 237\text{cm}^3 = 237 \times 10^3 \text{mm}^3$，其面积由附表 4 查得为：

$$A_3 = 35.55\text{cm}^2 = 3555\text{mm}^2$$

（3）比较材料用量

由于该等直梁的长度、材料相同，因此，所耗费材料之比，就等于横截面面积之比，即

$$A_1 : A_2 : A_3 = 1 : 0.709 : 0.253$$

由此可见，在满足梁的正应力强度条件下，工字形截面最省材料，矩形截面次之，圆截面耗费材料最多。

【例 6.3】 如图 6.9（a）所示，梁 ABD 由两根 8 号槽钢组成，B 点有钢拉杆 BC 支承。已知 $d = 20\text{mm}$，梁和杆的许用应力 $[\sigma] = 160\text{MPa}$。试求许用均布荷载集度 q，并校核钢拉杆的强度。

解：（1）画 V、M 图 如图 6.9（b）、（c）所示，危险截面在 B 处，其最大弯矩为 $M_{\max} = |M_B| = 0.5q$。

（2）计算截面几何参数 由附录型钢规格表查得，一根 8 号槽钢的抗弯截面系数 $W_x = 25.3\text{cm}^3 = 25.3 \times 10^3 \text{mm}^3$，梁由两根槽钢组成，故梁的

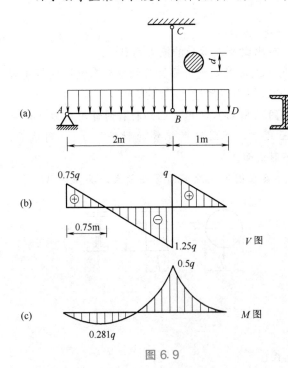

图 6.9

抗弯截面系数为 $W_z = 2 \times 25.3 \times 10^3 = 50.6 \times 10^3$（$mm^3$）。

（3）求许用均布荷载 q 根据强度条件 $\dfrac{M_{max}}{W_z} \leqslant [\sigma]$，则 $M_{max} \leqslant W_z[\sigma]$，即

$$0.5q \leqslant W_z[\sigma]$$

故 $\quad q \leqslant 2 \times 160 \times 10^6 \times 50.6 \times 10^3 \times 10^{-9} = 16192(N/m) = 16.2(kN/m)$

（4）校核钢拉杆的强度 钢拉杆所受的轴力 $N = F_B = 2.25q = 2.25 \times 16.2 = 36.5$（kN）
由拉（压）强度条件，可得

$$\sigma = \frac{N}{A} = \frac{4 \times 36.5 \times 10^3 N}{\pi \times 20^2 \times 10^{-6} m^2} = 116MPa < [\sigma] = 160MPa$$

故拉杆 BD 满足强度要求。

【例6.4】 跨长 $l = 2m$ 的铸铁梁，受力如图 6.10（a）所示。已知材料的许用拉应力 $[\sigma_t] = 30MPa$，许用压应力 $[\sigma_c] = 90MPa$。试根据截面最为合理的要求，确定 T 形截面的腹板厚度 δ，并校核梁的强度。

解： 要使梁的截面最合理，必须使梁的同一横截面上的最大拉应力与最大压应力之比 $\sigma_{tmax}/|\sigma_{cmax}|$ 与相应的许用应力之比 $[\sigma_t]/[\sigma_c]$ 相等。因为这样就可以使材料的拉、压强度得到同等程度的利用。

（1）确定 δ 值 根据公式 $\sigma = \dfrac{M}{I_z}y$，可知

$$\sigma_{tmax} = \frac{M}{I_z}y_1, \ \sigma_{cmax} = \frac{M}{I_z}y_2$$

又知 $[\sigma_t]/[\sigma_c] = \dfrac{30}{90} = \dfrac{1}{3}$，所以

$$\frac{\sigma_{tmax}}{\sigma_{cmax}} = \frac{y_1}{y_2} = \frac{[\sigma_t]}{[\sigma_c]} = \frac{1}{3} \tag{a}$$

由图 6.10（b）可知

$$y_1 + y_2 = 280mm \tag{b}$$

由（a）式、（b）式解得

$$y_1 = 70mm, \ y_2 = 210mm$$

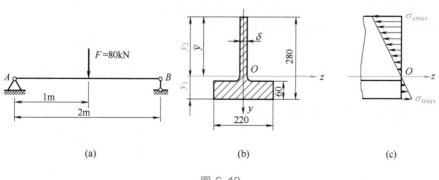

（a） （b） （c）

图 6.10

由 y_1、y_2 值就确定了中性轴 z 的位置，如图 6.10（b）所示。由于中性轴是截面的形心轴，因此截面对于 z 轴的静矩应该等于零，即

$$S_z = 220 \times 60 \times \left(70 - \frac{60}{2}\right) + (70 - 60)\delta \times 5 - 210\delta \times \frac{210}{2} = 0$$

由上式求得 $\delta = 24\text{mm}$

（2）校核梁的强度 利用平行移轴公式，计算梁截面对中性轴 z 的惯性矩：

$$I_z = \frac{220 \times 60^3}{12} + 220 \times 60 \times (70-30)^2 + \frac{24 \times 210^3}{12} + 24 \times 210 \times \left(\frac{210}{2}\right)^2 = 99.176 \times 10^{-6}(\text{m}^4)$$

梁的最大弯矩位于跨中截面处，其值为

$$M_{\max} = \frac{1}{4}Fl = \frac{1}{4} \times 80\text{kN} \times 2\text{m} = 40\text{kN} \cdot \text{m}$$

校核该截面上的最大拉应力，即

$$\sigma_{t\max} = \frac{M_{\max}}{I_z}y_1 = \frac{40 \times 10^3 \text{N} \cdot \text{m} \times 70 \times 10^{-3}\text{m}}{99.176 \times 10^{-6}\text{m}^4} = 28.23\text{MPa} < [\sigma_t] = 30\text{MPa}$$

故梁满足强度要求（校核该梁的最大压应力也可，结论相同）。

第三节 平面弯曲梁的切应力强度条件

一、梁弯曲时的切应力

横力弯曲时，梁横截面上的内力既有弯矩又有剪力。因此，梁的横截面上除了存在与弯矩对应的正应力外，还有由剪力引起的切应力。本节将讨论几种常见截面形状梁横截面上的切应力计算公式。

1. 矩形截面梁的切应力

在梁的横截面上，切应力的分布比较复杂。但是，为了简化计算，根据研究证明，对于矩形截面梁横截面上的切应力分布规律，一般可作如下假设：

（1）横截面上各点处的切应力方向都与剪力 V 的方向一致；

（2）切应力沿横截面宽度方向是均匀分布的。

根据以上两个假设，沿矩形截面任一宽度上的切应力分布如图 6.11 所示。

由进一步的研究可知，以上两个假设，对于高度大于宽度的矩形截面梁是足够精确的。而且，有了这两个假设，使切应力的研究大为简化。

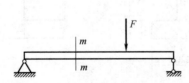
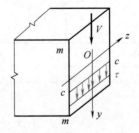

图 6.11

梁横截面上任一点处的切应力可用下式进行计算：

$$\tau = \frac{VS_z^*}{I_z b} \tag{6.12}$$

式中，V 为横截面上的剪力；I_z 为横截面对中性轴的惯性矩；b 为所求切应力处的横截面宽度；S_z^* 为过横截面上需求切应力点的水平横线与相近的上边缘（或下边缘）所围成的面积对中性轴的静矩（取绝对值）。

在利用上述公式进行计算时，V 和 S_z^* 均以绝对值代入，而切应力的方向与剪力的方向相同。

下面讨论切应力沿矩形截面高度的分布规律，如图 6.12 所示。

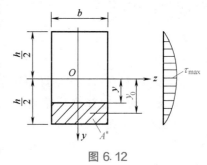

图 6.12

对于给定的横截面，式（6.12）中的 V、I_z、b 均为常量，只有 S_z^* 随所求点的位置不同而改变，是坐标 y 的函数，可表示为

$$S_z^* = A^* y_0 = b\left(\frac{h}{2} - y\right)\left[y + \left(\frac{h}{2} - y\right)/2\right] = \frac{b}{2}\left(\frac{h^2}{4} - y^2\right)$$

将上式和 $I_z = bh^3/12$ 代入式（6.12）中，得

$$\tau = \frac{6V}{bh^3}\left(\frac{h^2}{4} - y^2\right)$$

式中仅 y 为变量，说明切应力 τ 沿截面高度按二次抛物线规律变化，如图 6.12 所示。当 $y = \pm h/2$ 时，$\tau = 0$，即截面上下边缘处切应力为零；当 $y = 0$ 时，$\tau = \tau_{max}$，即中性轴上切应力最大，这与横截面上的正应力分布规律正好相反。中性轴上的最大切应力值为

$$\tau_{max} = \frac{3V}{2bh} = \frac{3V}{2A} \tag{6.13}$$

即矩形截面上的最大切应力为截面上平均切应力 V/A 的 1.5 倍。

2. 圆形截面梁的切应力

圆形截面梁上的最大切应力也发生在中性轴上，且在中性轴上均匀分布，方向平行于截面上的剪力，如图 6.13 所示。其横截面上最大的切应力计算公式为

$$\tau_{max} = \frac{4V}{3A} \tag{6.14}$$

3. 圆环形截面梁的切应力

圆环形截面梁上的最大切应力与圆形截面一样，发生在中性轴上，且在中性轴上均匀分布，方向平行于截面上的剪力，如图 6.14 所示。其横截面上最大的切应力计算公式为：

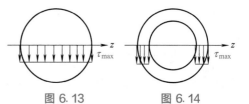

图 6.13　　　　图 6.14

$$\tau_{max} = 2\frac{V}{A} \tag{6.15}$$

式中，A 为圆环形截面的面积。

二、弯曲切应力的强度条件及应用

1. 梁的切应力强度条件

为了保证梁能安全工作，要求在荷载作用下梁产生的最大切应力 τ_{max} 不能超过材料弯曲时的许用切应力 $[\tau]$。而由前面的讨论可以知道，梁内最大切应力一般发生在剪力最大

的横截面的中性轴上。若以 $S_{z\max}^*$ 表示中性轴以上（或以下）部分面积对中性轴的静矩，则梁的切应力强度条件为

$$\tau_{\max} = \frac{V_{\max} S_{z\max}^*}{I_z b} \leqslant [\tau] \tag{6.16}$$

式中，材料在弯曲时的许用切应力 $[\tau]$ 可在有关设计规范中查得。

2. 梁的切应力强度计算

一般来说，在进行梁的强度计算时，必须同时满足梁的正应力强度条件和切应力强度条件，但二者有主有次。在工程中，通常以梁的正应力强度条件作为控制条件，在选择梁的截面时，一般都是按照正应力强度条件设计截面尺寸，然后按切应力强度条件进行校核。对于细长梁，如果满足正应力强度条件，一般都能满足切应力强度条件，所以可以不再进行切应力强度校核。只有在下述情况下，必须进行切应力强度校核：

（1）梁的跨度很短而又受很大的荷载作用，或有很大的集中力作用在支座附近，使得梁内弯矩较小，而剪力却很大；

（2）铆接或焊接的组合截面钢梁，如工字形截面、槽形截面等，若腹板较薄而高度较大，使得其宽度与高度之比小于型钢的相应比值，腹板上产生较大的切应力；

（3）木梁。由切应力互等定理可知，横截面上存在切应力，则水平纵向截面内也存在切应力。由于木材的顺纹抗剪能力较差，在横力弯曲时可能因为中性层上的切应力过大而使梁沿中性层发生剪切破坏。

【例 6.5】 一矩形截面简支木梁，梁上作用有均布荷载 q，如图 6.15 所示。已知：$l=4\text{m}$，$b=140\text{mm}$，$h=210\text{mm}$，$q=2\text{kN/m}$，弯曲时木材的许用正应力 $[\sigma]=10\text{MPa}$，许用切应力 $[\tau]=1\text{MPa}$，试校核该梁的强度。

解：（1）求最大弯矩 $M_{\max}$ 和最大剪力 $V_{\max}$　梁中最大弯矩位于跨中截面上，其值为

$$M_{\max} = \frac{ql^2}{8} = \frac{2\text{kN/m} \times 4^2 \text{m}^2}{8} = 4\text{kN} \cdot \text{m}$$

梁中最大剪力位于梁的两端截面上，其值为

$$V_{\max} = \frac{ql}{2} = \frac{2\text{kN/m} \times 4\text{m}}{2} = 4\text{kN}$$

（2）计算截面几何参数

$$W_z = \frac{bh^2}{6} = \frac{1}{6} \times 0.14\text{m} \times 0.21^2 \text{m}^2 = 1.03 \times 10^{-3} \text{m}^3$$

（3）校核梁的强度

$$\sigma_{\max} = \frac{M_{\max}}{W_z} = \frac{4 \times 10^3 \text{N} \cdot \text{m}}{1.03 \times 10^{-3} \text{m}^3} = 3.88\text{MPa} < [\sigma] = 10\text{MPa}$$

满足正应力强度要求

$$\tau_{\max} = 1.5 \frac{V_{\max}}{A} = 1.5 \times \frac{4 \times 10^3 \text{N}}{140\text{mm} \times 210\text{mm}} = 0.2\text{MPa} < [\tau] = 1\text{MPa}$$

也满足切应力强度要求。

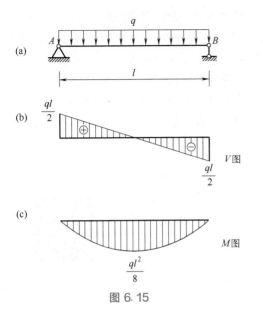

(a)

(b) $\dfrac{ql}{2}$ V图 $\dfrac{ql}{2}$

(c) M图 $\dfrac{ql^2}{8}$

图 6.15

资源 6.1 实体梁
有限元分析——
正应力分布

资源 6.3 实体梁
有限元分析——
节点位置列表

资源 6.2 实体梁
有限元分析——
切应力分布

资源 6.4 实体梁
有限元分析——
应力列表

第四节　提高弯曲强度的一些措施

梁是工程中最常见的一种构件。在设计梁时，应该既充分发挥材料的潜力，又要尽量提高梁的强度，以满足工程上既安全又经济的要求。由于梁的抗弯强度主要是由正应力强度条件控制的，所以提高梁的弯曲强度主要是提高梁的正应力强度，由

$$\sigma_{\max}=\frac{M_{\max}}{W_z}\leqslant[\sigma]$$

可以看出，要提高梁的承载能力，主要从两方面入手，一是尽可能采用合理的截面形状，提高横截面的抗弯截面系数 W_z，充分利用材料；二是合理安排梁的受力情况，以降低梁的最大弯矩 $M_{\max}$。下面将常用的几种措施介绍如下：

一、合理选取梁的截面形状

1. 根据 $\dfrac{W_z}{A}$ 的比值选择合理的截面

由正应力的强度条件可知，W_z 越大，梁越能承受较大的弯矩，但另一方面，梁横截面面积越大，消耗材料就越多。因此，梁的合理截面应该是采用尽可能小的截面积 A，得到尽可能大的抗弯截面系数 W_z。可以用比值 $\dfrac{W_z}{A}$ 来衡量截面的合理程度。这个比值越大，截面就越合理。例如对于截面高度 h 大于宽度 b 的矩形截面梁，如将它竖放，则抗弯截面系数为 $\dfrac{bh^2}{6}$，如图 6.16（a）所示；若将它平放，则抗弯截面系数变为 $\dfrac{hb^2}{6}$，如图 6.16（b）所示。矩形截面梁竖放时：$\dfrac{W_z}{A}=\dfrac{\dfrac{bh^2}{6}}{bh}=\dfrac{h}{6}$，平放时：$\dfrac{W_z}{A}=\dfrac{\dfrac{hb^2}{6}}{bh}=\dfrac{b}{6}$，两者之比为 $\dfrac{h}{b}>1$，可见

梁竖放比平放有较高的抗弯强度，所以在工程中，矩形截面梁一般都是竖放的。

在表 6.1 中，列出了几种常用截面的 W_z 和 A 的比值。从表中所列数值可以看出，工字形截面或槽形截面比矩形截面合理，矩形截面比圆形截面合理。究其原因，是由于距中性轴越远的地方正应力越大，即作用在梁上的外力主要由距中性轴较远的材料来承担。圆形截面梁的大部分材料都靠近中性轴，未能充分发挥其抗弯作用，而工字形截面则相反。因此，为了更好地发挥材料的潜力，应尽可能地将材料分布到距中性轴较远处，工程上常将实心圆截面改为空心圆截面，将矩形改为工字形或如资源 6.5 所示箱形截面等。

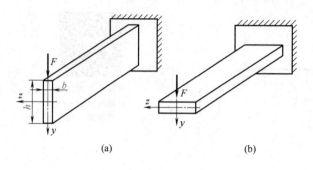

资源 6.5 钢筋
混凝土箱梁

图 6.16

表 6.1 几种截面的 W_z 和 A 的比值

截面形状	矩形	圆形	槽钢	工字钢
$\dfrac{W_z}{A}$	$0.167h$	$0.125d$	$(0.27\sim0.31)h$	$(0.27\sim0.31)h$

2. 根据材料的特性选择合理的截面

对于抗拉和抗压强度相同的材料（如低碳钢），宜采用对称于中性轴的截面，如圆形、矩形、工字形等，这样就可以使得截面的上、下边缘处的最大拉应力和最大压应力相等，同时达到材料的许用应力值，从而充分发挥材料的潜力。对于抗拉和抗压强度不等的材料，如铸铁，其许用拉应力 $[\sigma_t]$ 低于许用压应力 $[\sigma_c]$，宜采用中性轴偏于受拉侧的截面，如图 6.17 所示的一些截面。这类截面，应使 y_1、y_2 之比接近下列关系

$$\frac{\sigma_{tmax}}{\sigma_{cmax}} = \frac{M_{max}}{I_z} y_1 \Big/ \left(\frac{M_{max}}{I_z} y_2\right) = \frac{y_1}{y_2} = \frac{[\sigma_t]}{[\sigma_c]}$$

就能使得横截面上的最大拉应力和最大压应力同时达到材料的许用值，比较经济合理。

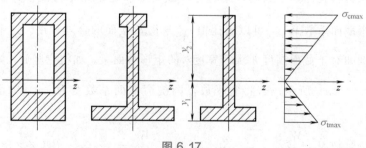

图 6.17

二、合理安排梁的支座和荷载

当荷载一定时，梁的最大弯矩值的大小与梁的跨度有关，故适当地减小支座之间的距离，就可以有效地降低最大弯矩值。例如跨度为 l，并受均布荷载 q 的简支梁，如图 6.18（a）所示，其最大弯矩为 $M_{max}=ql^2/8$。若将两端支座向中间移动 $0.2l$，则最大弯矩减小为 $M_{max}=ql^2/40$，只是前者的 $1/5$，如图 6.18（b）所示。工程中起吊预制大梁，起吊点一般不在其两端，就是这个缘故。

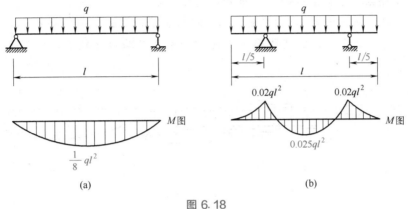

图 6.18

为了减小支座间的距离，还可以适当增加支座，例如在简支梁中间加一支座或将支座改成固定端，其最大弯矩都可降低，但这样就使静定梁变成了超静定梁。

合理安排梁上的荷载，也可降低梁内的最大弯矩值。由弯矩图可知，当荷载总量相等时，分布荷载使梁产生的最大弯矩要比集中荷载作用下产生的最大弯矩小得多，所以从强度考虑，把集中力尽量分散，直至改变为分布荷载更为合理。以简支梁为例，如图 6.19（a）所示，若一个集中力 F 作用在跨中，其最大弯矩为 $M_{max}=Fl/4$；若在梁上安置一个辅梁，如图 6.19（b）所示，则最大弯矩将减少至 $M_{max}=Fl/8$，只有原来的一半。

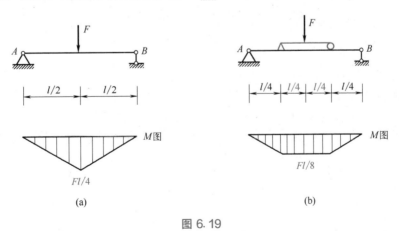

图 6.19

三、采用等强度梁

前面讨论的是等截面直梁，按正应力强度条件选择截面尺寸时，是以最大弯矩为依据的，因此除了最大弯矩所在截面以外，其他横截面的正应力都比较小，因而材料没有得到充分利用。为此，根据梁的弯矩图，用改变截面尺寸的方法，使抗弯截面系数随弯矩而变化，即在弯矩较大处采用较大截面，在弯矩较小处采用较小截面，这种截面沿轴线变化的梁称为变截面梁。最理想的变截面梁，是梁各横截面上的最大正应力都等于材料的许用应力，即等强度梁。很显然，这种梁材料消耗最小，重量最轻，也最合理。但实际上，由于加工制造等因素，一般只能近似地达到等强度的要求。例如雨篷或阳台的悬臂梁常采用如图 6.20（a）所示的形式；对于跨中弯矩较大、两侧弯矩逐渐减小的简支梁，常采用如图 6.20（b）所示的上下加盖板的梁，或如图 6.20（c）所示的鱼腹式梁等。

以上讨论仅从弯曲强度的角度考虑，而在实际工程中，设计一个构件时，还应该考虑刚度、稳定性、工艺条件、加工制造等多方面的因素，经综合比较后，再正确地选用具体措施。

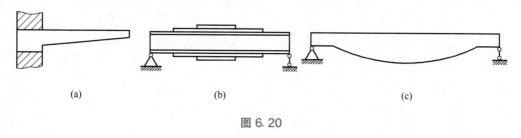

(a)   (b)   (c)

图 6.20

第五节　应用分析

【例 6.6】　外伸梁 ACD 的荷载、截面形状和尺寸如图 6.21（a）、（b）所示，试计算梁内最大的正应力和最大的切应力。

解：（1）求支座反力

由 $\sum M_A = 0$，得 $F_C = \dfrac{10\text{kN}\times 2\text{m} + 4\text{kN/m}\times 2\text{m}\times 5\text{m}}{4\text{m}} = 15\text{kN}$（↑）

由 $\sum F_y = 0$，得 $F_A = 10\text{kN} + 4\text{kN/m}\times 2\text{m} - 15\text{kN} = 3\text{kN}$（↑）

梁的剪力图和弯矩图，如图 6.21（c）、（d）所示。

（2）计算截面参数

形心位置：$y_C = \dfrac{A_1 y_1 + A_2 y_2 + A_3 y_3}{A_1 + A_2 + A_3} = \dfrac{200\times 20\times 100\times 2 + 100\times 20\times 10}{200\times 20\times 2 + 100\times 20} = 82$（mm）

惯性矩：$I_z = 2\times \left(\dfrac{20\times 200^3}{12} + 200\times 20\times 18^2\right) + \dfrac{100\times 20^3}{12} + 100\times 20\times(82-10)^2 = 3.969\times 10^7$（mm⁴）

最大静矩：$S_{z\max} = 2\times \left[(200-82)\times 20\times \dfrac{200-82}{2}\right] = 278480$（mm³）

（3）计算最大正应力

因为截面上下不对称，弯矩图又分布在轴线的两侧，这时最大正应力不一定出现在弯矩绝对值最大的截面，即本题的最大正应力可能出现在 B 截面或 C 截面。

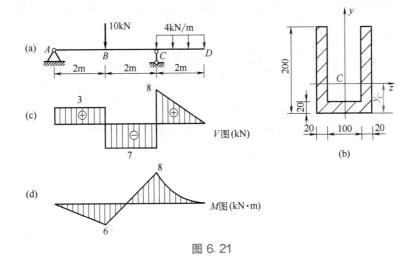

图 6.21

在 C 截面：

最大拉应力：$\sigma_{\text{tmax}C} = \dfrac{M_C}{I_z}(200 - y_C) = \dfrac{8 \times 10^6}{3.969 \times 10^7} \times 118 = 23.78$（MPa）

最大压应力：$\sigma_{\text{cmax}C} = \dfrac{M_C}{I_z}y_C = \dfrac{8 \times 10^6}{3.969 \times 10^7} \times 82 = 16.53$（MPa）

在 B 截面：

最大压应力：$\sigma_{\text{cmax}B} = \dfrac{M_B}{I_z}(200 - y_C) = \dfrac{6 \times 10^6}{3.969 \times 10^7} \times 118 = 17.84$（MPa）

由于 C 截面弯矩绝对值大于 B 截面，同时 C 截面受拉区高度又大于 B 截面受拉区高度，所以，最大拉应力不会出现在 B 截面。

所以，梁内最大的拉应力为 23.78MPa（C 截面），最大的压应力为 17.84MPa（B 截面）。

（4）最大的切应力

$$\tau_{\max} = \frac{V_{\max} S_{z\max}^*}{I_z b} = \frac{8 \times 10^3 \times 278480}{3.969 \times 10^7 \times (20 + 20)} = 1.4 \text{（MPa）}$$

【例 6.7】 如图 6.22 所示，悬臂梁由三块木板胶合在一起，$l = 1\text{m}$、$b = 100\text{mm}$、$a = 50\text{mm}$，已知木材的 $[\sigma] = 10\text{MPa}$、$[\tau] = 1\text{MPa}$，胶合面的 $[\tau]_1 = 0.34\text{MPa}$，试求许用荷载。

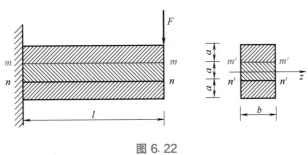

图 6.22

解：（1）按正应力强度条件 梁内最大弯矩：$M_{max}=Fl=F\times1=F$（kN·m）

由正应力强度条件

$$\sigma_{max}=\frac{M_{max}}{W_z}=\frac{F\times10^6}{\dfrac{100\times150^2}{6}}\leqslant10，\text{得：}[F]_1=3.75\text{kN}$$

（2）按胶合面强度条件 整根梁上的剪力都相等，均为 F。由切应力互等定理，胶合缝 mm 处的切应力与横截面 $m'm'$ 上的切应力相等，由切应力强度条件

$$\tau_{mm}=\frac{VS_z^*}{I_zb}=\frac{F\times10^3\times100\times50\times50}{\dfrac{100\times150^3}{12}\times100}\leqslant0.34，\text{得：}[F]_2=3.825\text{kN}$$

由于胶合缝 nn 和 mm 在横截面位置上下对称，两者切应力相等，强度无须再计算。

（3）按最大切应力强度条件

$$\tau_{max}=\frac{3V}{2A}=1.5\times\frac{F\times10^3}{100\times150}\leqslant1，\text{得：}[F]_3=10\text{kN}$$

比较三个许用荷载，选最小的，于是得到该悬臂梁的许用荷载 $[F]=[F]_1=3.75$kN。

【例 6.8】 铸铁梁的荷载及截面尺寸如图 6.23（a）、（b）所示。材料的许用拉应力 $[\sigma_t]=40$MPa，许用压应力 $[\sigma_c]=100$MPa。试校核梁的正应力强度。已知横截面形心距截面下边缘距离为 157.5mm。

解：（1）可用叠加法画弯矩图，如图 6.23（c）所示。

（2）计算惯性矩。

$$I_z=\frac{30\times200^3}{12}+200\times30\times57.5^2+\frac{200\times30^3}{12}+200\times30\times(215-157.5)^2=6.0125\times10^7\text{（mm}^4\text{）}$$

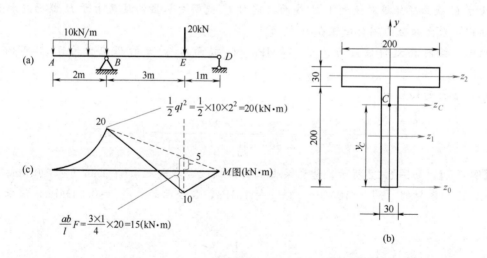

图 6.23

（3）B 截面和 E 截面都可能是危险截面。

在 B 截面

$$\text{最大压应力 }\sigma_{cmaxB}=\frac{M_B}{I_z}y_C=\frac{20\times10^6}{6.0125\times10^7}\times157.5=52.4\text{（MPa）}$$

最大拉应力 $\sigma_{\text{tmax}B}=\dfrac{M_B}{I_z}(200-y_C)=\dfrac{20\times10^6}{6.0125\times10^7}\times72.5=24.1$（MPa）

在 E 截面的最大压应力不会超过 B 截面的最大压应力，只需求其最大拉应力即可。

最大拉应力 $\sigma_{\text{tmax}E}=\dfrac{M_E}{I_z}y_C=\dfrac{10\times10^6}{6.0125\times10^7}\times157.5=26.2$（MPa）

所以，梁内最大的拉应力为 26.2MPa＜40MPa＝$[\sigma_{\text{t}}]$，最大的压应力为 52.4MPa＜100MPa＝$[\sigma_{\text{c}}]$，满足强度要求。

【例 6.9】 在如图 6.24（a）所示的 20a 号工字钢梁截面 c—c 的下边缘处，用应变仪测得标距 $s=20$mm 的纵向伸长量为 $\Delta s=0.012$mm。已知钢的弹性模量 $E=210$GPa，试求 F 的大小。

解： 由图 6.24（b）可知，c—c 截面的弯矩

$$M_{c-c}=\frac{2}{3}\times\frac{Fl}{4}=\frac{2}{3}\times\frac{F\times3}{4}=0.5F\ （\text{kN}\cdot\text{m})$$

c—c 截面的下边缘处应力

$$\sigma=E\varepsilon=E\frac{\Delta s}{s}=210\times10^3\times\frac{0.012}{20}=126\ （\text{MPa})$$

查型钢规格表，20a 号工字钢的抗弯截面系数：$W_z=237\text{cm}^3$

由弯曲正应力计算公式

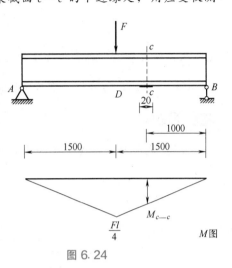

图 6.24

$$\sigma=\frac{M_{c-c}}{W_z}=\frac{0.5F\times10^6}{237\times10^3}$$

所以 $\dfrac{0.5F\times10^6}{237\times10^3}=126$，解得：$F=59.7$kN

小结

（1）梁横截面上存在两种应力——正应力和切应力。一般情况下，正应力强度设计起控制作用，只有在某些特殊情况下，才需要进行切应力强度校核。

（2）梁平面弯曲时，横截面上的正应力沿截面高度呈线性分布，中性轴通过截面的形心，在中性轴上正应力为零，在上、下边缘处正应力最大，截面任意位置正应力的计算公式为：

$$\sigma=\frac{M}{I_z}y$$

正应力强度条件为：

$$\sigma_{\max}=\frac{M_{\max}}{W_z}\leqslant[\sigma]$$

（3）横截面上的切应力分布情况比较复杂，随横截面的不同而不同，但最大切应力发生在中性轴上，截面任意位置切应力的计算公式为：

$$\tau = \frac{VS_z^*}{bI_z}$$

切应力强度条件为：

$$\tau_{\max} = \frac{V_{\max} S_{z\max}^*}{bI_z} \leqslant [\tau]$$

（4）梁弯曲时的曲率公式 $\dfrac{1}{\rho} = \dfrac{M}{EI_z}$ 是弯曲变形的基本公式。可将其与轴向拉压和扭转时单位长度扭转角作一类比：

$$\varepsilon = \frac{N}{EA}, \quad \varphi' = \frac{T}{GI_P}, \quad \frac{1}{\rho} = \frac{M}{EI_z}$$

上述三式形式相同，都表明杆件单位长度的变形（ε，φ'，$\dfrac{1}{\rho}$）与杆件横截面上的内力（N，T，M）成正比，与杆件的刚度（EA，GI_P，EI_z）成反比。

 习题

6.1 试求图示简支梁Ⅰ—Ⅰ截面上 a、b、c、d、e 五点处的正应力及梁内最大的正应力。

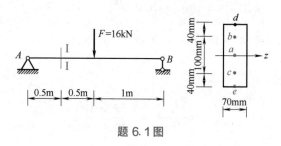

题 6.1 图

6.2 图示矩形截面梁受集中力作用，试计算截面Ⅰ—Ⅰ上 a、b、c、d 四点处的正应力。

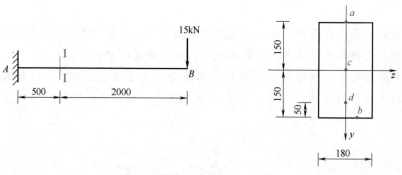

题 6.2 图（尺寸单位为 mm）

6.3 图示直径 $d = 150\text{mm}$ 的圆截面木梁，若弯曲时木材的许用应力 $[\sigma] = 10\text{MPa}$，试校核梁的强度。

6.4 圆截面外伸梁，其外伸部分是空心的，梁的受力与尺寸如图所示。图中尺寸单位为 mm。已知 $F = 10\text{kN}$，$q = 5\text{kN/m}$，许用应力 $[\sigma] = 140\text{MPa}$，试校核梁的弯曲强度。

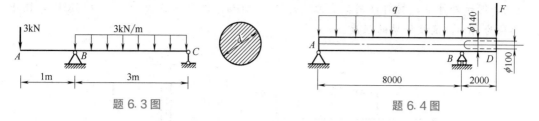

题 6.3 图　　　　　　　　　　　　题 6.4 图

6.5　一矩形截面简支梁在跨中受集中力 $F = 40\text{kN}$ 作用，如图所示。已知 $l = 10\text{m}$，$b = 100\text{mm}$，$h = 200\text{mm}$。求

（1）m—m 截面上距中性轴 $y = 50\text{mm}$ 处的切应力；

（2）计算梁中的最大正应力和最大切应力。

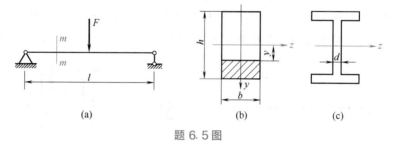

（a）　　　　　　　　　　（b）　　　　　　　　　　（c）

题 6.5 图

6.6　铸铁梁的荷载及截面尺寸如图所示，许用拉应力 $[\sigma_t] = 40\text{MPa}$，许用压应力 $[\sigma_c] = 160\text{MPa}$，试按照正应力强度条件校核梁的强度。若荷载不变，而将梁倒置成倒 T 形，是否合理？为什么？

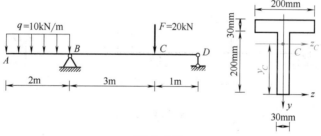

题 6.6 图

6.7　一简支工字钢梁，梁上荷载如图所示。已知 $l = 6\text{m}$，$q = 6\text{kN/m}$，$F = 20\text{kN}$，钢材的许用应力 $[\sigma] = 170\text{MPa}$，试选择工字钢的型号。

6.8　一正方形截面的悬臂木梁，如图所示。木材许用应力 $[\sigma] = 10\text{MPa}$，现需在截面的中性轴处钻一直径为 d 的圆孔。试按照正应力强度条件确定圆孔的最大直径 d（不考虑应力集中的影响）。

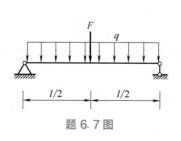
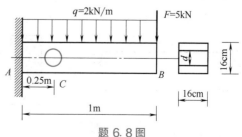

题 6.7 图　　　　　　　　　　　　题 6.8 图

6.9 图示外伸梁，材料许用拉应力 $[\sigma_t]=45\text{MPa}$，许用压应力 $[\sigma_c]=175\text{MPa}$，图中尺寸单位为 mm，试校核梁的强度。

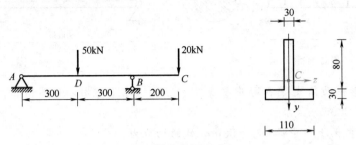

题 6.9 图

6.10 图示 T 形截面铸铁梁，已知材料的许用拉应力 $[\sigma_t]=100\text{MPa}$，许用压应力 $[\sigma_c]=180\text{MPa}$，截面对中性轴的惯性矩 $I_z=1.36\times10^{-6}\text{m}^4$，试校核梁的正应力强度。

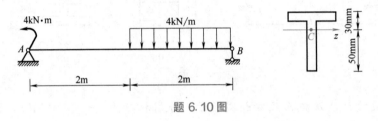

题 6.10 图

6.11 图示外伸梁，采用 22a 号工字钢，已知材料许用应力 $[\sigma]=170\text{MPa}$，试校核梁的强度。

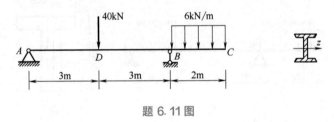

题 6.11 图

6.12 图示木梁受一可移动的荷载 $F=40\text{kN}$ 作用。已知许用弯曲正应力 $[\sigma]=10\text{MPa}$，许用切应力 $[\tau]=3\text{MPa}$。木梁的横截面为矩形，其高宽比 $h/b=3/2$。试选择梁的截面尺寸。

6.13 当荷载 F 直接作用在跨度为 $l=6\text{m}$ 的简支梁 AB 的中点时，梁内最大正应力超过 $[\sigma]$ 的 30%。为了消除此过载现象，如图所示配置了辅助梁 CD，试求辅助梁所需的最小跨度。

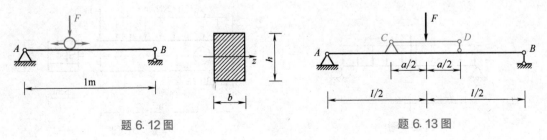

题 6.12 图　　　　　　　　　　　　　　题 6.13 图

6.14 图示矩形截面梁由三块木板粘接而成，材料的许用正应力 $[\sigma]=10\mathrm{MPa}$，$l=1\mathrm{m}$，

（1）按梁的正应力强度条件求许用荷载 $[q]$；

（2）求在许用荷载作用下，整个梁内最大的切应力和胶合缝处最大的切应力。

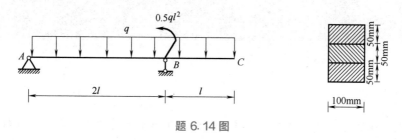

题 6.14 图

6.15 图示简支梁采用 28a 号工字钢，其材料的弹性模量 $E=200\mathrm{GPa}$，图示 $a=1\mathrm{m}$。现测得梁跨中 C 位置下边缘沿着梁纵向的线应变为 3×10^{-4}，试求梁的最大正应力 $\sigma_{\max}$。

6.16 图示把一圆木锯成矩形截面梁，欲使其强度最大，如何开锯？此时矩形的高宽比 $\dfrac{h}{b}$ 为多少？

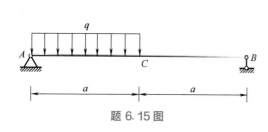

题 6.15 图

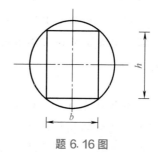

题 6.16 图

第七章 弯曲变形

 素质目标

- 对比宋代工程巨著《营造法式》中将圆木锯成矩形截面梁的工程做法和材料力学的设计方法，体会我国劳动人民的聪明才智；
- 培养与同学良好的合作关系；
- 养成自觉遵守法律、法规以及技术标准的习惯。

知识目标

- 正确理解描述弯曲变形的量——挠度和转角；
- 掌握计算平面弯曲梁变形的积分法；
- 熟练掌握计算平面弯曲梁变形的叠加法（查表法）。

技能目标

- 能利用积分法计算简单荷载作用下梁的变形；
- 能利用叠加法计算较复杂荷载作用下梁的变形；
- 能利用刚度条件进行梁的设计。

本章主要讨论梁的弯曲变形，介绍了计算弯曲变形的积分法和查表法。最终目的是进行梁的刚度校核。

第一节 平面弯曲梁的变形计算——积分法

在工程实际中，对于梁一类的受弯构件，除了强度要求以外，往往还要求变形不能过大。例如，楼板梁弯曲变形过大，会使下面的抹灰层开裂、脱落；吊车梁变形过大，将使梁上小车行走时出现爬坡现象，并会引起梁的振动，影响起吊工作的平稳性。因此，要对梁的变形加以限制，使其满足刚度要求。

梁的变形是通过梁横截面的位移即挠度（deflection）和转角（angle of rotation）来度量的。

如图 7.1 所示，研究弯曲变形时，以变形前梁轴线 AB 为 x 轴，y 轴向下为正，xy 平面是梁的纵向对称平面。在平面弯曲的情况下，变形后梁的轴线 AB' 是 xy 平面内的一条光滑连续的曲线，称为挠曲线。挠曲线上一点的纵坐标 y，表示坐标为 x 的横截面形心沿 y 轴

的位移，称为挠度。挠度曲线的方程式是

$$y = f(x) \tag{7.1}$$

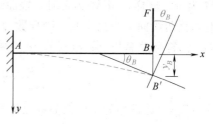

图 7.1

实际问题中，梁的变形很小，挠度 y 一般远小于梁的跨度 l，挠曲线是一条非常平坦的曲线。这时，尽管梁的轴线由直线变成曲线，但是梁截面形心沿 x 轴的位移可以略去不计。依据平面假设，变形前垂直于 x 轴的横截面，变形后仍然垂直于挠曲线。这样，横截面绕其原来位置的中性轴将转过一个角度 θ，称为截面转角。因为挠曲线非常平坦，倾角 θ 很小，所以有

$$\theta \approx \tan\theta = \frac{\mathrm{d}y}{\mathrm{d}x} = f'(x) \tag{7.2}$$

即转角 θ 近似等于挠曲线在该点处切线的斜率。上式表明，只要求出挠曲线方程，就可以确定梁上任一截面的挠度和转角。

导出梁的挠曲线方程，需要利用在线弹性范围内纯弯曲情况下的曲率表达式 [见式 (6.2)]，即

$$\frac{1}{\rho} = \frac{M}{EI_z}$$

式中曲率 $1/\rho$ 是一个表示挠曲线弯曲程度的量。对于纯弯曲情况下的等截面直梁，弯矩 M 和抗弯刚度 EI_z 均为常量，挠曲线是一条曲率半径为 ρ 的圆弧曲线。

在横力弯曲时，梁横截面上除弯矩 M 外还有剪力 V。对于跨度远大于截面高度的梁，剪力对弯曲变形的影响很小，可以略去不计，所以上式仍可用，但这时式中的 M 和 ρ 都是 x 的函数，即

$$\frac{1}{\rho(x)} = \frac{M(x)}{EI_z} \tag{a}$$

另外，从几何方面来看，平面曲线的曲率可以写成

$$\frac{1}{\rho(x)} = \pm \frac{\dfrac{\mathrm{d}^2 y}{\mathrm{d}x^2}}{\sqrt{\left[1 + \left(\dfrac{\mathrm{d}y}{\mathrm{d}x}\right)^2\right]^3}} \tag{b}$$

由 (a) 式、(b) 式得

$$\frac{M(x)}{EI_z} = \pm \frac{\dfrac{\mathrm{d}^2 y}{\mathrm{d}x^2}}{\sqrt{\left[1 + \left(\dfrac{\mathrm{d}y}{\mathrm{d}x}\right)^2\right]^3}} \tag{c}$$

这就是梁的挠曲线微分方程。由于工程上常用的梁，其挠曲线是一条非常平坦的曲线，因此，$\mathrm{d}y/\mathrm{d}x$ 是一个很小的量，$(\mathrm{d}y/\mathrm{d}x)^2$ 与 1 相比十分微小，可以忽略不计。这样，(c) 式就可以近似写为

$$\pm \frac{\mathrm{d}^2 y}{\mathrm{d}x^2} = \frac{M(x)}{EI_z} \tag{d}$$

(d) 式左边的正负号，取决于坐标系的选择和弯矩正负号的规定。习惯上规定 x 轴向右为正，y 轴向下为正。按照第四章关于弯矩的正负规定，即挠曲线下凸时，M 为正；上凸时，

M 为负。这样，当 M 为正时，挠曲线向下凸出，其二阶导数 $\mathrm{d}^2 y/\mathrm{d}x^2$ 为负值；当 M 为负时，挠曲线向上凸出，其二阶导数 $\mathrm{d}^2 y/\mathrm{d}x^2$ 为正值，如图 7.2 所示。可见，$M(x)$ 与 $\mathrm{d}^2 y/\mathrm{d}x^2$ 的符号总是相反，故（d）式应取负号，即

$$\frac{\mathrm{d}^2 y}{\mathrm{d}x^2} = -\frac{M(x)}{EI_z} \quad \text{或} \quad y'' = -\frac{M(x)}{EI_z} \tag{7.3}$$

式（7.3）通常称为梁的挠曲线近似微分方程。对挠曲线近似微分方程进行积分，就可以得出梁的转角方程和挠度方程，从而确定任一截面的转角和挠度，这种求变形的方法就称为积分法。

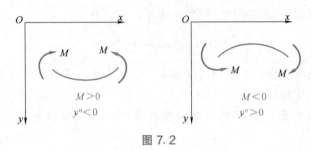

图 7.2

对于等直梁，抗弯刚度 EI_z 为常量，将式（7.3）积分一次，得到转角方程为

$$EI_z \theta = EI_z y' = \int -M(x)\mathrm{d}x + C \tag{7.4}$$

再积分一次，得到挠曲线方程为

$$EI_z y = \int \left[\int -M(x)\mathrm{d}x\right]\mathrm{d}x + Cx + D \tag{7.5}$$

式中，C 和 D 为积分常数，其值可以通过梁挠曲线上已知的位移条件来确定。例如在铰支座处，挠度等于零；在固定端处，挠度和转角都等于零；在弯曲变形对称点上，转角等于零：这类条件统称为边界条件。另外，由于挠曲线是一条连续光滑的曲线，所以在挠曲线上的任意点处都应有唯一确定的挠度和转角，这种条件称为连续条件。根据边界条件和连续条件，就可以确定出上面两式中的积分常数。

挠度向下时其符号为正，反则为负；转角为顺时针时其符号为正，反则为负。

【例 7.1】 如图 7.3 所示，一抗弯刚度为 EI_z 的悬臂梁，在自由端受一集中力 F 作用，试求梁的转角方程、挠曲线方程及自由端截面的转角和挠度。

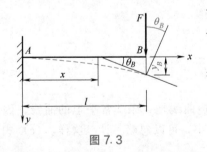

图 7.3

解：（1）建立坐标系　如图 7.3 所示，列出弯矩方程为

$$M(x) = -F(l-x)$$

（2）建立挠曲线微分方程

$$EI_z y'' = -M(x) = Fl - Fx$$

积分一次，得转角方程为

$$EI_z \theta = EI_z y' = Flx - \frac{1}{2}Fx^2 + C \tag{a}$$

再积分一次，得挠曲线方程为

$$EI_z y = \frac{1}{2}Flx^2 - \frac{1}{6}Fx^3 + Cx + D \tag{b}$$

（3）确定积分常数　悬臂梁的边界条件是在固定端处的转角和挠度均为零，即当 $x=0$ 时，$\theta=0$，$y=0$。根据这两个边界条件，由（a）式、（b）式可以得到

$$C=0, \quad D=0$$

把它们代入（a）式和（b）式中，即得到转角方程为

$$\theta = \frac{1}{EI_z}\left(Flx - \frac{1}{2}Fx^2\right) \tag{c}$$

挠曲线方程为

$$y = \frac{1}{EI_z}\left(\frac{1}{2}Flx^2 - \frac{1}{6}Fx^3\right) \tag{d}$$

（4）求自由端的转角和挠度　将 $x=l$ 代入（c）式、（d）式，可以得到截面 B 的转角和挠度为

$$\theta_B = \frac{Fl^2}{2EI_z}, \quad y_B = \frac{Fl^3}{3EI_z}$$

求得的 θ_B 为正值，表示 B 截面的转角为顺时针转向；y_B 为正值，表示截面 B 的挠度是向下的。

【例 7.2】　如图 7.4 所示，一抗弯刚度为 EI_z 的简支梁，在全梁上受集度为 q 的均布荷载作用，试求梁的最大转角 $\theta_{\max}$ 和最大挠度 $y_{\max}$。

解：（1）建立坐标系　如图 7.4 所示，列出弯矩方程为

$$M(x) = \frac{1}{2}qlx - \frac{1}{2}qx^2$$

（2）建立挠曲线微分方程

$$EI_z y'' = -M(x) = \frac{1}{2}qx^2 - \frac{1}{2}qlx$$

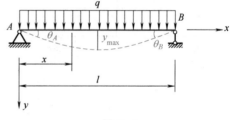

图 7.4

积分一次，得转角方程为

$$EI_z\theta = EI_z y' = \frac{1}{6}qx^3 - \frac{1}{4}qlx^2 + C \tag{a}$$

再积分一次，得挠曲线方程为

$$EI_z y = \frac{1}{24}qx^4 - \frac{1}{12}qlx^3 + Cx + D \tag{b}$$

（3）确定积分常数，求出转角方程和挠度方程　简支梁的边界条件是在左、右两端铰支座处的挠度均为零，即当 $x=0$ 时，$y=0$；当 $x=l$ 时，$y=0$。根据这两个边界条件，由（a）式、（b）式可以得到

$$C = \frac{ql^3}{24}, \quad D=0$$

把它们代入（a）式和（b）式中，即得到转角方程为

$$\theta = \frac{q}{24EI_z}(4x^3 - 6lx^2 + l^3) \tag{c}$$

挠曲线方程为

$$y = \frac{q}{24EI_z}(x^4 - 2lx^3 + l^3x) \tag{d}$$

（4）求最大转角和最大挠度 由对称关系可以知道，最大挠度发生在梁的跨中截面，将 $x = \frac{l}{2}$ 代入（d）式，可以得

$$y_{max} = \frac{5ql^4}{384EI_z}$$

正号表示 y_{max} 的方向向下。

在 A、B 两端，截面转角的数值相等，符号相反，且绝对值最大。于是，在（c）式中，分别令 $x = 0$ 和 $x = l$，得

$$\theta_{max} = \theta_A = -\theta_B = \frac{ql^3}{24EI_z}$$

【注意】 当各段梁上的弯矩方程不同时，弯矩方程必须分段列出，因而挠曲线的近似微分方程也必须分段建立。对各段梁的近似微分方程进行积分时，每段都将出现两个积分常数。要确定这些积分常数，除了要利用梁在支座处的边界条件外，还需要利用相邻两段梁在分界截面处变形的连续条件：由于挠曲线是一条光滑连续的曲线，相邻两段梁在分界截面处的挠度和转角都相等。

【例 7.3】 如图 7.5 所示，一抗弯刚度为 EI_z 的简支梁，在梁上 C 点处作用一集中力 F，试求梁的转角方程和挠曲线方程及最大挠度 y_{max}。

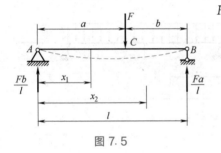

图 7.5

解：（1）如图 7.5 所示，列出弯矩方程分别为

AC 段：$M(x_1) = \frac{Fb}{l}x_1 \quad (0 \leqslant x_1 \leqslant a)$

CB 段：$M(x_2) = \frac{Fb}{l}x_2 - F(x_2 - a) \quad (a \leqslant x_2 \leqslant l)$

（2）分段建立挠曲线微分方程，并积分

AC 段：$EI_z y''_1 = -M(x_1) = -\frac{Fb}{l}x_1$

$$EI_z y'_1 = EI_z\theta_1 = -\frac{Fb}{2l}x_1^2 + C_1 \tag{a}$$

$$EI_z y_1 = -\frac{Fb}{6l}x_1^3 + C_1 x_1 + D_1 \tag{b}$$

CB 段： $\quad EI_z y''_2 = -M(x_2) = -\frac{Fb}{l}x_2 + F(x_2 - a)$

$$EI_z y'_2 = EI_z\theta_2 = -\frac{Fb}{2l}x_2^2 + \frac{F}{2}(x_2 - a)^2 + C_2 \tag{c}$$

$$EI_z y_2 = -\frac{Fb}{6l}x_2^3 + \frac{F}{6}(x_2 - a)^3 + C_2 x_2 + D_2 \tag{d}$$

（3）确定积分常数，求出转角方程和挠度方程。上述出现四个常数，需要四个条件来确定。梁的边界条件只有两个，即

$$\text{在 } x_1 = 0 \text{ 处，} \quad y_1 = 0 \tag{e}$$

$$\text{在 } x_2 = l \text{ 处，} \quad y_2 = 0 \tag{f}$$

因此，还必须考虑梁变形的连续条件。在两段梁交界的截面 C 上，由（a）式确定的转角应该等于由（c）式确定的转角；由（b）式确定的挠度应该等于由（d）式确定的挠度。也就是说，在 $x_1=x_2=a$ 处，应该有

$$y'_1=y'_2 \tag{g}$$

$$y_1=y_2 \tag{h}$$

将其分别代入（a）式、（c）式和（b）式、（d）式，得到

$$-\frac{Fb}{2l}a^2+C_1=-\frac{Fb}{2l}a^2+C_2$$

$$-\frac{Fb}{6l}a^3+C_1a+D_1=-\frac{Fb}{6l}a^3+C_2a+D_2$$

由以上两式得

$$C_1=C_2, D_1=D_2$$

将（e）式代入（b）式，得

$$D_1=D_2=0$$

将（f）式代入（d）式，得

$$C_1=C_2=\frac{Fb}{6l}(l^2-b^2)$$

将求得的积分常数代入（a）式、（b）式、（c）式、（d）式，就得到两段梁的转角方程和挠度方程

AC 段：

$$\theta_1=y'_1=\frac{Fb}{6lEI_z}(l^2-b^2-3x_1^2) \quad (0\leqslant x_1\leqslant a)$$

$$y_1=\frac{Fbx_1}{6lEI_z}(l^2-b^2-x_1^2) \quad (0\leqslant x_1\leqslant a)$$

CB 段：

$$\theta_2=y'_2=\frac{F}{EI_z}\left[\frac{b}{6l}(l^2-b^2-3x_2^2)+\frac{1}{2}(x_2-a)^2\right] \quad (a\leqslant x_2\leqslant l)$$

$$y_2=\frac{F}{EI_z}\left[\frac{b}{6l}(l^2-b^2-x_2^2)x_2+\frac{1}{6}(x_2-a)^3\right] \quad (a\leqslant x_2\leqslant l)$$

（4）计算梁的最大挠度 y_{max}。简支梁的最大挠度可根据函数求极值的方法来求解，即它应该发生在 $\theta=\dfrac{\mathrm{d}y}{\mathrm{d}x}=0$ 处。在本例题中，由于 $a>b$，则

当 $x_1=0$ 时，$\theta_A=\dfrac{Fb}{6lEI_z}(l^2-b^2)>0$

当 $x_1=a$ 时，$\theta_C=\dfrac{Fb}{6lEI_z}(l^2-b^2-a^2)=\dfrac{Fab}{3EI_zl}(b-a)<0$

因而 $\theta=0$ 的截面位置必然发生在 AC 段内。

令

$$\frac{\mathrm{d}y_1}{\mathrm{d}x_1}=\theta_1=0$$

解得极值点的坐标为

$$x_0=\sqrt{\frac{l^2-b^2}{3}} \tag{i}$$

将 x_0 代入 AC 段挠曲线方程，求得最大挠度为

$$y_{max}=\frac{Fb}{9\sqrt{3}EI_zl}\sqrt{(l^2-b^2)^3}$$

当集中力 F 无限靠近右端支座，即 $b\to0$ 时，由（i）式可得

$$x'_0 = \frac{l}{\sqrt{3}} = 0.577l$$

由此可见，梁最大挠度的截面位置总是在梁的中点附近。所以，对于简支梁，只要挠曲线没有拐点，都可以用梁中点的挠度来近似代替梁的最大挠度，即

$$y_{max} \approx y_{x=\frac{l}{2}} = \frac{Fb}{48EI_z}(3l^2 - 4b^2)$$

其误差是工程计算所允许的。

积分法是求梁变形的基本方法。虽然用这种方法计算梁的挠度和转角比较烦琐，但它在理论上是比较重要的。为了实用上的方便，在一般设计手册中，将简单荷载作用下常用梁的挠度和转角的计算公式以及挠曲线方程列成表格，以备查用，见表7.1。

表 7.1 简单荷载作用下梁的转角和挠度

支承和荷载情况	梁端转角	最大挠度	挠曲线方程式
	$\theta_B = \dfrac{Fl^2}{2EI_z}$	$y_{max} = \dfrac{Fl^3}{3EI_z}$	$y = \dfrac{Fx^2}{6EI_z}(3l - x)$
	$\theta_B = \dfrac{Fa^2}{2EI_z}$	$y_{max} = \dfrac{Fa^2}{6EI_z}(3l - a)$	$y = \dfrac{Fx^2}{6EI_z}(3a - x), 0 \leqslant x \leqslant a$ $y = \dfrac{Fa^2}{6EI_z}(3x - a), a \leqslant x \leqslant l$
	$\theta_B = \dfrac{ql^3}{6EI_z}$	$y_{max} = \dfrac{ql^4}{8EI_z}$	$y = \dfrac{qx^2}{24EI_z}(x^2 + 6l^2 - 4lx)$
	$\theta_B = \dfrac{Ml}{EI_z}$	$y_{max} = \dfrac{Ml^2}{2EI_z}$	$y = \dfrac{Mx^2}{2EI_z}$
	$\theta_A = -\theta_B = \dfrac{Fl^2}{16EI_z}$	$y_{max} = \dfrac{Fl^3}{48EI_z}$	$y = \dfrac{Fx}{48EI_z}(3l^2 - 4x^2), 0 \leqslant x \leqslant \dfrac{l}{2}$
	$\theta_A = -\theta_B = \dfrac{ql^3}{24EI_z}$	$y_{max} = \dfrac{5ql^4}{384EI_z}$	$y = \dfrac{qx}{24EI_z}(l^3 - 2lx^2 + x^3)$
	$\theta_A = \dfrac{Fab(l+b)}{6lEI_z}$ $\theta_B = \dfrac{-Fab(l+a)}{6lEI_z}$	$y_{max} = \dfrac{Fb}{9\sqrt{3}EI_z}(l^2 - b^2)^{3/2}$, 在 $x = \dfrac{\sqrt{l^2 - b^2}}{3}$ 处	$y = \dfrac{Fbx}{6lEI_z}(l^2 - b^2 - x^2)x, 0 \leqslant x \leqslant a$ $y = \dfrac{F}{EI_z}\left[\dfrac{b}{6l}(l^2 - b^2 - x^2)x + \dfrac{1}{6}(x-a)^3\right], a \leqslant x \leqslant l$
	$\theta_A = \dfrac{Ml}{6EI_z}$ $\theta_B = -\dfrac{Ml}{3EI_z}$	$y_{max} = \dfrac{Ml^2}{9\sqrt{3}EI_z}$, 在 $x = \dfrac{l}{\sqrt{3}}$ 处	$y = \dfrac{Mx}{6lEI_z}(l^2 - x^2)$

第二节 平面弯曲梁的变形计算——叠加法（查表法）

从上一节可以看出，由于梁的变形微小，而且梁的材料是在线弹性范围内工作的，所以梁的挠度和转角均与梁上的荷载呈线性关系。这样，梁上某一荷载所引起的变形，不受同时作用的其他荷载的影响，即各荷载对弯曲变形的影响是各自独立的。因此，梁在几项荷载（集中力、集中力偶矩或分布力）同时作用下某一截面的挠度和转角，就分别等于每一项荷载单独作用下该截面的挠度和转角的叠加。这就是计算梁变形的叠加法。

在工程实际中，往往需要计算梁在几项荷载同时作用下的最大挠度和最大转角。由于梁在每项荷载单独作用下的挠度和转角均可查表，因而用叠加法计算就比较简单，故也称为查表法。

常见梁的变形公式，见表7.1。

【例7.4】 试用叠加法求如图7.6简支梁跨中的挠度。

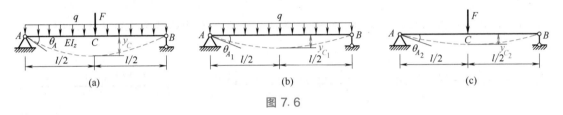

图7.6

解： 梁的变形是均布荷载 q 和集中力 F 共同引起的。

由表7.1查得，在均布荷载 q 单独作用下，梁跨中的挠度为

$$y_{C_1} = \frac{5ql^4}{384EI_z}$$

在集中力 F 单独作用下，梁跨中的挠度为

$$y_{C_2} = \frac{Fl^3}{48EI_z}$$

叠加上述结果，求得在均布荷载和集中力共同作用下，梁跨中的挠度为

$$y_C = y_{C_1} + y_{C_2} = \frac{5ql^4}{384EI_z} + \frac{Fl^3}{48EI_z}$$

【例7.5】 一悬臂梁，其抗弯刚度为 EI_z，梁上荷载如图7.7（a）所示，试求 C 截面的挠度和转角。

解： 查表7.1，并没有图7.7（a）所示梁的计算公式，但是本题仍然可以用叠加法求解。图7.7（a）所示的情况可看成是图7.7（b）、（c）所示两种情况的叠加。

图7.7（b）中 C 截面的挠度和转角可由表7.1查得，为

$$y_{C_1} = \frac{ql^4}{8EI_z}, \qquad \theta_{C_1} = \frac{ql^3}{6EI_z}$$

图7.7（c）中，C 截面的挠度可以看作是由两部分组成的，一部分为 y_B，另一部分由于 B 截面转过 θ_B 而引起。y_B、θ_B 可由表7.1查得，为

$$y_B = -\frac{q\left(\frac{l}{2}\right)^4}{8EI_z} = -\frac{ql^4}{128EI_z}, \quad \theta_B = -\frac{q\left(\frac{l}{2}\right)^3}{6EI_z} = -\frac{ql^3}{48EI_z}$$

则

$$y_{C_2} = y_B + \frac{l}{2}\theta_B = -\frac{ql^4}{128EI_z} + \frac{l}{2} \times \left(-\frac{ql^3}{48EI_z}\right) = -\frac{7ql^4}{384EI_z}$$

图 7.7（c）中 C 截面的转角等于 B 截面的转角，即

$$\theta_{C_2} = \theta_B = -\frac{ql^3}{48EI_z}$$

叠加上述结果，即可得到所示梁截面的挠度和转角，为

$$y_C = y_{C_1} + y_{C_2} = \frac{ql^4}{8EI_z} - \frac{7ql^4}{384EI_z} = \frac{41ql^4}{384EI_z}$$

$$\theta_C = \theta_{C_1} + \theta_{C_2} = \frac{ql^3}{6EI_z} - \frac{ql^3}{48EI_z} = \frac{7ql^3}{48EI_z}$$

y_C 为正，表示 C 截面的挠度是向下的；θ_C 为正，表示 C 截面的转角是顺时针方向的。

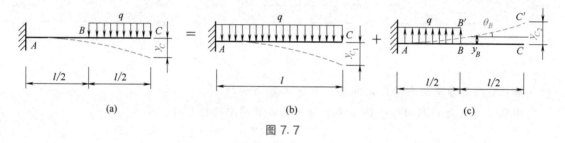

图 7.7

第三节　平面弯曲梁的刚度校核

在按照强度条件选择了梁的截面后，往往还要对梁进行刚度校核，也就是要求梁的最大挠度或最大转角不超过它们的许用值。对于梁的挠度，其许用值通常用许用挠度与梁跨度的比值 $[f/l]$ 作为标准；对于转角，一般用许用转角 $[\theta]$ 作为标准。因此，梁的刚度条件可以写为

$$\frac{y_{\max}}{l} \leqslant \left[\frac{f}{l}\right], \quad \theta_{\max} \leqslant [\theta] \tag{7.6}$$

按照各类构件的工程用途，在有关的设计规范中，对 $\left[\dfrac{f}{l}\right]$ 有具体的规定。在土木工程中，$\left[\dfrac{f}{l}\right]$ 的值一般限制在 $1/1000 \sim 1/200$ 范围内。

应当指出，强度条件和刚度条件都是梁必须满足的。在土木工程中，通常强度条件起控制作用，所以在计算时，一般是根据强度条件选择梁的截面，然后再对其进行刚度校核，而且也往往只需要校核挠度即可。

【例7.6】 吊车梁由型号为45b的工字钢制成，跨度 $l=10\text{m}$，材料的弹性模量 $E=210\text{GPa}$。吊车的最大起吊重量 $F=50\text{kN}$，如图7.8（a），规定 $\left[\dfrac{f}{l}\right]=\dfrac{1}{500}$。试校核该梁的刚度。

解： 吊车梁的计算简图如图7.8（b）所示，梁的自重为均布荷载；电葫芦的轮压为一集中荷载，当其行至梁的中点时，所产生的挠度最大。

查附录中型钢规格表，可得45b号工字钢的自重和惯性矩分别为

$$q=87.4\times9.8\text{N/m}=856.52\text{N/m}$$

$$I_z=33800\text{cm}^4=33800\times10^{-8}\text{m}^4$$

梁跨中的最大挠度为

$$y_{\max}=\frac{Fl^3}{48EI_z}+\frac{5ql^4}{384EI_z}=\frac{10^3}{210\times10^9\times33800\times10^{-8}}\times\left(\frac{50\times10^3}{48}+\frac{5\times856.52\times10}{384}\right)$$

$$\approx0.01468\text{m}+0.00157\text{m}=0.01625\text{m}$$

$$\frac{y_{\max}}{l}=\frac{0.01625}{10}=\frac{1}{615}<\left[\frac{f}{l}\right]=\frac{1}{500}$$

故满足刚度要求。

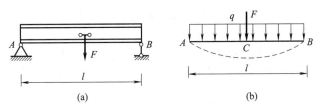

（a）　　　　　　　　　　　（b）

图7.8

资源7.1 梁变形的
计算机求解

小结

本章主要研究平面弯曲梁的变形计算和刚度校核问题。

平面弯曲梁的变形计算可采用积分法或叠加法。

用积分法求解梁变形的步骤：正确列出各段梁的弯矩方程，代入挠曲线近似微分方程，积分一次得到转角方程，再积分一次得到挠曲线方程，然后正确应用边界条件和连续条件确定积分常数。积分法是求梁变形的基本方法，虽然计算比较烦琐，但在理论上是比较重要的。

叠加法是查表得出梁在各项简单荷载作用下的挠度和转角，然后根据叠加原理，求出梁在几项荷载共同作用下的挠度和转角。叠加法是求梁变形的一种简便有效的方法，在工程计算中具有重要的实用意义。

平面弯曲梁的刚度条件为

$$\frac{y_{\max}}{l}\leqslant\left[\frac{f}{l}\right],\theta_{\max}\leqslant[\theta]$$

习题

7.1 试用积分法求下图中悬臂梁自由端截面的转角和挠度。

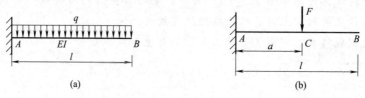

题 7.1 图

7.2 试用积分法求下图中简支梁 A、B 截面的转角和 C 截面的挠度。

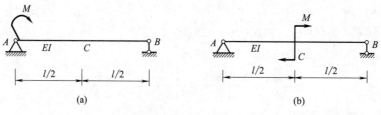

题 7.2 图

7.3 试用叠加法求图示悬臂梁自由端截面的转角和挠度。

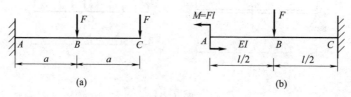

题 7.3 图

7.4 试用叠加法求图示简支梁跨中截面的挠度。

7.5 在图示外伸梁中，$F = \dfrac{1}{6} ql$，梁的抗弯刚度为 EI_z，试用叠加法求自由端截面的转角和挠度。

题 7.4 图　　　　　　　　　题 7.5 图

7.6 图示吊车梁由型号为 32a 号的工字钢制成，跨度 $l = 8.76\mathrm{m}$，材料的弹性模量 $E = 210\mathrm{GPa}$。吊车的最大起吊重量 $F = 20\mathrm{kN}$，规定 $\left[\dfrac{f}{l}\right] = \dfrac{1}{500}$。试校核该梁的刚度。

7.7 如图所示，把一圆木锯成矩形截面梁，欲使其刚度最大，如何开锯? 此时矩形的

高宽比 $\dfrac{h}{b}$ 为多少？我国宋朝李诫所著《营造法式》中，规定木梁截面的高宽比 $\dfrac{h}{b}=1.5$，结合习题 6.16，思考为何如此规定。

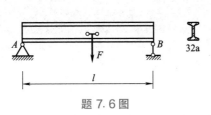

题 7.6 图

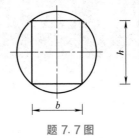

题 7.7 图

第八章　应力状态分析及强度理论

 **素质目标**

- 通过对应力状态分析的学习，培养攻坚克难的坚韧品格和解决复杂问题的能力；
- 培养崇尚科学的精神，坚定求真、求实的科学态度；
- 培养敬业、精益、专注、创新的工匠精神。

知识目标

- 正确理解应力状态、单元体、主平面、主单元体等概念；
- 掌握平面应力状态分析的解析法；
- 掌握平面应力状态分析的图解法；
- 掌握广义胡克定律；
- 熟练掌握常用的强度理论。

技能目标

- 能利用解析法和图解法确定某点任意截面上的应力；
- 能利用解析法和图解法确定三个主应力及其方位；
- 能利用广义胡克定律解决相关工程问题；
- 能利用四个强度理论解决相关工程问题。

　　本章首先讨论应力状态的分析，进而研究材料破坏的基本形式并提出了四个强度理论，目的是解释材料破坏的原因，为解决复杂应力状态下构件的强度设计奠定基础。

第一节　应力状态分析的概念

一、一点处的应力状态及其表示方法

　　前面研究了杆件轴向拉压、剪切、扭转、弯曲等基本变形的应力和强度设计问题。由于这些杆件横截面上危险点处仅有正应力或切应力，因此可与许用正应力 $[\sigma]$ 或许用切应力 $[\tau]$ 相比较而建立强度条件。但对于一般情况，构件各点处往往既有正应力，又有切应力，当需按照这些点处的应力对构件进行强度计算时，就不能分别按照正应力和切应力来建立强度条件，而必须综合考虑这两种应力对材料强度的影响。还有，对于一些受力构件的破坏现

象，例如，低碳钢试件受拉伸至屈服时，表面出现与轴线约呈 45°的滑移线；铸铁压缩试验时，随荷载逐渐加大，发生沿斜截面破坏的现象等，如图 8.1 所示。出现这种沿斜截面破坏现象的原因，用前面建立的横截面强度条件是不能解释的。因此，必须研究杆件内任意一点处，特别是危险点处各个斜截面上的应力情况，找出它们的变化规律，从而求出最大应力值及其所在截面的方位，为全面解决构件的强度问题提供理论依据。

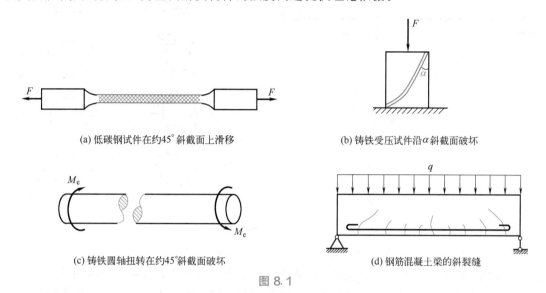

(a) 低碳钢试件在约45°斜截面上滑移　　　　　　(b) 铸铁受压试件沿α斜截面破坏

(c) 铸铁圆轴扭转在约45°斜截面破坏　　　　　　(d) 钢筋混凝土梁的斜裂缝

图 8.1

一般来说，我们把受力构件内通过任一点的各个不同截面上应力情况的集合，称为这一点处的应力状态。即应力不仅是位置的函数，还是方向面的函数。为了研究受力构件内一点处的应力状态，通常围绕该点取出一个微小的正六面体，称为单元体。由于单元体各边长均为无穷小量，故可以认为在单元体各个表面上的应力都是均匀的，而且任意一对平行平面上的应力都是相等的。单元体每个面上的应力等于通过该点的同方位截面上的应力。如果单元体各个面上的应力均为已知时，单元体内任意斜截面的应力就可以用下面介绍的截面法求得，这样该点处的应力状态也就完全确定了，所以单元体三个互相垂直面上的应力就表示了这一点的应力状态。

通常单元体的截取是任意的，截取方位不同，单元体各个面上的应力也就不同。由于杆件横截面上的应力可以用前述的有关应力公式确定，因此一般截取平行于横截面的两个面作为单元体的一对侧面，另两对侧面都是平行于轴线的纵向平面。图 8.2（a）所示简支梁中 A、B、C、D、E 点的应力状态，就可以用图 8.2（b）所示的单元体表示，其平面表达见图 8.2（c）。

二、主平面、主应力及应力状态的分类

一般来说，单元体表面既有正应力也有切应力。如果单元体表面只有正应力而没有切应力，则称此表面为主平面。主平面上的正应力称为主应力。如图 8.2（b）所示，点 A 和 E 单元体各个面都是主平面，点 B、C、D 单元体的前、后面也是主平面。可以证明，通过受力构件内任意一点，总可以找到三对相互垂直的主平面，相应的三个主应力通常用 σ_1、σ_2、σ_3 表示，它们是按代数值的大小顺序排列的，即 $\sigma_1 \geqslant \sigma_2 \geqslant \sigma_3$，$\sigma_1$、$\sigma_2$、$\sigma_3$ 分别称为第一主应力、第二主应力和第三主应力。例如，三个主应力数值分别为 50MPa、0、−10MPa 时，

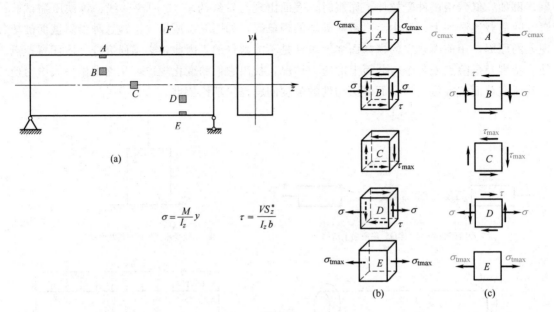

$$\sigma = \frac{M}{I_z} y \qquad \tau = \frac{V S_z^*}{I_z b}$$

图 8.2

按照这种规定，应是 $\sigma_1 = 50\mathrm{MPa}$，$\sigma_2 = 0$，$\sigma_3 = -10\mathrm{MPa}$。围绕一点按三个主平面位置取出的单元体，称为主单元体，用主单元体来表示一点处的应力状态是最简单明确的。

由于构件受力情况的不同，某些主应力的值可能为零，按照不等于零的主应力数目，可以将一点的应力状态分为三类：

1. 单向应力状态

只有一个主应力不为零。例如，直杆受轴向拉伸或压缩时，杆内各点的应力都属于单向应力状态；纯弯曲时，除中性轴以外杆内各点处的应力以及横力弯曲时，横截面上下边缘各点处的应力也都属于单向应力状态，如图 8.3（a）所示。

2. 二向（平面）应力状态

有两个主应力不等于零。例如，圆轴扭转时，除轴线各点外，其他任意一点的情况；横力弯曲时，除横截面上下边缘以外的其他各点的应力情况，都属于二向应力状态，如图 8.3（b）所示。

3. 三向应力状态

三个主应力都不等于零。例如，火车车轮与钢轨的接触点，由于车轮压应力使得单元体向四周扩张，但周围材料限制它扩张，因而产生纵向和横向的压应力，故接触点处的应力状态为三个主应力都为压应力的三向应力状态，如图 8.3（c）所示。

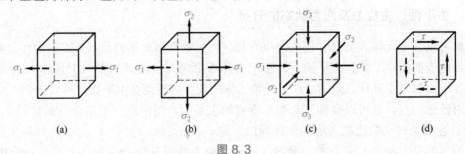

图 8.3

在二向应力状态中，若单元体四个侧面上只有切应力而无正应力，则称为纯剪切状态，是二向应力状态的一种特殊情况，如图 8.3（d）所示。

单向应力状态也称为简单应力状态，二向和三向应力状态统称为复杂应力状态。

第二节 平面应力状态分析的解析法

在二向应力状态下，已知某一单元体各个面上的应力，下面用解析法来求出其他斜截面上的应力，从而确定主应力和主平面。

已知一平面应力状态单元体上的应力 σ_x、τ_x 和 σ_y、τ_y，如图 8.4（a）所示。由于其前、后两个平面上没有应力，故可将该单元体用如图 8.4（b）所示的平面图形来表示。现在要求与该单元体前、后两平面垂直的任一斜截面上的应力。设斜截面 ef 的外法线 n 与 x 轴的夹角为 α，简称该斜截面为 α 面，α 面上的正应力用 σ_α 表示，切应力用 τ_α 表示。应力的正负号规定同前，即正应力以拉应力为正，压应力为负；切应力以其对单元体内任一点的矩为顺时针转向为正，逆时针为负。同时规定 α 角，由 x 轴转向外法线 n 为逆时针转向时，α 为正，反之为负。如图 8.4（b）所示，除 τ_y 为负以外，其余各应力和 α 角均为正。

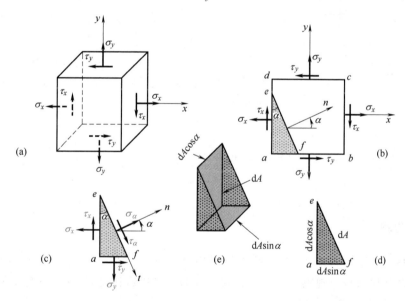

图 8.4

为了求出斜截面 ef 上的应力，假想用一个平面沿 ef 将单元体截分为二，取隔离体 aef 作为研究对象，如图 8.4（c）、（d）所示。参看图 8.4（e），设 ef 斜截面面积为 dA，则 af 面和 ae 面的面积分别为 $dA\sin\alpha$ 和 $dA\cos\alpha$。把作用在隔离体 aef 上的所有的力分别向 ef 面的外法线 n 和切线 t 方向投影，可得隔离体 aef 的平衡方程，即

$$\sum F_n = 0 \quad \sigma_\alpha dA + (\tau_x dA\cos\alpha)\sin\alpha - (\sigma_x dA\cos\alpha)\cos\alpha + (\tau_y dA\sin\alpha)\cos\alpha - (\sigma_y dA\sin\alpha)\sin\alpha = 0$$

$$\sum F_t = 0 \quad \tau_\alpha dA - (\tau_x dA\cos\alpha)\cos\alpha - (\sigma_x dA\cos\alpha)\sin\alpha + (\tau_y dA\sin\alpha)\sin\alpha + (\sigma_y dA\sin\alpha)\cos\alpha = 0$$

由切应力互等定理可知，τ_x 和 τ_y 在数值上相等。以 τ_x 代换 τ_y，代入上面两式，并利用下列三角函数关系

$$\cos^2\alpha = \frac{1+\cos2\alpha}{2}, \quad \sin^2\alpha = \frac{1-\cos2\alpha}{2}, \quad 2\sin\alpha\cos\alpha = \sin2\alpha$$

经整理后得到

$$\sigma_\alpha = \frac{\sigma_x+\sigma_y}{2} + \frac{\sigma_x-\sigma_y}{2}\cos2\alpha - \tau_x\sin2\alpha \tag{8.1}$$

$$\tau_\alpha = \frac{\sigma_x-\sigma_y}{2}\sin2\alpha + \tau_x\cos2\alpha \tag{8.2}$$

上面两式就是平面应力状态下，任一斜截面上的应力 σ_α 和 τ_α 的计算公式。

公式表明，σ_α 和 τ_α 随角 α 的改变而变化，它们都是 α 的函数。如果已知单元体互相垂直面上的应力 σ_x、σ_y 和 τ_x，就可以用上述公式计算出任一斜截面上的应力 σ_α 和 τ_α。

【例 8.1】 构件内某点的应力状态如图 8.5 所示。试求 $\alpha = -30°$ 截面上的应力。

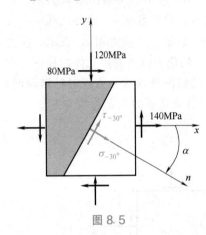

图 8.5

解： 由图示的应力状态知：$\sigma_x = 140\text{MPa}$，$\sigma_y = -120\text{MPa}$，$\tau_x = -80\text{MPa}$，将它们及角度 $\alpha = -30°$ 代入式（8.1）、式（8.2）两式，得

$$\sigma_{-30°} = \frac{140-120}{2} + \frac{140+120}{2}\times\cos(-60°) +$$
$$80\times\sin(-60°) = 5.7 \text{（MPa）}$$
$$\tau_{-30°} = \frac{140+120}{2}\times\sin(-60°) - 80\times$$
$$\cos(-60°) = -152.6\text{（MPa）}$$

按照正负号的规定，将 $\sigma_{-30°}$、$\tau_{-30°}$ 的方向示于图示应力状态中。

第三节 平面应力状态分析的图解法

一、应力圆

任何斜截面上的应力 σ_α 和 τ_α，除了可以由式（8.1）、式（8.2）求得以外，还可以利用图解法更直观地求得。观察式（8.1）、式（8.2），可以看作是以 2α 为参变量的参数方程。为消去 2α，将上述两式改写成

$$\sigma_\alpha - \frac{\sigma_x+\sigma_y}{2} = \frac{\sigma_x-\sigma_y}{2}\cos2\alpha - \tau_x\sin2\alpha$$

$$\tau_\alpha = \frac{\sigma_x-\sigma_y}{2}\sin2\alpha + \tau_x\cos2\alpha$$

将以上等式两边平方，然后相加，得

$$\left(\sigma_\alpha - \frac{\sigma_x+\sigma_y}{2}\right)^2 + \tau_\alpha^2 = \left(\frac{\sigma_x-\sigma_y}{2}\right)^2 + \tau_x^2 \tag{a}$$

将（a）式与 $x\text{-}y$ 平面内圆的方程

$$(x-a)^2 + (y-b)^2 = R^2$$

作比较，可以看出，（a）式是在 σ-τ 坐标平面内的圆方

程，圆心 C 的坐标为 $\left(\dfrac{\sigma_x+\sigma_y}{2},\ 0\right)$，半径为

$\sqrt{\left(\dfrac{\sigma_x-\sigma_y}{2}\right)^2+\tau_x^2}$，如图 8.6 所示。这个圆称为 应力圆

或摩尔圆。对于给定的二向应力状态单元体，在 σ-τ 坐
标平面内必有一确定的应力圆与其相对应。

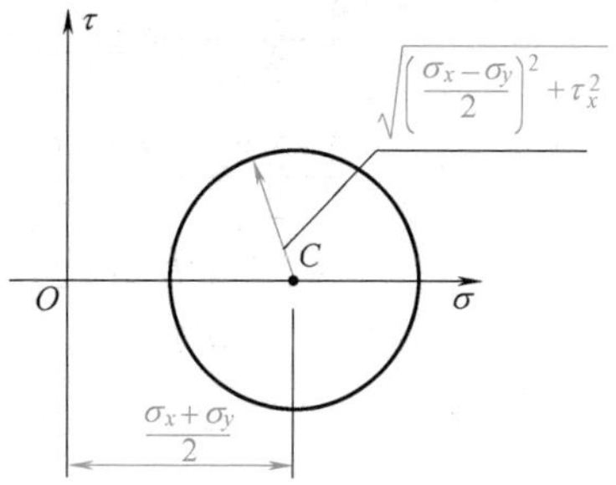

图 8.6

二、应力圆的绘制

现在以图 8.7（a）所示的单元体为例，说明由单元体上的已知应力 σ_x、τ_x 和 σ_y、τ_y，
绘制出相应应力圆的方法。

（1）如图 8.7（b）所示，在直角坐标系 σ-τ 平面内，按选好的比例尺，量取 $OA=\sigma_x$、
$AD_x=\tau_x$，确定 D_x 点。D_x 点的横坐标和纵坐标就代表单元体 x 面（以 x 为法线的面）上
的应力。量取 $OB=\sigma_y$，$BD_y=\tau_y$（注意 τ_x 和 τ_y，大小相等，符号相反），确定 D_y 点。
D_y 点的横坐标和纵坐标就代表单元体 y 面上的应力。

（2）连接 D_x、D_y，与 σ 轴交于 C 点，以 C 点为圆心，以 CD_x 或 CD_y 为半径画圆。
这个圆就是要做的应力圆。

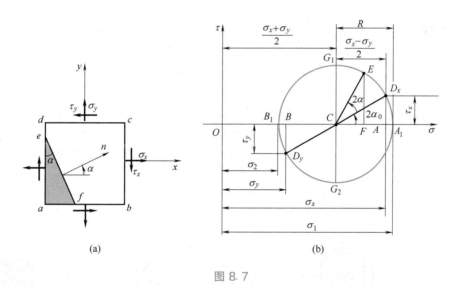

图 8.7

三、应力圆的应用

1. 利用应力圆可以求任意斜截面上的应力

如图 8.7（b）所示，由于 D_x 点的坐标为（σ_x，τ_x），因而 D_x 点代表单元体 x 面上的
应力。若求此单元体某一 α 截面上的应力 σ_α 和 τ_α，可以从应力圆的半径 CD_x 按方位角 α 的
转向转动 2α 角，得到半径 CE，圆周上的 E 点的 σ、τ 坐标

$$\sigma_E = OC + CE\cos(2\alpha+2\alpha_0) = \frac{\sigma_x+\sigma_y}{2} + CE\cos2\alpha_0\cos2\alpha - CE\sin2\alpha_0\sin2\alpha$$

$$= \frac{\sigma_x + \sigma_y}{2} + CD_x\cos2\alpha_0\cos2\alpha - CD_x\sin2\alpha_0\sin2\alpha$$

$$= \frac{\sigma_x + \sigma_y}{2} + \frac{\sigma_x - \sigma_y}{2}\cos2\alpha - \tau_x\sin2\alpha = \sigma_\alpha$$

$$\tau_E = CE\sin(2\alpha + 2\alpha_0) = CE\cos2\alpha_0\sin2\alpha + CE \cdot \sin2\alpha_0\cos2\alpha$$

$$= CD_x\cos2\alpha_0\sin2\alpha + CD_x\sin2\alpha_0\cos2\alpha$$

$$= \frac{\sigma_x - \sigma_y}{2}\sin2\alpha + \tau_x\cos2\alpha = \tau_\alpha$$

正好分别满足式（8.1）、式（8.2）两式。

综上所述，应力圆圆周上的点与单元体的斜截面之间存在着如下的一一对应关系：

（1）应力圆上一点的横坐标和纵坐标代表了单元体上相应的斜截面上的正应力和切应力（点面对应）。

（2）应力圆上两点之间的圆弧所对应的圆心角是单元体上对应的两截面之间夹角的两倍（倍角对应）。

（3）应力圆沿圆周由一点转到另一点所转动的方向与单元体上对应的两截面的外法线的转动方向一致（转向相同）。

正确掌握应力圆法的上述对应关系，是应用应力圆对构件内一点处进行应力状态分析的关键。

【例8.2】 如图8.8（a）所示，从构件内一点处取出的单元体为平面应力状态。试作应力圆，并求出指定斜截面上的应力。图中应力单位为 MPa。

解： 按照应力的符号规定，图8.8（a）所示的平面应力状态，其应力值分别为

$$\sigma_x = -45\text{MPa}, \tau_x = -30\text{MPa}; \sigma_y = 75\text{MPa}, \tau_y = 30\text{MPa}$$

（1）作应力圆 在 σ-τ 坐标系中，选取图示比例尺，由 x 面上的应力 $\sigma_x = -45\text{MPa}$，$\tau_x = -30\text{MPa}$ 确定 D_x 点；由 y 面上的应力 $\sigma_y = 75\text{MPa}$，$\tau_y = 30\text{MPa}$ 确定 D_y 点。连接 $D_x D_y$，与 σ 轴交于 C 点。以 C 点为圆心，以 CD_x 为半径作圆，就是所要作的应力圆，如图8.8（b）所示。

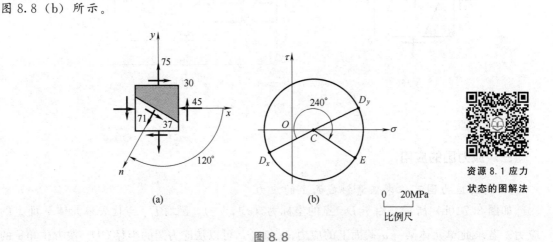

图 8.8

（2）求斜截面上的应力 如图8.8（a）所示，斜截面法线与 x 轴夹角 $\alpha = -120°$，负号表示顺时针转向。在应力圆上自 D_x 点开始沿顺时针转过 $|2\alpha| = 240°$，得到 E 点。E 点的横坐标和纵坐标就分别表示该截面上的正应力和切应力的值。按比例量得

$$\sigma_{-120°}=71\text{MPa}, \tau_{-120°}=-37\text{MPa}$$

$\sigma_{-120°}$ 为正值表明该斜截面上的正应力为拉应力；$\tau_{-120°}$ 为负值表明斜截面上的切应力绕所截取的单元体部分逆时针转动。

详细作图、确定应力数值的过程，可扫描二维码资源8.1。

2. 利用应力圆确定主应力、主平面和切应力极值

从图 8.7（b）可知，在应力圆上，A_1 和 B_1 两点的横坐标（正应力）分别为最大和最小，它们的纵坐标（切应力）都等于零。因此，这两点的横坐标分别表示平面应力状态的最大和最小正应力，即

$$\sigma_{\max}=OA_1=OC+CA_1=OC+CD_x=\frac{\sigma_x+\sigma_y}{2}+\sqrt{\left(\frac{\sigma_x-\sigma_y}{2}\right)^2+\tau_x^2} \tag{8.3}$$

$$\sigma_{\min}=OB_1=OC-CB_1=OC-CD_x=\frac{\sigma_x+\sigma_y}{2}-\sqrt{\left(\frac{\sigma_x-\sigma_y}{2}\right)^2+\tau_x^2} \tag{8.4}$$

由点面之间的对应关系可知，A_1 和 B_1 点代表的正是单元体上切应力为零的两个主平面，$\sigma_{\max}$ 和 $\sigma_{\min}$ 分别为这两个主平面上的主应力，对于图 8.7（b）所示的情形，其

$$\sigma_1=\sigma_{\max}, \sigma_2=\sigma_{\min}, \sigma_3=0$$

现在来确定主平面的位置。由于应力圆上 D_x 点和 A_1 点分别对应于单元体上的 x 面和 σ_1 所在的主平面，$\angle D_x CA_1=2\alpha_0$，为上述两平面夹角 α_0 的两倍，从 D_x 点转到 A_1 点是顺时针转向的，所以在单元体上从 x 平面转到 σ_1 所在的主平面的转角也是顺时针转向的，按照以前对 α_0 正负号的规定，此角应为负值。因此，可从应力圆上得到 $2\alpha_0$ 角的数值为

$$\tan(-2\alpha_0)=\frac{AD_x}{CA}=\frac{\tau_x}{\dfrac{\sigma_x-\sigma_y}{2}}$$

即

$$\tan(2\alpha_0)=\frac{-2\tau_x}{\sigma_x-\sigma_y} \tag{8.5}$$

由此可定出主应力 σ_1 所在的主平面位置。由于 B_1A_1 为应力圆直径，因而，另一主应力 σ_2 所在的主平面与 σ_1 所在的主平面垂直。

从图 8.7（b）的应力圆上还可以看出，G_1 点和 G_2 点的纵坐标分别为最大和最小值，它们分别代表了平面应力状态中的最大和最小切应力。因为 CG_1 和 CG_2 都是应力圆的半径，故有

$$\left.\begin{array}{l}\tau_{\max}=\sqrt{\left(\dfrac{\sigma_x-\sigma_y}{2}\right)^2+\tau_x^2}\\[3mm]\tau_{\min}=-\sqrt{\left(\dfrac{\sigma_x-\sigma_y}{2}\right)^2+\tau_x^2}\end{array}\right\} \tag{8.6}$$

在应力圆上，由点 A_1 到点 G_1 所对的圆心角为逆时针转 $90°$，即在单元体上，由 σ_1 所在主平面的法线到 $\tau_{\max}$ 所在平面的法线应为逆时针转 $45°$。

以上通过应力圆导出了式（8.3）至式（8.6），这些公式也可以根据式（8.1）、式（8.2）由解析法导出。

【例8.3】 已知平面应力状态如图8.9（a）所示，试用图解法求：① $\alpha=45°$ 斜截面上的应力；②主应力和主平面方位，并绘制出主应力单元体；③切应力极值及方位。

解： 作应力圆：在 σ-τ 坐标系中，按选定的比例尺，确定点 D_x(50，20) 和点 D_y (0，−20)。连接 D_x、D_y 两点，与 σ 轴交于 C 点。以 C 点为圆心，以 CD_x 为半径作圆，如图 8.9（b）所示。

（1）求 $\alpha=45°$ 斜截面上的应力　由应力圆上 D_x 点沿圆周逆时针转到 D_α 点，使得 $D_x D_\alpha$ 弧所对圆心角为 $2\alpha=90°$。量取 D_α 点的横、纵坐标得 $\sigma_{45°}=5\text{MPa}$，$\tau_{45°}=25\text{MPa}$。按正负号规定，绘制于图 8.9（b）中。

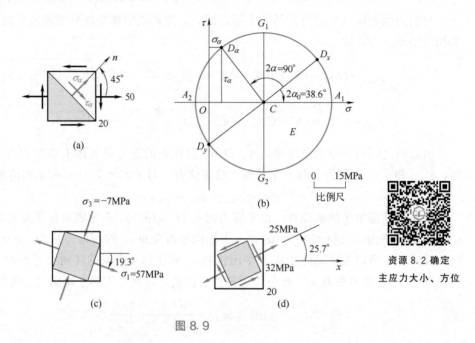

图 8.9

（2）求主应力和主平面方位　在应力圆上量取 A_1 和 A_2 两点的横坐标的 $\sigma_{\max}=57\text{MPa}$，$\sigma_{\min}=-7\text{MPa}$，故图示平面应力状态的三个主应力分别为

$$\sigma_1=57\text{MPa}，\sigma_2=0，\sigma_3=-7\text{MPa}$$

在应力圆上，由 D_x 到 A_1 的 $D_x A_1$ 段圆弧所对的圆心角，量得为 $2\alpha_0=-38.6°$，所以主应力 σ_1 所在的主平面方位角为 $\alpha_0=-19.3°$，主应力 σ_3 所在的主平面与 σ_1 所在的主平面垂直，主应力单元体如图 8.9（c）所示。

（3）求切应力极值及方位　切应力极大值对应于应力圆上 G_1 点，量得 $\tau_{\max}=32\text{MPa}$，由于 $\angle G_1 C A_1=90°$，所以 $\tau_{\max}$ 所在平面与 σ_1 所在主平面夹角为 $45°$；或以 x 平面为基准面，应力圆上 $D_x G_1$ 圆弧所对圆心角 $2\alpha_1=90°-2\alpha_0$，即 $\alpha_1=25.7°$，则 $\tau_{\max}$ 所在平面方位，如图 8.9（d）所示。

详细作图、确定应力数值的过程，可扫描二维码资源 8.2。

第四节　空间应力状态

一、概述

如果受力构件内一点处的三个主应力都不等于零，这种状态称为三向应力状态，即空间应力状态。在实际工程中，常会遇到这样的问题，例如在地基的一定深处取一单元体，如图 8.10 所示。在该单元体的上、下平面上有因重力引起的应力，而由于周围岩土的包围，侧向变形受到约束，故单元体的四个侧面上均受到侧向压力作用，因而处于三向应力状态。

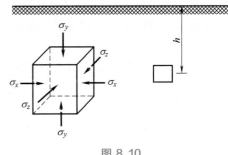

图 8.10

本部分只对三向应力状态作简单分析，其目的在于找出受力构件内一点处的最大正应力和最大切应力。只有通过对三向应力状态的分析，才能对单元体上正应力和切应力的最大值有更全面的认识，同时其结论将用于建立复杂应力状态的强度条件。

二、三向应力状态的应力圆

设受力构件内某一点处于三向应力状态，按三个主平面方位取出的单元体如图 8.11 (a) 所示，已知三个主应力 $\sigma_1 > \sigma_2 > \sigma_3$，现在需求任意斜截面上的应力，以及该点处的最大正应力和最大切应力。

为了研究方便，先求与任一主应力（如 σ_3）相平行的各斜截面上的应力。为此，沿该斜截面将单元体截分为二，并研究其左边部分的平衡，如图 8.11 (b) 所示。由于主应力 σ_3 所在的两平面上是一对自相平衡的力，因而该斜截面上的应力 σ、τ 与 σ_3 无关，只由主应力 σ_1 和 σ_2 来决定。于是该截面上的应力可由 σ_1 和 σ_2 作出的应力圆上的点来表示，而该圆上的最大和最小正应力分别为 σ_1 和 σ_2。同理，在与 σ_2（或 σ_1）平行的斜截面上的应力 σ、τ 可由 σ_1、σ_3（或 σ_2、σ_3）作出的应力圆上的点来表示。将上述三种情况的应力圆绘制于同一坐标系中，这三个应力圆合称为三向应力状态的应力圆，如图 8.11 (c) 所示。进一步研究证明，图 8.11 (a) 中所示的与三个主应力都不平行的任意截面 abc 上的应力 σ 和 τ，可用图 8.11 (c) 所示的上述三个应力圆所围成的阴影部分的相应点 D 来表示。由此可见，在 σ-τ 直角坐标系中，代表单元体任意斜截面上应力的点，必在三个圆的圆周上及由它们所围成的阴影范围以内。

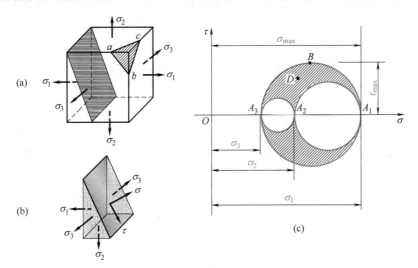

图 8.11

根据以上分析，在图 8.11（a）所示的三向应力状态下，由图 8.11（c）所示的三向应力圆可知，该点的最大正应力等于最大应力圆上 A_1 点的横坐标 σ_1，即

$$\sigma_{\max} = \sigma_1 \tag{8.7}$$

而最大切应力等于最大应力圆上 B 点的纵坐标，也就是最大应力圆的半径，即

$$\tau_{\max} = \frac{1}{2}(\sigma_1 - \sigma_3) \tag{8.8}$$

由 B 点的位置还可以得知，最大切应力所在的平面与 σ_2 所在的平面垂直，并与 σ_1 和 σ_3 所在的主平面各呈 45°角。

以上两公式同样适用于平面应力状态（其中有一个主应力等于零）或单向应力状态（其中有两个主应力等于零），只需将具体问题中的主应力求出，并按代数值 $\sigma_1 \geqslant \sigma_2 \geqslant \sigma_3$ 的顺序排列即可。

第五节　广义胡克定律

在研究轴向拉伸和压缩时，根据试验结果得出在线弹性范围内，单向应力状态下应力与应变的关系满足胡克定律，即

$$\sigma = E\varepsilon \quad \text{或} \quad \varepsilon = \frac{\sigma}{E} \tag{a}$$

此外，轴向线应变 ε 与横向线应变 ε' 的关系为

$$\varepsilon' = -\mu\varepsilon = -\mu\frac{\sigma}{E} \tag{b}$$

上述（a）式、（b）式中，E 为弹性模量，μ 为泊松比。

现在来研究复杂应力状态下的应力和应变之间的关系。对于各向同性材料，当变形很小且在线弹性范围内时，可以应用叠加原理建立应力和应变之间的关系。对于如图 8.12（a）所示的三向应力状态，可以看作图 8.12（b）、（c）、（d）三个单向应力状态的叠加。这样，在每一个单元体上只作用着一个主应力，就可以根据（a）式、（b）式分别求出在每一个主应力单独作用下的、沿三个主应力方向的线应变，然后将同方向的线应变叠加起来，就可以得到三个主应力共同作用下的线应变。例如，欲求沿 σ_1 方向的线应变 ε_1，可分解成如图 8.12（b）、（c）、（d）所示单元体，在 σ_1、σ_2、σ_3 的单独作用下，沿 σ_1 方向的线应变分别为

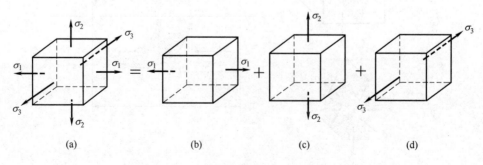

图 8.12

$$\varepsilon'_1=\frac{\sigma_1}{E},\ \varepsilon''_1=-\mu\frac{\sigma_2}{E},\ \varepsilon'''_1=-\mu\frac{\sigma_3}{E}$$

从而，在三个主应力共同作用下，沿 σ_1 方向的线应变应为

$$\varepsilon_1=\varepsilon'_1+\varepsilon''_1+\varepsilon'''_1=\frac{\sigma_1}{E}-\mu\frac{\sigma_2}{E}-\mu\frac{\sigma_3}{E}=\frac{1}{E}\left[\sigma_1-\mu(\sigma_2+\sigma_3)\right]$$

按照同样的方法，可以求得单元体沿 σ_2 和 σ_3 方向上的线应变。于是，三向应力状态下的应力与应变的关系可表示为

$$\left.\begin{aligned}\varepsilon_1&=\frac{1}{E}\left[\sigma_1-\mu(\sigma_2+\sigma_3)\right]\\[2mm]\varepsilon_2&=\frac{1}{E}\left[\sigma_2-\mu(\sigma_1+\sigma_3)\right]\\[2mm]\varepsilon_3&=\frac{1}{E}\left[\sigma_3-\mu(\sigma_1+\sigma_2)\right]\end{aligned}\right\} \tag{8.9}$$

式（8.9）称为用主应力表示的广义胡克定律。ε_1、ε_2、ε_3 分别与主应力相对应，称为主应变。它们之间按代数值排列也有 $\varepsilon_1\geqslant\varepsilon_2\geqslant\varepsilon_3$ 的关系，且 ε_1 是该点处的最大线应变。

如果三个主应力中有一个为零（例如 $\sigma_3=0$），则图 8.12 所示的单元体就成为二向应力状态，由式（8.9）可得

$$\left.\begin{aligned}\varepsilon_1&=\frac{1}{E}(\sigma_1-\mu\sigma_2)\\[2mm]\varepsilon_2&=\frac{1}{E}(\sigma_2-\mu\sigma_1)\\[2mm]\varepsilon_3&=-\frac{\mu}{E}(\sigma_1+\sigma_2)\end{aligned}\right\} \tag{8.10}$$

可以证明，对于各向同性材料，在线弹性小变形的条件下，线应变只与正应力有关，而与切应力无关；切应变只与切应力有关，而与正应力无关。据此，当单元体各个面上既有正应力，又有切应力时，如图 8.13 所示，则正应力 σ_x、σ_y、σ_z 与沿其相应方向的线应变（即正应变）ε_x、ε_y、ε_z 之间存在着如同式（8.9）的关系，即

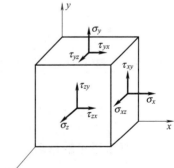

图 8.13

$$\left.\begin{aligned}\varepsilon_x&=\frac{1}{E}\left[\sigma_x-\mu(\sigma_y+\sigma_z)\right]\\[2mm]\varepsilon_y&=\frac{1}{E}\left[\sigma_y-\mu(\sigma_x+\sigma_z)\right]\\[2mm]\varepsilon_z&=\frac{1}{E}\left[\sigma_z-\mu(\sigma_x+\sigma_y)\right]\end{aligned}\right\} \tag{8.11}$$

而切应变 γ 与切应力 τ 之间的关系，可由剪切胡克定律得到，即

$$\left.\begin{aligned}\gamma_{xy}&=\frac{\tau_{xy}}{G}\\[2mm]\gamma_{yz}&=\frac{\tau_{yz}}{G}\\[2mm]\gamma_{zx}&=\frac{\tau_{zx}}{G}\end{aligned}\right\} \tag{8.12}$$

式（8.11）、式（8.12）称为用应力分量表示的广义胡克定律。

【例8.4】 有一边长 $a＝200\text{mm}$ 的正方体混凝土试块，无空隙地放在刚性凹座里，如图8.14所示。上面受压力 $F＝300\text{kN}$ 作用。已知混凝土的泊松比 $\mu＝\dfrac{1}{6}$，试求凹座壁上所受的压力。

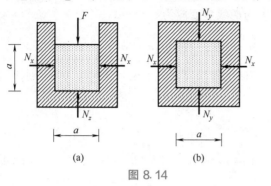

图8.14

解： 混凝土块在 z 方向受轴向压力 F 的作用后，由于刚性凹座的存在，x、y 方向的横向变形将不能发生。于是，在混凝土块与槽壁间将产生压应力 σ_x 和 σ_y。其变形条件是

$$\varepsilon_x＝\varepsilon_y＝0 \tag{a}$$

将广义胡克定律式（8.11）代入（a）式，可得

$$\left.\begin{array}{l}\varepsilon_x＝\dfrac{1}{E}[\sigma_x-\mu(\sigma_y+\sigma_z)]＝0\\[2mm]\varepsilon_y＝\dfrac{1}{E}[\sigma_y-\mu(\sigma_x+\sigma_z)]＝0\end{array}\right\} \tag{b}$$

（b）式中

$$\sigma_x＝\frac{N_x}{a^2},\ \sigma_y＝\frac{N_y}{a^2},\ \sigma_z＝\frac{F}{a^2}$$

从而可以解得

$$\sigma_x＝\sigma_y＝\frac{\mu}{1-\mu}\sigma_z＝\frac{\dfrac{1}{6}}{1-\dfrac{1}{6}}\times\left(-\frac{300\times10^3\,\text{N}}{200^2\times10^{-6}\,\text{m}^2}\right)＝-1.5\,\text{MPa（压）}$$

则凹壁上所受的压力为

$$N_x＝N_y＝\sigma_x a^2＝-1.5\times10^6\,\text{Pa}\times200^2\times10^{-6}\,\text{m}^2＝-60\,\text{kN（压）}$$

第六节　常用的强度理论及其应用

一、强度理论的概念

杆件的强度问题是材料力学研究的主要问题之一，而解决强度问题的关键在于建立强度条件。前面已经分别建立了各种基本变形的强度条件。在进行构件强度计算时，总是先计算构件横截面上危险点处的最大正应力 $\sigma_{\max}$ 或最大切应力 $\tau_{\max}$，然后从两个方面建立横截面的强度条件，即

$$\sigma_{\max}\leqslant[\sigma]\quad 或\quad \tau_{\max}\leqslant[\sigma]$$

而材料的拉（压）许用应力和剪切许用应力，是先通过拉伸（压缩）或纯剪切试验，测定试件在破坏时横截面上的应力，以此应力作为极限应力，然后除以适当的安全系数得到的。在以这种方法进行的强度计算中，并没有考虑材料的破坏是由什么原因引起的。对于轴

向拉伸（压缩）、圆轴扭转、弯曲变形等，其危险点或处于单向应力状态，或处于纯剪切状态，也就是说，危险点所在的横截面上只有正应力或只有切应力，而且是最大的正应力 σ_{max} 或最大的切应力 τ_{max}。因此，像这种不考虑材料的破坏是由什么因素引起的，而直接根据试验结果建立强度条件的方法，只对危险点是单向应力状态或纯剪切状态的特殊情况可行，而对复杂应力状态是不适用的。

经过长期的试验研究表明，尽管应力状态各种各样，材料的破坏现象各有不同，但材料的破坏形式却有规律，并可以划分成两个类型：一类是有着显著塑性变形的破坏。例如低碳钢试件拉伸屈服时，沿轴线呈 45°方向出现的塑性滑移，扭转时沿纵、横两个方向的剪切滑移等，都产生了显著的、不可恢复的塑性变形。此时，构件已不能满足使用要求，失去了正常承载能力，故把这种情况作为材料破坏的一种形式，称为塑性屈服破坏。另一类是没有明显塑性变形的破坏，如铸铁试件拉伸时沿横截面断裂，扭转时沿与轴线呈 45°的螺旋面断裂，这种破坏称为脆性断裂破坏。

以上例子说明，破坏形式不仅与材料有关，而且还与应力状态有关。尽管破坏现象比较复杂，但经过归纳，强度不足引起的破坏形式主要还是塑性屈服和脆性断裂两种类型。那么，引起某种类型破坏的因素是否相同呢？为此，人们对引起材料破坏的因素提出了各种假说。各类假说认为，材料之所以按照某种方式破坏，是应力、应变或变形能中某一因素引起的，这种推测引起材料破坏因素的假说就称为强度理论。按照各类假说，无论是简单应力状态或复杂应力状态，材料的某一相同类型的破坏是由某种共同因素引起的。这样，就可以由单向应力状态的试验结果来建立复杂应力状态下的强度条件。

二、常用的四个强度理论

材料破坏分为塑性屈服和脆性断裂两种类型。因此，强度理论也就相应地分为两类：一类是用来解释脆性断裂破坏原因的，其中包括最大拉应力理论和最大伸长线应变理论；另一类是用来解释塑性屈服破坏原因的，其中包括最大切应力理论和形状改变能密度理论。现在分别介绍如下：

（1）最大拉应力理论（第一强度理论）　这一理论认为最大拉应力是引起材料断裂的主要因素，即认为无论是什么应力状态，只要最大拉应力 σ_1 达到某一极限值时，材料就发生断裂。这一极限值即该种材料在轴向拉伸试验时测得的强度极限 σ_b。故材料的断裂破坏条件为

$$\sigma_1 = \sigma_b$$

将极限应力 σ_b 除以安全系数得到许用应力 $[\sigma]$，所以按照第一强度理论建立的强度条件是

$$\sigma_1 \leqslant [\sigma] \tag{8.13}$$

实践证明，这一理论对于脆性材料，如铸铁、砖石等受拉或受扭时较为适用。这一理论没有考虑其他两个主应力 σ_2、σ_3 的影响，且对没有拉应力的状态（如单向压缩、三向压缩等）也无法应用。

（2）最大伸长线应变理论（第二强度理论）　这一理论认为最大伸长线应变是引起材料断裂的主要因素，即认为无论什么应力状态，只要最大伸长线应变 ε_1 达到材料单向拉伸断裂时伸长线应变的极限值 ε_u 时，材料即发生断裂破坏。其破坏条件为

$$\varepsilon_1 = \varepsilon_u$$

对于砖石、混凝土等脆性材料，从受力直到断裂，其应力应变关系可以认为基本符合胡克定

律，所以

$$\varepsilon_1 = \frac{1}{E}[\sigma_1 - \mu(\sigma_2 + \sigma_3)]$$

$$\varepsilon_u = \frac{\sigma_u}{E} = \frac{\sigma_b}{E}$$

代入得到用应力表示的破坏条件

$$\sigma_1 - \mu(\sigma_2 + \sigma_3) = \sigma_b$$

将 σ_b 除以安全系数得到许用应力 $[\sigma]$，于是按照第二强度理论建立的强度条件是

$$\sigma_1 - \mu(\sigma_2 + \sigma_3) \leqslant [\sigma] \tag{8.14}$$

第二强度理论除考虑了最大拉应力 σ_1 外，还考虑了 σ_2、σ_3 的影响，但仅对脆性材料在轴向压缩和二向（一拉一压，且压应力数值超过拉应力）应力状态下适用，其他情况均不适用，所以这一理论目前很少使用。

（3）最大切应力理论（第三强度理论）　这一理论认为最大切应力是引起材料屈服的主要因素，即认为无论什么应力状态，只要最大切应力 τ_{max} 达到材料在单向应力状态下屈服时的极限值 τ_u，材料就发生屈服破坏。单向拉伸下，当横截面上的正应力达到屈服极限 σ_s 时，与轴线呈 $45°$ 的斜截面上的切应力达到了材料的极限值，且根据前述的应力状态分析，有

$$\tau_u = \frac{\sigma_s}{2}$$

所以，按照这一强度理论的观点，屈服破坏条件是

$$\tau_{max} = \tau_u = \frac{\sigma_s}{2}$$

而材料在复杂应力状态下的最大切应力为

$$\tau_{max} = \frac{\sigma_1 - \sigma_3}{2}$$

这样就得到以主应力表示的屈服破坏条件为

$$\sigma_1 - \sigma_3 = \sigma_s$$

将 σ_s 除以安全系数得到许用应力 $[\sigma]$，得到按照第三强度理论建立的强度条件为

$$\sigma_1 - \sigma_3 \leqslant [\sigma] \tag{8.15}$$

最大切应力理论较为满意地解释了塑性材料的屈服现象，但其缺点是没有考虑中间主应力 σ_2 的影响，而略去这种影响所造成的误差最大可达 15%。

（4）形状改变能密度理论（第四强度理论）　这一理论认为形状改变能密度（是指由于形状改变在材料单位体积内所储存的一种弹性变形能）是引起材料屈服的主要因素，即认为无论什么应力状态，只要形状改变能密度 v_d 达到材料在单向拉伸屈服时的极限值 $\frac{1+\mu}{6E}(2\sigma_s^2)$，材料就发生屈服破坏。于是，发生屈服破坏的条件是

$$v_d = \frac{1+\mu}{6E}(2\sigma_s^2)$$

而在复杂应力状态下，可以证明形状改变能密度的表达式为

$$v_d = \frac{1+\mu}{6E}[(\sigma_1 - \sigma_2)^2 + (\sigma_2 - \sigma_3)^2 + (\sigma_1 - \sigma_3)^2]$$

这样，破坏条件就可改写成

$$\sqrt{\frac{1}{2}\left[(\sigma_1-\sigma_2)^2+(\sigma_2-\sigma_3)^2+(\sigma_1-\sigma_3)^2\right]}=\sigma_s$$

引入安全系数后，就得到按照第四强度理论建立的强度条件

$$\sqrt{\frac{1}{2}\left[(\sigma_1-\sigma_2)^2+(\sigma_2-\sigma_3)^2+(\sigma_1-\sigma_3)^2\right]}\leqslant[\sigma] \tag{8.16}$$

这一理论综合考虑了应力、应变影响的变形能来研究材料强度，对于塑性材料，这一理论比第三强度理论更符合试验结果，故在工程中得到广泛的应用。

综合式（8.13）、式（8.14）、式（8.15）、式（8.16），可以把四个强度理论的强度条件写成以下统一形式：

$$\sigma_r\leqslant[\sigma] \tag{8.17}$$

式中，σ_r 是按照不同强度理论得出的危险点处三个主应力的组合，通常称为相当应力；$[\sigma]$ 为轴向拉伸时材料的许用应力。按照从第一强度理论到第四强度理论的顺序，相当应力分别是

$$\sigma_{r1}=\sigma_1 ; \sigma_{r2}=\sigma_1-\mu(\sigma_2+\sigma_3) ; \sigma_{r3}=\sigma_1-\sigma_3$$

$$\sigma_{r4}=\sqrt{\frac{1}{2}\left[(\sigma_1-\sigma_2)^2+(\sigma_2-\sigma_3)^2+(\sigma_1-\sigma_3)^2\right]}$$

在实际工程中对某些杆件进行强度计算时，常会遇到如图 8.15 所示的平面应力状态，将 $\sigma_x=\sigma$，$\sigma_y=0$，$\tau_x=\tau$ 代入式（8.3）、式（8.4），可以得到这种应力状态下的三个主应力为

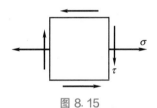

图 8.15

$$\sigma_1=\frac{\sigma}{2}+\sqrt{\left(\frac{\sigma}{2}\right)^2+\tau^2} , \sigma_2=0 , \sigma_3=\frac{\sigma}{2}-\sqrt{\left(\frac{\sigma}{2}\right)^2+\tau^2}$$

再将这三个主应力代入式（8.15）、式（8.16），可以得到这种应力状态下用 σ 和 τ 表示的第三和第四强度理论的强度条件为

$$\sigma_{r3}=\sqrt{\sigma^2+4\tau^2}\leqslant[\sigma] \tag{8.18}$$

$$\sigma_{r4}=\sqrt{\sigma^2+3\tau^2}\leqslant[\sigma] \tag{8.19}$$

三、各种强度理论的适用范围和应用举例

以上介绍了四种常用的强度理论。对于脆性材料，如铸铁、石料、混凝土、玻璃等，通常以脆性断裂的形式破坏，宜采用第一和第二强度理论；对于塑性材料，如低碳钢、铜、铝等，通常以塑性屈服的形式破坏，宜采用第三和第四强度理论。无论是塑性材料还是脆性材料，在三向拉应力大小接近的情况下，都将以脆性断裂的形式破坏，宜采用第一强度理论；在三向压应力大小接近的情况下，都将以塑性屈服的形式破坏，宜采用第三或第四强度理论。

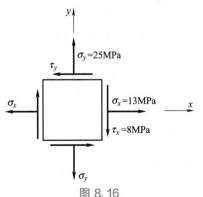

图 8.16

【例 8.5】 铸铁构件上危险点处的应力状态如图 8.16 所示，若已知铸铁的许用拉应力 $[\sigma_t]=30\text{MPa}$，试校核其强度。

解：图 8.16 所示单元体为二向应力状态，其主应力可由式（8.3）、式（8.4）求出

$$\sigma_{\max}=\frac{\sigma_x+\sigma_y}{2}+\sqrt{\left(\frac{\sigma_x-\sigma_y}{2}\right)^2+\tau_x^2}=\frac{13+25}{2}+\sqrt{\left(\frac{13-25}{2}\right)^2+8^2}=19+10=29(\text{MPa})$$

$$\sigma_{\min}=\frac{\sigma_x+\sigma_y}{2}-\sqrt{\left(\frac{\sigma_x-\sigma_y}{2}\right)^2+\tau_x^2}=\frac{13+25}{2}-\sqrt{\left(\frac{13-25}{2}\right)^2+8^2}=19-10=9(\text{MPa})$$

故单元体的主应力为

$$\sigma_1=29\text{MPa},\quad \sigma_2=9\text{MPa},\quad \sigma_3=0$$

铸铁构件危险点处为二向拉伸应力状态，按照第一强度理论校核其强度为

$$\sigma_{r1}=\sigma_1=29\text{MPa}<[\sigma_t]=30\text{MPa}$$

满足强度要求。

第七节 应用分析

【**例 8.6**】 对图 8.17（a）所示单元体，试用解析法求解：（1）主应力与主方向，以及面内的切应力极值；（2）在单元体上画出主平面、主应力和切应力极值及其作用面。图中单位为 MPa。

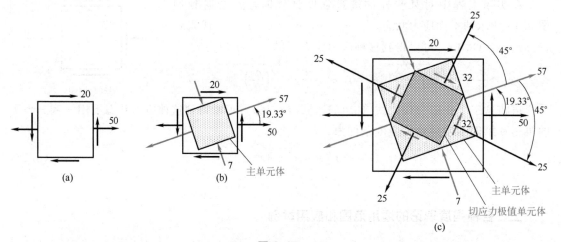

图 8.17

解：（1）首先计算最大和最小正应力

$$\sigma_{\max}=\frac{\sigma_x+\sigma_y}{2}+\sqrt{\left(\frac{\sigma_x-\sigma_y}{2}\right)^2+\tau_x^2}=\frac{50}{2}+\sqrt{\left(\frac{50}{2}\right)^2+20^2}=25+32=57(\text{MPa})$$

$$\sigma_{\min}=\frac{\sigma_x+\sigma_y}{2}-\sqrt{\left(\frac{\sigma_x-\sigma_y}{2}\right)^2+\tau_x^2}=\frac{50}{2}-\sqrt{\left(\frac{50}{2}\right)^2+20^2}=25-32=-7(\text{MPa})$$

所以，主应力为：$\sigma_1=57\text{MPa}$，$\sigma_2=0$，$\sigma_3=-7\text{MPa}$

主方向：$\alpha_0=\dfrac{1}{2}\arctan\left(\dfrac{-2\tau_x}{\sigma_x-\sigma_y}\right)=\dfrac{1}{2}\arctan\dfrac{-2\times(-20)}{50-0}=\dfrac{1}{2}\arctan0.8=19.33°$

面内的剪应力极值 $\tau_{\max}=\sqrt{\left(\dfrac{\sigma_x-\sigma_y}{2}\right)^2+\tau_x^2}=\sqrt{\left(\dfrac{50}{2}\right)^2+20^2}=32\text{MPa}$

（2）主应力、主平面见图 8.17（b）。在单元体上画出主平面、主应力和切应力极值及其作用面见图 8.17（c）。

【例 8.7】 工字形截面简支梁如图 8.18（a）、（b）所示，梁由三块钢板焊接而成，梁材料的 $[\sigma]=170\text{MPa}$，$[\tau]=100\text{MPa}$，试：（1）校核该梁的正应力强度；（2）校核该梁的切应力强度；（3）按第四强度理论校核梁横截面翼缘和腹板相交处 a 点的强度。

解： 计算支座反力，并画出梁的剪力图和弯矩图，如图 8.18（c）、（d）所示。可以看出 $C_{左}$ 和 $D_{右}$ 截面上的剪力和弯矩都最大，故它们都是危险截面。现以 $C_{左}$ 截面为例进行强度校核。该截面上的内力为

$$V_{max}=200\text{kN}, M_{max}=84\text{kN}\cdot\text{m}$$

计算梁截面的有关几何性质：

$$I_z=\frac{120\times280^3}{12}\times10^{-12}-\frac{(120-8.5)\times(280-14\times2)^3}{12}\times10^{-12}=70.8\times10^{-6}(\text{m}^4)$$

$$W_z=\frac{I_z}{y_{max}}=\frac{70.8\times10^{-6}\text{m}^4}{(280/2)\times10^{-3}\text{m}}=5.06\times10^{-4}\text{m}^3$$

$$S_{z\,max}^{*}=\left[120\times14\times\left(\frac{280}{2}-\frac{14}{2}\right)+8.5\times\frac{1}{2}\times(280-14\times2)\times\frac{1}{4}\times(280-14\times2)\right]\times10^{-9}$$

$$=2.91\times10^{-4}(\text{m}^3)$$

$$S_{za}^{*}=120\times14\times\left(\frac{280}{2}-\frac{14}{2}\right)\times10^{-9}=2.23\times10^{-4}(\text{m}^3)$$

（1）校核该梁的最大正应力

$$\sigma_{max}=\frac{M_{max}}{W_z}=\frac{84\times10^3\text{N}\cdot\text{m}}{5.06\times10^{-4}\text{m}^3}=166\text{MPa}<[\sigma]=170\text{MPa}$$

故正应力满足强度要求。

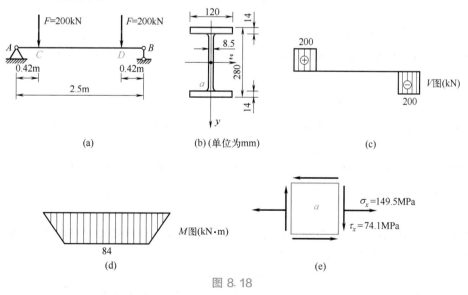

(a)　　(b)（单位为mm）　　(c)

(d)　　(e)

图 8.18

（2）校核该梁的最大切应力

$$\tau_{max}=\frac{V_{max}S_{z\,max}^{*}}{I_z b}=\frac{200\times10^3\text{N}\times2.91\times10^{-4}\text{m}^3}{70.8\times10^{-6}\text{m}^4\times8.5\times10^{-3}\text{m}}=96.7\text{MPa}<[\tau]=100\text{MPa}$$

故切应力也满足强度要求。

（3）校核 a 点处的主应力

由上述计算结果知道，梁在危险截面上的最大正应力和最大切应力都是满足强度要求的。但是，在同一截面的 a 点处，σ_a 和 τ_a 虽然都不是最大，却同时都比较大，所以处于复杂应力状态的 a 点，有可能成为危险点，故应根据强度理论对其进行强度校核。

危险截面 $C_{左}$ 上 a 点处的正应力和切应力分别为

$$\sigma_a = \frac{M_{\max}}{I_z}y_a = \frac{84\times10^3\,\text{N}\cdot\text{m}}{70.8\times10^{-6}\,\text{m}^4}\times(140-14)\times10^{-3}\,\text{m} = 149.5\,\text{MPa}$$

$$\tau_a = \frac{V_{\max}S_{za}^*}{I_z b} = \frac{200\times10^3\,\text{N}\times2.23\times10^{-4}\,\text{m}^3}{70.8\times10^{-6}\,\text{m}^4\times8.5\times10^{-3}\,\text{m}} = 74.1\,\text{MPa}$$

a 点处单元体各个面上的应力，如图 8.18（e）所示：

$$\sigma_x = \sigma_a = 149.5\,\text{MPa},\ \sigma_y = 0,\ \tau_x = \tau_a = 74.1\,\text{MPa}$$

由于钢梁是塑性材料，在工程设计中一般选用第四强度理论进行校核，直接运用式（8.19）计算

$$\sigma_{r4} = \sqrt{\sigma_a^2 + 3\tau_a^2} = \sqrt{149.5^2 + 3\times74.1^2} = 197\,\text{MPa} > [\sigma] = 170\,\text{MPa}$$

从计算结果可知，a 点的应力状态是不满足第四强度理论的要求的。

【例 8.8】 如图 8.19（a）所示的圆筒形容器，平均直径为 D，壁厚为 t，且 $t/D \leqslant 1/20$，承受内压的压强为 p。试求筒壁上 K 点的主应力。

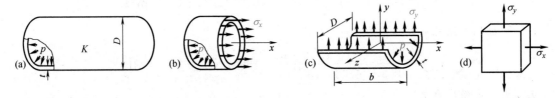

图 8.19

解： 通常规定 $t/D \leqslant 1/20$ 的圆筒为薄壁圆筒，可近似认为截面上的应力沿壁厚是均匀分布的。假设用横截面从容器中截取图 8.19（b）所示的隔离体。由平衡方程 $\sum F_x = 0$，得

$$\sigma_x \pi D t = p\,\frac{\pi D^2}{4} \tag{a}$$

式中，$p\dfrac{\pi D^2}{4}$ 为内压力在 x 轴向的投影值，可以证明该投影值等于压强 p 与端部曲面在垂直于 x 轴方向上投影面积 $\dfrac{\pi D^2}{4}$ 的乘积，由式（a），得沿 x 方向的正应力为

$$\sigma_x = \frac{pD}{4t} \tag{8.20}$$

再由相距为 b 的两个横截面和一个通过 x 轴的纵向平面，从容器中截取图 8.19（c）所示的隔离体。由平衡方程 $\sum F_y = 0$，得

$$2\sigma_y b t = p b D \tag{b}$$

式中，pbD 为内压力在 y 轴方向的投影值，其中 bD 为半圆柱面在垂直于 y 轴方向上的投影面积，由式（b），得沿 y 方向的正应力为

$$\sigma_y = \frac{pD}{2t} \tag{8.21}$$

显然，垂直于容器内壁的压应力为 p，即 $\sigma_z=-p$。因为 $D\gg t$，从式（8.20）和式（8.21）可知，σ_x 和 σ_y 远大于 σ_z，因此，σ_z 可忽略不计，K 点可看成处于平面应力状态，其单元体如图 8.19（d）所示。所以，K 点处的正应力为

$$\sigma_1=\sigma_y=\frac{pD}{2t},\ \sigma_2=\sigma_x=\frac{pD}{4t},\ \sigma_3=0 \tag{8.22}$$

【例 8.9】 如图 8.20（a），有一受纯扭的圆杆，在 30kN·m 的扭转力偶矩作用下屈服。若同样的圆杆受到 18kN·m 扭转力偶矩作用的同时受到弯曲力偶矩的作用，如图 8.21（a），试按第三、第四强度理论确定屈服时的 M 值。

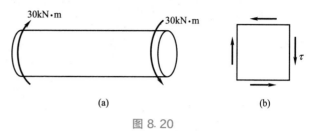

图 8.20

解：（1）圆杆受纯扭时，任一截面边缘上的点均为危险点，其应力状态如图 8.20（b）所示。

其主应力为：$\sigma_1=\tau=\dfrac{30}{\dfrac{\pi d^3}{16}}=\dfrac{480}{\pi d^3}$，$\sigma_2=0$，$\sigma_3=-\tau=-\dfrac{480}{\pi d^3}$

其相当应力

$$\sigma_{r3}=\sigma_1-\sigma_3=\frac{960}{\pi d^3} \tag{a}$$

$$\sigma_{r4}=\sqrt{\frac{1}{2}\big[(\sigma_1-\sigma_2)^2+(\sigma_1-\sigma_3)^2+(\sigma_2-\sigma_3)^2\big]}=\sqrt{\frac{1}{2}\left[\left(\frac{480}{\pi d^3}\right)^2+\left(\frac{960}{\pi d^3}\right)^2+\left(\frac{480}{\pi d^3}\right)^2\right]}=\frac{480\sqrt{3}}{\pi d^3} \tag{b}$$

（2）圆杆同时承受扭转和弯曲时，危险点为任一截面的下边缘（或上边缘），其应力状态如图 8.21（b）所示。

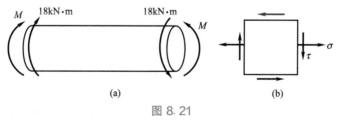

图 8.21

其相当应力

$$\sigma_{r3}=\sqrt{\sigma^2+4\tau^2}=\sqrt{\left(\frac{M}{W_z}\right)^2+4\left(\frac{T}{W_t}\right)^2}=\sqrt{\left(\frac{M}{W_z}\right)^2+4\left(\frac{T}{2W_z}\right)^2}$$

$$=\frac{\sqrt{M^2+T^2}}{W_z}=\frac{32\sqrt{M^2+18^2}}{\pi d^3} \tag{c}$$

$$\sigma_{r4}=\sqrt{\sigma^2+3\tau^2}=\sqrt{\left(\frac{M}{W_z}\right)^2+3\left(\frac{T}{W_t}\right)^2}=\sqrt{\left(\frac{M}{W_z}\right)^2+3\left(\frac{T}{2W_z}\right)^2}$$

$$=\frac{\sqrt{M^2+0.75T^2}}{W_z}=\frac{32\sqrt{M^2+0.75\times18^2}}{\pi d^3} \tag{d}$$

由式（a）和式（c）相等，即 $\dfrac{960}{\pi d^3}=\dfrac{32\sqrt{M^2+18^2}}{\pi d^3}$，得按第三强度理论屈服时的弯矩：

$$M=\sqrt{\left(\dfrac{960}{32}\right)^2-18^2}=\sqrt{30^2-18^2}=24(\text{kN}\cdot\text{m})$$

由式（b）和式（d）相等，即 $\dfrac{480\sqrt{3}}{\pi d^3}=\dfrac{32\sqrt{M^2+0.75\times18^2}}{\pi d^3}$ 得按第四强度理论屈服时的弯矩：

$$M=\sqrt{\dfrac{480^2\times3}{32^2}-0.75\times18^2}=20.78(\text{kN}\cdot\text{m})$$

【讨论】 通过【例 8.9】，体会强度理论的含义：无论何种应力状态（纯扭、弯扭等），其承载能力可由相应强度理论的相当应力来衡量。

 小结

应力状态的概念和理论是解释材料破坏现象和建立强度条件的基础。一点的应力状态是指通过构件内一点各方向截面上应力的集合，可以用围绕该点所截取的单元体来表达，当单元体上的应力已知时，就可以求得任一斜截面上的应力。因此，研究某点应力状态的关键就是围绕该点截取其面上应力均已知的单元体。对于杆件而言，首先应取单元体的一对平行平面为横截面，其他两对平行平面与其正交且可求。

（1）平面应力状态分析有解析法和图解法。任一斜截面上的应力 σ_α 和 τ_α 的计算公式：

$$\sigma_\alpha=\dfrac{\sigma_x+\sigma_y}{2}+\dfrac{\sigma_x-\sigma_y}{2}\cos2\alpha-\tau_x\sin2\alpha,\tau_\alpha=\dfrac{\sigma_x-\sigma_y}{2}\sin2\alpha+\tau_x\cos2\alpha$$

最大正应力和最小正应力由下式确定

$$\sigma_{\max}=\dfrac{\sigma_x+\sigma_y}{2}+\sqrt{\left(\dfrac{\sigma_x-\sigma_y}{2}\right)^2+\tau_x^2},\sigma_{\min}=\dfrac{\sigma_x+\sigma_y}{2}-\sqrt{\left(\dfrac{\sigma_x-\sigma_y}{2}\right)^2+\tau_x^2}$$

主平面的位置由下式确定

$$\tan(2\alpha_0)=\dfrac{-2\tau_x}{\sigma_x-\sigma_y}$$

（2）平面应力状态下，应力圆与单元体的对应关系是：圆上一点，体上一面；转向相同，转角两倍。要充分发挥应力圆在记忆公式、判断主应力作用面方位和简便求解时的功能。

（3）材料失效现象的两种类型：塑性屈服和脆性断裂。

（4）四种强度理论的强度条件为

$$\sigma_r\leqslant[\sigma]$$

式中四个强度理论的相当应力依次为：

$$\sigma_{r1}=\sigma_1;\sigma_{r2}=\sigma_1-\mu(\sigma_2+\sigma_3);\sigma_{r3}=\sigma_1-\sigma_3$$

$$\sigma_{r4}=\sqrt{\dfrac{1}{2}\left[(\sigma_1-\sigma_2)^2+(\sigma_2-\sigma_3)^2+(\sigma_1-\sigma_3)^2\right]}$$

对于单向应力状态　$\sigma_{r1}=\sigma_{r2}=\sigma_{r3}=\sigma_{r4}=\sigma_1$；

对于纯剪切应力状态　$\sigma_{r1}=\tau$，$\sigma_{r2}=(1+\mu)\tau$，$\sigma_{r3}=2\tau$，$\sigma_{r4}=\sqrt{3}\tau$；

对于单向应力状态与纯剪切应力状态的组合 $\sigma_{r3} = \sqrt{\sigma^2 + 4\tau^2}$，$\sigma_{r4} = \sqrt{\sigma^2 + 3\tau^2}$。

习题

8.1 试用单元体表示图示构件中 A、B 点处的应力状态（即从 A、B 点处取出单元体，并表明单元体各面上的应力）。

8.2 试绘制出图示梁内 A、B 点处的单元体，并标明单元体各面上应力的情况。

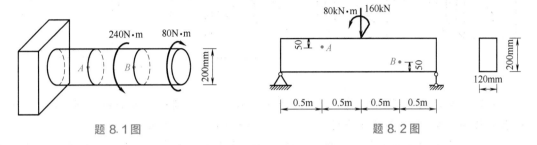

题 8.1 图   题 8.2 图

8.3 试分别用解析法和图解法求图示各单元体 $a—a$ 截面上的应力（图示单位 MPa）。

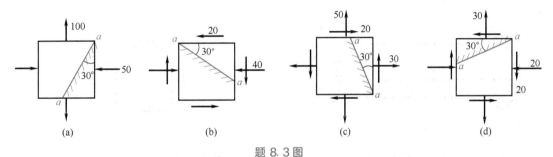

题 8.3 图

8.4 已知应力情况如图所示（图示单位 MPa），试用解析法和图解法求

（1）主应力的数值及主平面的方位；

（2）在单元体上绘制出主平面的位置及主应力的方向；

（3）极值切应力。

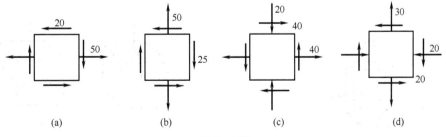

题 8.4 图

8.5 求图示单元体的主应力（图示单位 MPa）。

8.6 作题 8.5 图示单元体的三向应力圆，并求最大切应力。

8.7 平均半径为 R，厚度为 t，两端封闭的薄壁圆筒，试证明当圆筒承受内压 p 时，在筒壁平面内的最大切应力等于该平面内最大正应力的四分之一。

8.8 图示刚性模有一正方体空穴，一正方体 Q235 钢块恰好置入而不留空隙。该钢块

上作用一压力 $F=9\mathrm{kN}$，试求钢块的三个主应力、最大切应力及钢块的体积改变量。

8.9 弹性体某点处的应力状态如图所示，τ、E、μ 均为已知，求该点处沿 $a—a$ 方向的线应变。

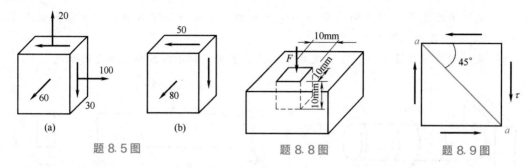

题 8.5 图　　　　题 8.8 图　　　　题 8.9 图

8.10 图示空心圆轴外径为 D，内外径之比为 α。当圆轴受力偶矩 M 作用时，测得圆轴表面与轴向呈 $45°$ 方向的线应变 $\varepsilon_{45°}$，已知材料的 E、μ。试求力偶矩 M。

8.11 纯剪切应力状态如图所示，试写出该应力状态下第一、二、三和四强度理论的相当应力（泊松比为 μ）。

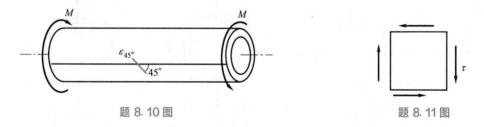

题 8.10 图　　　　　　　　题 8.11 图

8.12 试按第三、第四强度理论计算下列两种应力状态的相当应力。

（a）$\sigma_1=120\mathrm{MPa}$，$\sigma_2=100\mathrm{MPa}$，$\sigma_3=80\mathrm{MPa}$；

（b）$\sigma_1=120\mathrm{MPa}$，$\sigma_2=-80\mathrm{MPa}$，$\sigma_3=-100\mathrm{MPa}$。

8.13 求图示应力状态的第三、第四强度理论的相当应力。

8.14 求图示两种应力状态的第三强度理论的相当应力。

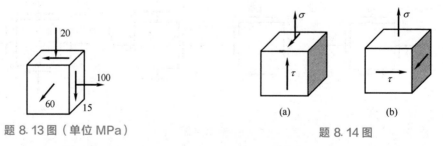

题 8.13 图（单位 MPa）　　　　题 8.14 图

8.15 图示梁为焊接工字钢梁，材料的许用应力 $[\sigma]=160\mathrm{MPa}$，试分别按第三、第四强度理论校核钢梁的强度。

8.16 一圆筒形容器，平均直径 $D=800\mathrm{mm}$，壁厚 $t=4\mathrm{mm}$，$[\sigma]=130\mathrm{MPa}$，试按第四强度理论确定许用的最大内压 p。

8.17 有一铸铁制成的构件，其危险点处的应力状态如图所示。设材料许用拉应力

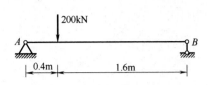 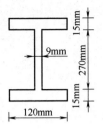

题 8.15 图

$[\sigma_t]=35\text{MPa}$，许用压应力 $[\sigma_c]=120\text{MPa}$，泊松比 $\mu=0.3$，试按照第一强度理论校核该构件的强度。

8.18 从低碳钢制成的零件中某点处取出一单元体，其应力状态如图所示。已知 $\sigma_x=40\text{MPa}$，$\sigma_y=40\text{MPa}$，$\tau_x=60\text{MPa}$，材料的许用应力 $[\sigma]=140\text{MPa}$，试按照第三强度理论进行强度校核。

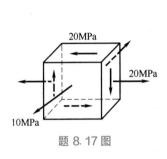 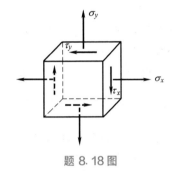

题 8.17 图　　　　　　　　　　　　题 8.18 图

第九章 组合变形

 素质目标

- 通过组合变形杆件的设计，培养思辨能力、解决问题的能力和创新能力；
- 培养质量意识及遵守法律、法规以及技术标准的习惯；
- 树立团结、协作、共同进步的团队合作理念。

知识目标

- 正确理解斜弯曲的受力特性和强度条件；
- 正确理解拉压弯组合变形、偏心压缩等的受力特性和强度条件；
- 正确理解弯扭组合变形的受力特性和强度条件。

技能目标

- 能进行斜弯曲变形杆件的设计；
- 能进行拉压弯组合变形、偏心压缩等杆件的设计；
- 能应用第三强度理论和第四强度理论，进行弯扭组合变形杆件的设计。

第一节 概述

前述内容分别研究了轴向拉伸（压缩）、扭转和弯曲等基本变形，建立了杆件处于一种基本变形时的强度条件，解决了相应的强度计算问题。但是，在实际工程中，很多杆件变形时往往不是单纯地只产生一种基本变形，而是同时发生两种或两种以上的基本变形，这就是本章要研究的组合变形问题。

组合变形是指杆件在外力作用下，同时产生两种或两种以上基本变形的情况。实际工程中这样的例子很多，如图 9.1（a）所示木屋架上的檩条，从屋面传下来的竖直荷载并不作用在檩条的纵向对称平面内，故檩条的变形不是简单的平面弯曲，而是两个平面弯曲的组合；图 9.1（b）所示的烟囱除自重所引起的轴向压缩以外，还有因水平风荷载作用而产生的弯曲变形；图 9.1（c）所示工业厂房的承重柱同时承受屋架传下来的荷载 F_1 和吊车荷载 F_2 的作用，因其合力作用线与柱子的轴线不重合，使柱子同时发生轴向压缩和弯曲变形；图 9.1（d）所示机器中的传动轴，在外力作用下，将发生弯曲和扭转的组合变形。

一般来说，组合变形问题的分析是比较复杂的，但在杆件服从胡克定律且为小变形的情况下，其计算可根据叠加原理进行简化，即认为在分析计算时不仅可以按照杆件的原始尺寸

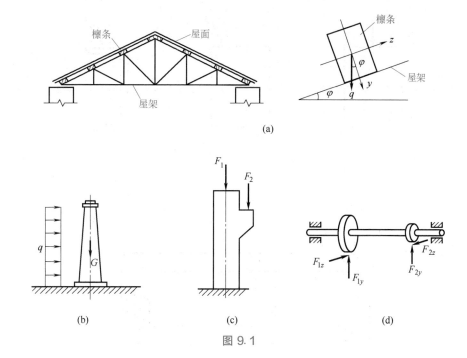

图 9.1

进行，而且还可以将组合变形中的每一种基本变形都看成是各自独立和互不影响的。因此，组合变形的一般计算方法是：

（1）将作用在杆件上的荷载分解或简化成几个静力等效荷载，使其各自只对应一种基本变形；

（2）计算杆件在各种基本变形下的应力或变形，然后求出这些应力和变形的总和，从而得到杆件在原荷载作用下的应力和变形；

（3）分析杆件在组合变形时危险点的应力状态，选用适当的强度条件进行强度计算。

本章主要研究斜弯曲、轴向拉伸（压缩）与弯曲的组合变形、偏心压缩以及弯曲与扭转的组合变形时杆件的强度计算问题。

第二节 斜弯曲

一、斜弯曲的概念

前面说的弯曲变形是指平面弯曲，即外力作用在梁的纵向对称平面内，变形后梁的挠曲线仍在此对称平面内，如图 9.2（a）所示。

如果外力不作用在梁的纵向对称平面内，如图 9.2（b）、（c）所示，变形后梁的挠曲线所在的平面与外力作用平面一般不重合，这种弯曲变形称为斜弯曲。

二、斜弯曲时的强度计算

如图 9.3 所示矩形截面悬臂梁，设矩形截面的形心主轴为 y 轴和 z 轴，作用于梁自由端的外力 F 通过截面形心且与形心主轴 y 的夹角为 φ。

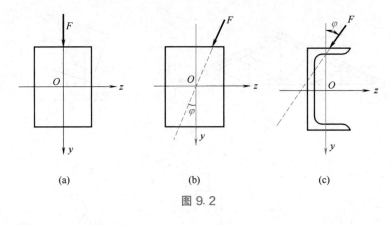

图 9.2

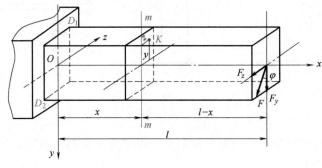

图 9.3

1. 外力分析

将外力 F 沿 y 轴和 z 轴分解,得 $F_y = F\cos\varphi$,$F_z = F\sin\varphi$,F_y 将使梁在竖直对称平面 xy 内发生平面弯曲;而 F_z 将使梁在水平对称平面 xz 内发生平面弯曲。也就是说,斜弯曲的实质就是梁在两个相互垂直的平面中弯曲的组合。

2. 内力分析

梁发生斜弯曲时,横截面上存在剪力和弯矩两种内力。一般情况下剪力对应的切应力数值很小,可以忽略不计,所以只考虑弯矩。

在距固定端为 x 的任意横截面 m—m 上,由 F_y 和 F_z 引起的弯矩分别为

$$M_z = F_y(l-x) = F(l-x)\cos\varphi = M\cos\varphi$$
$$M_y = F_z(l-x) = F(l-x)\sin\varphi = M\sin\varphi$$

式中,$M = F(l-x)$ 为 m—m 截面上的弯矩（绝对值）。

当 $x=0$ 时,有 $M_{z\max} = Fl\cos\varphi$,$M_{y\max} = Fl\sin\varphi$。

3. 应力分析

在 m—m 截面上任意点 $K(y, z)$ 处,与弯矩 M_z 和 M_y 对应的正应力分别为 σ' 和 σ'',即

$$\sigma' = \frac{M_z}{I_z}y = \frac{M\cos\varphi}{I_z}y \quad , \quad \sigma'' = \frac{M_y}{I_y}z = \frac{M\sin\varphi}{I_y}z$$

式中,I_z、I_y 分别为横截面对 z 轴和 y 轴的惯性矩。

因为 σ' 和 σ'' 均为正应力,作用在同一条直线上,按照叠加原理,计算 σ' 和 σ'' 的代数和,即可得出 K 点由外力 F 引起的正应力为

$$\sigma = \sigma' + \sigma'' = \frac{M_z}{I_z}y + \frac{M_y}{I_y}z = M\left(\frac{\cos\varphi}{I_z}y + \frac{\sin\varphi}{I_y}z\right) \tag{9.1}$$

对于每一个具体的点，σ' 和 σ'' 是拉应力，还是压应力，可根据两个平面弯曲的变形情况来确定。如图 9.4 所示的由 M_z 和 M_y 引起的 K 点处的正应力均为拉应力，故 σ' 和 σ'' 均为正值。

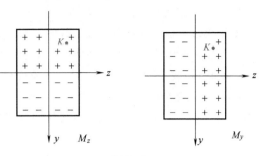

图 9.4

4. 中性轴的位置

由于横截面上最大正应力发生在距离中性轴最远的点处，所以欲求最大正应力，就应该先确定中性轴的位置。而中性轴上各点处的正应力均为零，用 y_0、z_0 表示中性轴上任一点的坐标，代入式（9.1），应有

$$\sigma = M\left(\frac{\cos\varphi}{I_z}y_0 + \frac{\sin\varphi}{I_y}z_0\right) = 0$$

因为 $M \neq 0$，于是可得到中性轴的方程为

$$\frac{\cos\varphi}{I_z}y_0 + \frac{\sin\varphi}{I_y}z_0 = 0 \tag{9.2}$$

将 $y_0 = z_0 = 0$ 代入式（9.2）是成立的，这说明中性轴是过截面形心的一条斜直线，如图 9.5（a）所示，它与 z 轴的夹角为 α，则

$$\tan\alpha = \left|\frac{y_0}{z_0}\right| = \frac{I_z}{I_y}\tan\varphi \tag{9.3}$$

上式表明：

（1）中性轴的位置只取决于外力 F 与 y 轴的夹角 φ 及横截面的形状和尺寸，而与外力 F 的大小无关；

（2）对于 $I_z \neq I_y$ 的截面，有 $\alpha \neq \varphi$，即中性轴与外力 F 的作用线不垂直，这是斜弯曲与平面弯曲的不同之处，也是斜弯曲的一个特点；

（3）对于 $I_z = I_y$ 的截面，有 $\alpha = \varphi$，即中性轴与外力 F 的作用线垂直，梁产生平面弯曲，比如工程上常用的圆截面和正方形截面就属于这种情况。

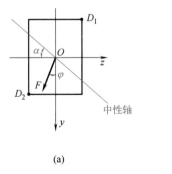 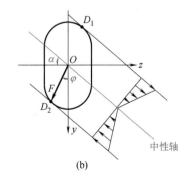

图 9.5

5. 强度条件

进行强度计算时，必须首先确定危险截面和危险点的位置。

对于周边无棱角的截面，应先根据式（9.3）确定危险截面上中性轴的位置，然后再作两条与中性轴平行，并与横截面周边相切的直线，其切点 D_1 和 D_2 如图 9.5（b），就是截面上距中性轴最远的点，即危险点，该点上的正应力就是最大拉应力或最大压应力。

对于周边有棱角的截面，如工程中常用的矩形、工字形等截面的梁，横截面上的最大正应力一定发生在截面的棱角处，而无须确定中性轴。对于图 9.3 所示的悬臂梁，当 $x=0$ 时，M_z 和 M_y 同时达到最大值。因此，固定端截面就是危险截面，而根据对变形的判断，可知棱角 D_1 和 D_2 点就是危险点，如图 9.5（a）所示，其中 D_1 点处有最大拉应力，D_2 点处有最大压应力，且 $|\sigma_{D_1}| = |\sigma_{D_2}| = \sigma_{\max}$。设危险点的坐标分别为 $z_{\max}$ 和 $y_{\max}$，则最大正应力为

$$\sigma_{\max} = \frac{M_{z\max} y_{\max}}{I_z} + \frac{M_{y\max} z_{\max}}{I_y} = \frac{M_{z\max}}{W_z} + \frac{M_{y\max}}{W_y}$$

式中，$W_z = \dfrac{I_z}{y_{\max}}$，$W_y = \dfrac{I_y}{z_{\max}}$。

若材料的 $[\sigma_t] = [\sigma_c] = [\sigma]$，由于危险点处于单向应力状态，则其强度条件为

$$\sigma_{\max} = \frac{M_{z\max}}{W_z} + \frac{M_{y\max}}{W_y} \leqslant [\sigma] \qquad (9.4)$$

应该注意的是，如果材料的 $[\sigma_t] \neq [\sigma_c]$ 时，须分别对拉、压强度进行计算。

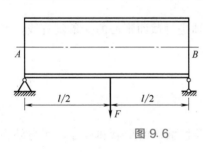
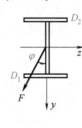

图 9.6

【例 9.1】 如图 9.6 所示型号为 32a 的工字钢梁 AB，已知 $F = 30\text{kN}$，$\varphi = 15°$，$l = 4\text{m}$，$[\sigma] = 160\text{MPa}$。试校核该工字钢梁的强度。

解：（1）外力分析 由于外力 F 通过截面形心，且与形心主轴 y 呈 $\varphi = 15°$，故梁是斜弯曲。将力 F 沿形心主轴 y、z 方向分解，得

$$F_y = F\cos\varphi = 30 \times \cos15° = 29(\text{kN})$$
$$F_z = F\sin\varphi = 30 \times \sin15° = 7.76(\text{kN})$$

（2）内力分析 在梁跨中截面上，由 F_y 和 F_z 在 xy 平面和 xz 平面内引起的最大弯矩分别为

$$M_{z\max} = \frac{F_y l}{4} = \frac{29\text{kN} \times 4\text{m}}{4} = 29\text{kN} \cdot \text{m}$$

$$M_{y\max} = \frac{F_z l}{4} = \frac{7.76\text{kN} \times 4\text{m}}{4} = 7.76\text{kN} \cdot \text{m}$$

（3）校核强度 由附录型钢规格表查得，32a 号工字钢的两个抗弯截面系数分别为

$$W_z = 692\text{cm}^3, W_y = 70.8\text{cm}^3$$

显然，危险点为跨中截面上的 D_1 和 D_2 点，在 D_1 点处为最大拉应力，D_2 点处为最大压应力，且两者数值相等，其值为

$$\sigma_{\max} = \frac{M_{z\max}}{W_z} + \frac{M_{y\max}}{W_y} = \frac{29 \times 10^3 \text{N} \cdot \text{m}}{692 \times 10^{-6} \text{m}^3} + \frac{7.76 \times 10^3 \text{N} \cdot \text{m}}{70.8 \times 10^{-6} \text{m}^3}$$

$$= 41.9 \times 10^6 \text{Pa} + 109.6 \times 10^6 \text{Pa} = 151.5\text{MPa} < [\sigma] = 160\text{MPa}$$

满足强度要求。

如果荷载 F 不偏离梁的纵向对称平面，即 $\varphi=0$，则跨中截面上最大的正应力为

$$\sigma_{\max}=\frac{M_{\max}}{W_z}=\frac{Fl}{4W_z}=\frac{30\times10^3\,\mathrm{N}\times4\mathrm{m}}{4\times692\times10^{-6}\,\mathrm{m}^3}=43.3\times10^6\,\mathrm{Pa}=43.3\mathrm{MPa}$$

由此可见，虽然荷载 F 偏离 y 轴一个不大的角度，但最大应力就由 43.3MPa 变为151.5MPa，增长了 2.5 倍。这是因为工字钢截面上的 W_z 远大于 W_y。因此，若梁横截面的 W_z 和 W_y 相差较大时，应注意到斜弯曲对强度的不利影响。在这一点上，箱形截面梁就比单一的工字形截面梁要优越。

第三节　轴向拉伸（压缩）与弯曲的组合变形

当同时受到轴向外力和横向外力作用时，杆件将产生拉伸（压缩）与弯曲的组合变形。这种情况在实际工程中经常遇到。对于抗弯刚度 EI 较大的杆件，因弯曲变形而产生的挠度远小于横截面的尺寸，使得轴向力由于弯曲变形而产生的弯矩可以略去不计。于是，我们就可以认为轴向力仅仅产生拉伸或压缩变形，而横向力仅仅产生弯曲变形，两者各自独立，仍然可以应用叠加原理进行计算。

如图 9.7（a）所示一悬臂梁，外力 F 作用于梁的纵向对称面内，且与梁轴线成 θ 角。下面以此例来说明杆件在拉伸（压缩）与弯曲组合变形时的强度计算问题。

一、外力分析

将外力 F 沿 x 轴和 y 轴分解，如图 9.7（b），得 $F_x=F\cos\theta$，$F_y=F\sin\theta$，F_x 使杆件发生轴向拉伸，而 F_y 则使杆件发生平面弯曲。

二、内力分析

分别作出 F_x 和 F_y 单独作用下梁的轴力图和弯矩图，如图 9.7（c）、（d）所示。由图可见，固定端截面是危险截面，其上的轴力和弯矩分别为

$$N=F_x=F\cos\theta,M_{\max}=F_yl=Fl\sin\theta$$

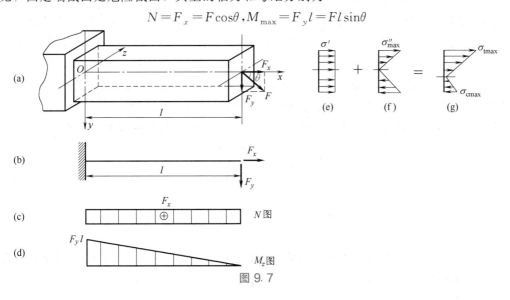

图 9.7

三、应力分析

在固定端截面上，与轴力 N 对应的拉伸正应力 σ' 及与最大弯矩对应的弯曲正应力 σ''_{max} 分别为

$$\sigma' = \frac{N}{A}, \quad \sigma''_{max} = \frac{M_{max}}{I_z}y$$

应力 σ' 和 σ''_{max} 沿截面高度的分布情况分别如图 9.7（e）、（f）所示。将拉伸正应力与弯曲正应力叠加后，可求得梁在外力 F 作用下危险截面上任一点处的正应力为

$$\sigma = \sigma' + \sigma''_{max} = \frac{N}{A} + \frac{M_{max}}{I_z}y \tag{9.5}$$

当 $\sigma''_{max} > \sigma'$ 时，正应力 σ 的分布规律如图 9.7（g）所示。可见。最大拉应力在危险截面的上边缘各点处，最大压应力在危险截面的下边缘各点处。

四、强度条件

由于危险点处于单向应力状态，若 $[\sigma_t] = [\sigma_c] = [\sigma]$，则强度条件为

$$\sigma_{max} = \frac{N}{A} + \frac{M_{max}}{W_z} \leqslant [\sigma] \tag{9.6}$$

若材料的 $[\sigma_t] \neq [\sigma_c]$，则强度条件为

$$\left. \begin{array}{l} \sigma_{tmax} = \dfrac{N}{A} + \dfrac{M_{max}}{W_z} \leqslant [\sigma_t] \\[3mm] \sigma_{cmax} = \left| \dfrac{N}{A} - \dfrac{M_{max}}{W_z} \right| \leqslant [\sigma_c] \end{array} \right\} \tag{9.7}$$

杆件在拉伸（压缩）与横力弯曲组合变形时，横截面上还有切应力，但一般只需选取危险截面上的危险点作为计算点，其应力状态是单向的，与剪力无关；如果必须考虑剪力的影响，则应该在杆件内部选取计算点，这时该点处为复杂应力状态，可根据强度理论进行强度校核。我们通常忽略剪力的影响，即不作后一步的校核。

【**例 9.2**】 悬臂式起重机如图 9.8（a）所示，横梁 AB 为 18 号工字钢。电动滑车行走在横梁上，滑车自重与起重量总和为 $F = 30\text{kN}$，材料的 $[\sigma] = 160\text{MPa}$，试校核横梁的强度。

解：（1）外力分析 当滑车行走到横梁正中间 D 截面位置时，对横梁最不利，此时梁内弯矩最大，下面就滑车位于横梁中点 D 时，校核横梁 AB 的强度。

绘制出横梁 AB 的受力简图，如图 9.8（b）所示。由平衡条件求支座反力：

由 $\sum M_A = 0$，$F_{By} \times 2.6\text{m} - 30\text{kN} \times 1.3\text{m} = 0$，得 $F_{By} = 15\text{kN}$

$$F_{Bx} = \frac{F_{By}}{\tan\alpha} = \frac{15\text{kN}}{\tan 30°} = 26\text{kN}$$

由 $\sum F_x = 0$，$F_{Ax} = F_{Bx} = 26\text{kN}$

由 $\sum F_y = 0$，$F_{Ay} = F - F_{By} = 15\text{kN}$

（2）内力分析 分别绘制出横梁的轴力图和弯矩图，如图 9.8（c）、（d）所示，得危险截面 D 处的轴力和弯矩分别为

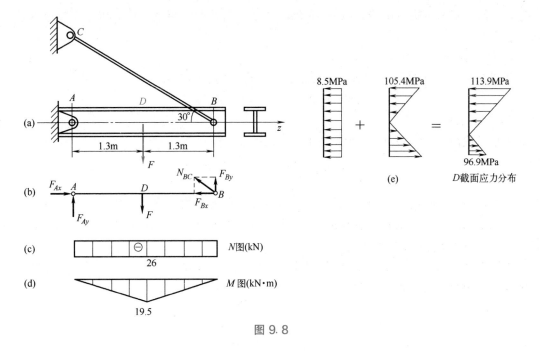

图 9.8

$$N_D = F_{Ax} = 26\text{kN}, M_{D\max} = \frac{Fl}{4} = \frac{30\text{kN} \times 2.6\text{m}}{4} = 19.5\text{kN} \cdot \text{m}$$

（3）应力分析　根据危险截面 D 的应力分布规律，如图 9.8（e）所示，查附录型钢规格表，18 号工字钢的横截面积和抗弯截面系数分别为：$A = 30.74\text{cm}^2$，$W_z = 185\text{cm}^3$。

则其上边缘的最大压应力和下边缘的最大拉应力分别为

$$\sigma_{\text{cmax}} = -\frac{N_D}{A} - \frac{M_{D\max}}{W_z} = -8.5\text{MPa} - 105.4\text{MPa} = -113.9\text{MPa}$$

$$\sigma_{\text{tmax}} = -\frac{N_D}{A} + \frac{M_{D\max}}{W_z} = \frac{-26 \times 10^3\text{N}}{30.756 \times 10^{-4}\text{m}^2} + \frac{19.5 \times 10^3\text{N} \cdot \text{m}}{185 \times 10^{-6}\text{m}^3} = -8.5\text{MPa} + 105.4\text{MPa} = 96.9\text{MPa}$$

（4）强度校核　由于材料的 $[\sigma_t] = [\sigma_c] = [\sigma]$，因此危险点在 D 截面的上边缘各点处，且为单向应力状态，所以强度校核用最大压应力的绝对值计算即可，$\sigma_{\max} = |\sigma_{\text{cmax}}| = 113.9\text{MPa} < [\sigma] = 160\text{MPa}$，所以横梁是安全的。

第四节　偏心压缩与截面核心

一、偏心压缩

如图 9.9（a）所示受压杆件，压力 F 作用在 P 点，其作用线与杆件轴线平行，但不通过截面形心，这类问题称为偏心压缩。

1. 外力分析

先将外力 F 向形心 O 点进行平移，得到一轴向力 F 和两个力偶矩 $M_y = Fz_P$ 和 $M_z =$

Fy_P，它们分别产生轴向压缩和绕 y、z 轴的两个平面弯曲。所以，偏心压缩实际上就是压弯组合变形。

2. 内力分析

从图 9.9 （b）可知，杆件各横截面上的内力都相同：

$$N = F, M_y = Fz_P, M_z = Fy_P$$

3. 应力分析

求某横截面上任意一点 K 处的应力，参看图 9.9 （c）

$$\sigma_K = \frac{N}{A} + \frac{M_y}{I_y}z + \frac{M_z}{I_z}y = \frac{N}{A} + \frac{Fz_P}{I_y}z + \frac{Fy_P}{I_z}y$$

式中，y、z 为所求应力 K 点的坐标，计算时，所有量均以绝对值代入，至于各项的正负号由观察确定。对于偏心压缩问题，上式第一项为压应力，后两项可能是压应力，也可能是拉应力，应视 K 点的位置而定。

由轴力 N、弯矩 M_y 和 M_z 分别引起的应力见图 9.9 （d）、（e）、（f）。显然，在杆件的里侧和右侧相交的棱上各点（例如 A 点）具有最大的压应力，均为危险点。

4. 强度条件

$$\sigma_{max} = \frac{N}{A} + \frac{M_y}{W_y} + \frac{M_z}{W_z} \leqslant [\sigma]$$

式中各项均取绝对值。

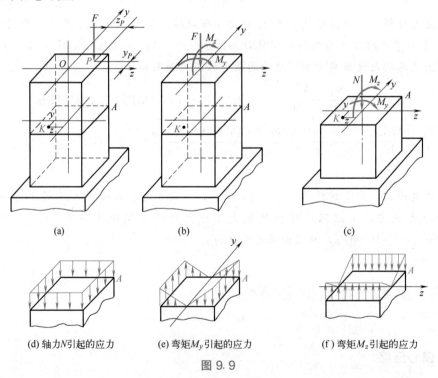

(a)　　　　　(b)　　　　　(c)

(d) 轴力 N 引起的应力　　(e) 弯矩 M_y 引起的应力　　(f) 弯矩 M_z 引起的应力

图 9.9

值得说明的是，当图 9.9 （a）中的荷载 F 方向反转 180° 时，就属于偏心拉伸，分析过程也与此类似。

【例 9.3】 如图 9.10 （a）所示为一带缺口的钢板，已知板宽 $b = 80\text{mm}$，板厚 $t = 10\text{mm}$，缺口深 $\delta = 8\text{mm}$，$F = 80\text{kN}$，材料的许用应力 $[\sigma] = 160\text{MPa}$，不考虑应力集中的

影响，试校核钢板的强度。

解：（1）**外力分析** 如图 9.10（c）所示，如果没有缺口，横截面的形心位于其正中间的 O 位置，由于 $m—m$ 截面处有一缺口，此时横截面形心会向下移至位置 C，OC 间距称为偏心距，用 e 表示，因而外力 F 对该截面形成偏心压缩作用，偏心距值为

$$e=\frac{b}{2}-\frac{b-\delta}{2}=\frac{80}{2}-\frac{80-8}{2}=4(\text{mm})$$

（2）**内力分析** 将力 F 向 C 点平移，得到一个力 F 和一个力偶矩 $M=Fe$，属于压弯组合变形，且缺口 $m—m$ 截面就是危险截面：

轴力 $N=F=80\times10^3\text{N}$，弯矩 $M=Fe=80\times10^3\text{N}\times4\times10^{-3}\text{m}=320\text{N}\cdot\text{m}$。

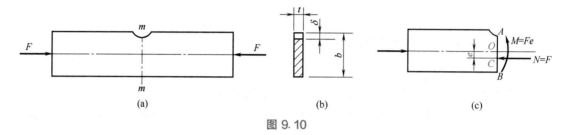

图 9.10

（3）**强度分析** 由轴力和弯矩共同作用，将在缺口的上边缘 A 点产生最大的压应力

$$\sigma_{\text{cmax}}=\frac{N}{A}+\frac{M}{W_z}=\frac{80\times10^3\text{N}}{72\times10\times10^{-6}\text{m}^2}+\frac{6\times320\text{N}\cdot\text{m}}{10\times72^2\times10^{-9}\text{m}^3}$$

$$=111.1\text{MPa}+37.0\text{MPa}=148.1\text{MPa}<160\text{MPa}=[\sigma]$$

钢板满足强度要求。

二、截面核心

对于砌体结构，砌块间通过砂浆联系，由于砂浆的抗拉强度很低，在承受偏心压缩时，在砌体结构内应避免出现拉应力。如图 9.11（a）所示，作用在矩形截面柱的竖向荷载 F，其作用点 P 位于 z 轴上，偏心距为 e。现将竖向荷载 F 平移至截面的形心 O，得到一个力 F 和一个力偶矩 $M=Fe$，力偶矩会在柱的左侧表面产生最大的拉应力，若要使整个截面不产生拉应力，需要

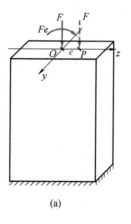

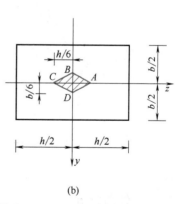

图 9.11

$$\frac{Fe}{\dfrac{bh^2}{6}}\leqslant\frac{F}{bh}$$

解得

$$e\leqslant\frac{h}{6}$$

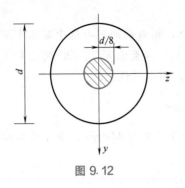

图 9.12

即沿 z 轴正方向，只要偏心距不超过 $h/6$，就不会产生拉应力，显然，沿 z 轴负方向也可得到同样的结论；类似地沿 y 轴，只要偏心距不超过 $b/6$，也不会产生拉应力，这样得到 A、B、C、D 四个点，连接这四个点所得到的菱形区域称为截面核心，如图 9.11（b）所示。偏心荷载只要作用在截面核心内，受压杆件就不会出现拉应力，这在砌体结构中有着重要的应用。

圆形截面柱的截面核心，见图 9.12 所示的阴影区域，为半径为 $d/8$ 的圆。

第五节　弯曲与扭转的组合变形

机器中的传动轴发生扭转变形的同时，还常伴随着弯曲变形。下面以图 9.13（a）所示的直角曲拐轴 AB 段为例，讨论杆件在弯曲和扭转组合变形的情况下进行强度计算的方法。

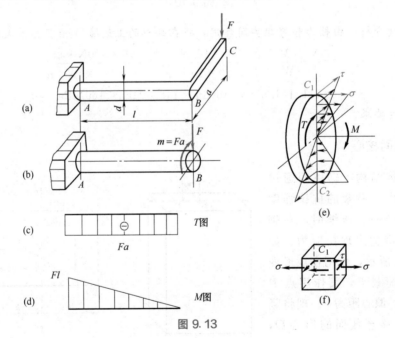

图 9.13

一、外力分析

先将外力 F 向 AB 杆右端截面的形心 B 点进行平移，得到一横向力 F 和一力偶矩 $m = Fa$。绘制 AB 杆的受力图如图 9.13（b）所示。横向力 F 使 AB 杆发生平面弯曲，力偶矩 m 使 AB 杆发生扭转，所以 AB 杆发生的是弯曲与扭转的组合变形。

二、内力分析

分别绘制力偶矩 m 对应的扭矩图和横向力 F 对应的弯矩图，如图 9.13（c）和（d），可见危险截面在固定端截面处，该截面上的弯矩和扭矩分别为

$$M = M_{\max} = Fl, T = m = Fa$$

三、应力分析

危险截面上的弯曲和扭转的应力分布规律如图 9.13（e）。可见，最大弯曲正应力 σ 发生在铅垂直径的上、下两端的 C_1 和 C_2 处，而最大扭转切应力 τ 发生在截面周边上的各点处。因此，危险点为 C_1 和 C_2。C_1 点的应力状态如图 9.13（f）所示，其最大弯曲正应力和最大扭转切应力分别为 $\sigma = \dfrac{M}{W_z}$，$\tau = \dfrac{T}{W_t}$。

四、强度条件

若曲拐轴由抗拉和抗压强度相等的塑性材料制成，则危险点 C_1 和 C_2 中只要校核一点的强度就可以了。因为 C_1 点处于二向应力状态，所以应该按照强度理论建立强度条件。

由式（8.18）、式（8.19）

$$\sigma_{r3} = \sqrt{\sigma^2 + 4\tau^2} \leqslant [\sigma], \sigma_{r4} = \sqrt{\sigma^2 + 3\tau^2} \leqslant [\sigma]$$

再将应力计算式代入上面两式，并利用对于圆截面有 $W_t = 2W_z$ 的关系，可得

$$\sigma_{r3} = \frac{1}{W_z}\sqrt{M^2 + T^2} \leqslant [\sigma] \tag{9.8}$$

$$\sigma_{r4} = \frac{1}{W_z}\sqrt{M^2 + 0.75T^2} \leqslant [\sigma] \tag{9.9}$$

式中，M、T 分别表示危险截面上的弯矩和扭矩，$W_z = \pi D^3/32$ 为圆轴的抗弯截面系数。

式（9.8）和式（9.9）曾在上一章【例 8.9】推导过，应用该两式进行强度计算时，需要注意以下几点：

（1）公式只适用于受弯扭组合作用的实心和空心圆截面杆；对于非圆截面杆，则只能应用式（8.18）、式（8.19）进行强度计算。

（2）若圆轴遇到同时发生两个平面内的弯曲和扭转的共同作用时，因为圆截面杆只发生平面弯曲，则弯矩 M 应为两个平面内弯矩的矢量和，其大小为 $M = \sqrt{M_y^2 + M_z^2}$，将合成弯矩 M 代入式（9.8）和式（9.9）得：

$$\sigma_{r3} = \frac{1}{W_z}\sqrt{M_y^2 + M_z^2 + T^2} \leqslant [\sigma] \tag{9.10}$$

$$\sigma_{r4} = \frac{1}{W_z}\sqrt{M_y^2 + M_z^2 + 0.75T^2} \leqslant [\sigma] \tag{9.11}$$

（3）若杆件受到扭转与拉伸（压缩）的共同作用，或者扭转、弯曲与拉伸（压缩）的共同作用时，则只能用式（8.18）、式（8.19）进行强度计算，并且要注意公式中的正应力为 $\sigma = \dfrac{N}{A}$ 或 $\sigma = \dfrac{N}{A} + \dfrac{M}{W}$。

【例 9.4】　如图 9.14（a）所示为一钢制圆轴上装有两个胶带轮，两轮有相同的直径 $D = 1\text{m}$ 及重量 $F = 5\text{kN}$。A 轮上胶带的张力是水平方向，B 轮上胶带的张力是铅垂方向，大小如图 9.14（a）所示。设该圆轴的直径 $d = 72\text{mm}$，许用应力 $[\sigma] = 80\text{MPa}$，试按照第四强度理论校核该轴的强度。

解：（1）外力分析 将胶带轮的张力向轮心平移，以作用在轴上的集中力和力偶矩来代替，这样就得到圆轴的计算简图，如图 9.14（b）所示。在 A 截面上作用着向下的轮重 5kN 和胶带的水平张力 5kN＋2kN＝7kN 及力偶矩 （5kN－2kN）×0.5m＝1.5kN·m；在 B 截面上作用着向下的轮重 5kN 和胶带的铅垂张力，共 5kN＋2kN＋5kN＝12kN，还有力偶矩 （5kN－2kN）×0.5m＝1.5kN·m。

（2）内力分析 根据以上外力，可以绘制出 AB 轴在水平 xz 面内的弯矩图如图 9.14（c）所示；在铅垂 xy 面内的弯矩图如图 9.14（d）所示，以及 AB 轴的扭矩图如图 9.14（e）所示。由此得到 C 截面和 B 截面处的合成弯矩分别为

$$M_C = \sqrt{M_{Cy}^2 + M_{Cz}^2} = \sqrt{2.1^2 + 1.5^2} = 2.58(\text{kN} \cdot \text{m})$$

$$M_B = \sqrt{M_{By}^2 + M_{Bz}^2} = \sqrt{1.05^2 + 2.25^2} = 2.48(\text{kN} \cdot \text{m})$$

因为 $M_C > M_B$，所以 C 截面为危险截面。

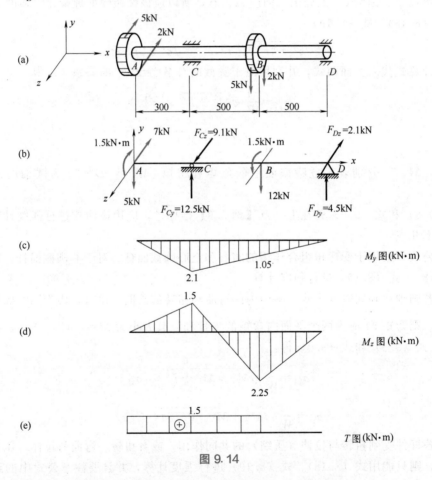

图 9.14

（3）强度校核 根据第四强度理论的强度条件式（9.9）可得

$$\sigma_{r4} = \frac{1}{W_z}\sqrt{M^2 + 0.75T^2} = \frac{32}{\pi d^3}\sqrt{M_C^2 + 0.75T^2}$$

$$= \frac{32}{\pi \times (72 \times 10^{-3})^3 \text{m}^3}\sqrt{(2.58 \times 10^3)^2(\text{N} \cdot \text{m})^2 + 0.75 \times (1.5 \times 10^3)^2(\text{N} \cdot \text{m})^2}$$

$$= 78.83\text{MPa} < [\sigma] = 80\text{MPa}$$

故此轴的强度是足够的。

第六节 应用分析

【例 9.5】 如图 9.15（a）所示的实心圆截面杆件，受轴向拉力 F_1，竖向荷载 F_2 以及扭转力偶矩 M_e 共同作用，已知杆件直径 $d = 100\text{mm}$，$F_1 = 90\pi\text{kN}$，$F_2 = 2\pi\text{kN}$，$M_e = 25\pi/8\text{kN}\cdot\text{m}$，材料的许用应力 $[\sigma] = 160\text{MPa}$，试按第三强度理论校核杆件的强度。

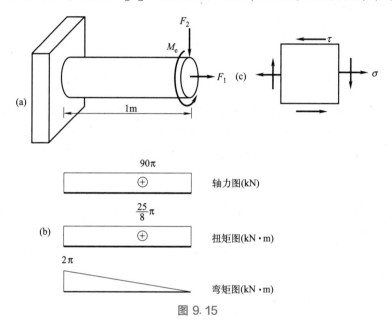

图 9.15

解：

（1）杆件的内力图，如图 9.15（b）所示。

（2）危险点位于最左侧截面的上边缘，应力状态如图 9.15（c）所示。其中

$$\sigma = \sigma_N + \sigma_M = \frac{N}{A} + \frac{M}{W_z} = \frac{90\pi\times10^3}{\dfrac{\pi\times100^2}{4}} + \frac{2\pi\times10^6}{\dfrac{\pi\times100^3}{32}} = 36+64 = 100\,(\text{MPa})$$

$$\tau = \frac{T}{W_t} = \frac{T}{\dfrac{\pi d^3}{16}} = \frac{\dfrac{25\pi}{8}\times10^6}{\dfrac{\pi\times100^3}{16}} = 50\,(\text{MPa})$$

（3）第三强度理论的相当应力为

$$\sigma_{r3} = \sqrt{\sigma^2 + 4\tau^2} = \sqrt{100^2 + 4\times50^2} = 141.4\,(\text{MPa}) < 160\,(\text{MPa}) = [\sigma]$$

满足强度要求。

【例 9.6】 如图 9.16（a）所示的铁路圆信号板，装在外径 $D = 60\text{mm}$ 的空心柱上。若信号板上所受的最大风载 $p = 2000\text{N/m}^2$，许用应力 $[\sigma] = 60\text{MPa}$，试按第三强度理论选择空心柱的壁厚。

解： 圆信号板承受的风压力（设垂直于纸面向里）为

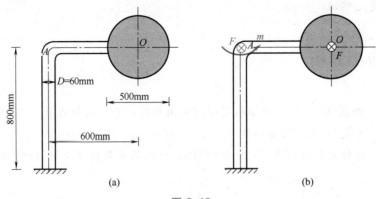

图 9.16

$$F = p \times \frac{\pi \times 0.5^2}{4} = 2000 \times \frac{\pi \times 0.5^2}{4} = 392.7(\text{N})$$

其作用点在信号板的圆心处。将此力平移到 A 点，得到一个力 F 和一个力偶 m，如图 9.16 (b) 所示，力 F 会引起立柱弯曲（由外向里弯曲）；力偶 m 会引起立柱扭转。危险截面在立柱的根部，危险点位于根部截面最里面和最外面的点。其内力为

$$M = F \times 0.8 = 392.7 \times 0.8 = 314.2(\text{N} \cdot \text{m})$$
$$T = F \times 0.6 = 392.7 \times 0.6 = 235.6(\text{N} \cdot \text{m})$$

由第三强度理论

$$\frac{\sqrt{M^2 + T^2}}{W_z} \leqslant [\sigma], \text{即} \frac{\sqrt{314.2^2 + 235.6^2} \times 10^3}{\frac{\pi \times 60^3}{32}(1 - \alpha^4)} \leqslant 60, \text{得} \alpha \leqslant 0.91185$$

由 $\dfrac{60 - 2t}{60} \leqslant 0.91185$，得 $t \geqslant 2.64$mm

【例 9.7】 如图 9.17 (a) 所示的圆截面杆件，左端固定，直径为 d，在右端截面最外侧作用一水平荷载 F，同时还作用有外力偶 $M_e = \dfrac{Fd}{4}$，已知材料的弹性模量为 E，泊松比为 μ。试求：

(1) a 点位于杆件前表面，画出 a 点的单元体，并求其沿 45° 方向的线应变。

(2) 指出危险点的位置，并写出第四强度理论的相当应力表达式。

解：(1) 将外力 F 向右端截面的圆心进行平移，得到产生轴向拉伸的力 F 和产生水平弯曲的力偶矩 $m = 0.5Fd$，杆件的内力图如图 9.17 (b) 所示。

a 点的单元体如图 9.17 (c) 所示，其应力

$$\sigma_x = \sigma = \frac{N}{A} + \frac{M}{W} = \frac{F}{\dfrac{\pi d^2}{4}} + \frac{0.5Fd}{\dfrac{\pi d^3}{32}} = \frac{20F}{\pi d^2}$$

$$\tau_x = -\tau = -\frac{T}{W_t} = -\frac{\dfrac{Fd}{4}}{\dfrac{\pi d^3}{16}} = -\frac{4F}{\pi d^2}$$

沿 45° 和 -45° 方向的正应力为

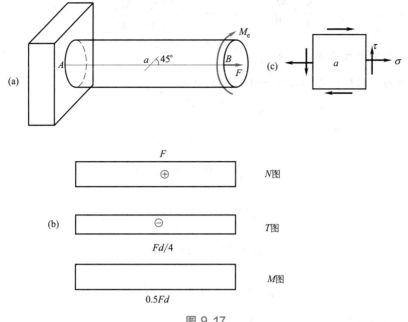

图 9.17

$$\sigma_{45°} = \frac{\sigma_x + \sigma_y}{2} + \frac{\sigma_x - \sigma_y}{2}\cos 2\alpha_{45°} - \tau_x \sin 2\alpha_{45°} = \frac{20F}{2\pi d^2} - \left(-\frac{4F}{\pi d^2}\right)\sin 90° = \frac{14F}{\pi d^2}$$

$$\sigma_{-45°} = \frac{\sigma_x + \sigma_y}{2} + \frac{\sigma_x - \sigma_y}{2}\cos 2\alpha_{45°} - \tau_x \sin 2\alpha_{45°} = \frac{20F}{2\pi d^2} - \left(-\frac{4F}{\pi d^2}\right)\sin(-90°) = \frac{6F}{\pi d^2}$$

由广义胡克定律,沿 45°方向的线应变为

$$\varepsilon_{45°} = \frac{1}{E}(\sigma_{45°} - \mu\sigma_{-45°}) = \frac{1}{E}\left(\frac{14F}{\pi d^2} - \mu\frac{6F}{\pi d^2}\right) = \frac{(14-6\mu)F}{\pi E d^2}$$

（2）危险点位于任何截面的外边缘上即图 9.17（a）所示 AB 线上,其第四强度理论的相当应力为

$$\sigma_{r4} = \sqrt{\sigma^2 + 3\tau^2} = \sqrt{\left(\frac{20F}{\pi d^2}\right)^2 + 3\left(\frac{4F}{\pi d^2}\right)^2} = \frac{8\sqrt{7}F}{\pi d^2}$$

小结

组合变形是指杆件在外力作用下,能同时产生两种或两种以上基本变形。可根据叠加原理来进行组合变形的计算,组合变形的一般计算方法是:将作用在杆件上的荷载分解或简化成几个静力等效荷载,使其各自只对应一种基本变形;计算杆件在各种基本变形下的应力或变形,然后求出这些应力和变形的总和,从而得到杆件在原荷载作用下的应力和变形;分析杆件在组合变形时危险点的应力状态,选用适当的强度条件进行强度计算。

（1）斜弯曲强度条件:

$$\sigma_{max} = \frac{M_{z\max}}{W_z} + \frac{M_{y\max}}{W_y} \leqslant [\sigma]$$

（2）轴向拉伸与弯曲组合变形强度条件:

对塑性材料:
$$\sigma_{max} = \frac{N}{A} + \frac{M_{\max}}{W_z} \leqslant [\sigma]$$

对脆性材料： $\sigma_{tmax}=\dfrac{N}{A}+\dfrac{M_{max}}{W_z}\leqslant[\sigma_t]$；$\sigma_{cmax}=\left|\dfrac{N}{A}-\dfrac{M_{max}}{W_z}\right|\leqslant[\sigma_c]$

（3）偏心压缩强度条件： $\sigma_{max}=\dfrac{N}{A}+\dfrac{M_y}{W_y}+\dfrac{M_z}{W_z}\leqslant[\sigma]$

（4）弯曲与扭转组合变形强度条件的可能形式：

$$\begin{cases}\sigma_{r3}=\sqrt{\sigma^2+4\tau^2}\leqslant[\sigma]\\[2mm]\sigma_{r4}=\sqrt{\sigma^2+3\tau^2}\leqslant[\sigma]\end{cases}$$

$$\begin{cases}\sigma_{r3}=\dfrac{1}{W_z}\sqrt{M^2+T^2}\leqslant[\sigma]\\[3mm]\sigma_{r4}=\dfrac{1}{W_z}\sqrt{M^2+0.75T^2}\leqslant[\sigma]\end{cases}$$

$$\begin{cases}\sigma_{r3}=\dfrac{1}{W_z}\sqrt{M_y^2+M_z^2+T^2}\leqslant[\sigma]\\[3mm]\sigma_{r4}=\dfrac{1}{W_z}\sqrt{M_y^2+M_z^2+0.75T^2}\leqslant[\sigma]\end{cases}$$

在使用各强度条件时，要注意其适用范围。

 习题

9.1 试求图示简支梁最大正应力及跨中点的总挠度，已知 $E=100\text{GPa}$。

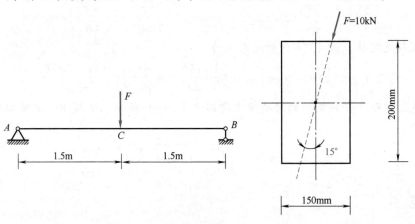

题 9.1 图

9.2 由木材制成的矩形截面悬臂梁受力如图所示，F_1 和 F_2 分别作用在水平面和竖直面内，已知 $b=90\text{mm}$，$h=180\text{mm}$。试求梁上最大正应力及其作用点的位置。

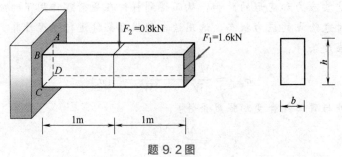

题 9.2 图

9.3 如图所示，结构与题9.2相同，只是梁的截面为圆形，其直径 $D = 130\text{mm}$，试求梁上最大正应力及其作用点的位置。

9.4 如图所示的矩形截面檩条，设屋面与水平面的夹角为 φ，试根据强度条件确定最经济的高宽比 h/b。

9.5 简支折线梁如图所示，横截面为 $25\text{cm} \times 25\text{cm}$ 的正方形，试求此梁的最大压应力。

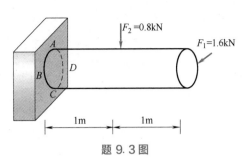

题 9.3 图

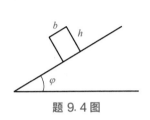

题 9.4 图

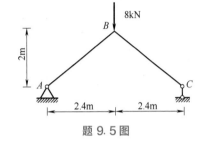

题 9.5 图

9.6 试求图示具有切槽的杆的最大正应力。

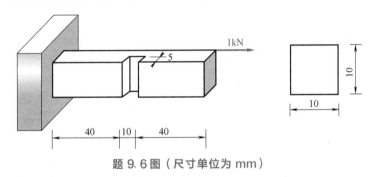

题 9.6 图（尺寸单位为 mm）

9.7 矩形截面悬臂梁受力如图所示。确定 1、2、3、4 点的应力值。

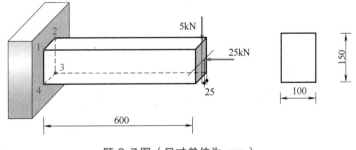

题 9.7 图（尺寸单位为 mm）

9.8 如图所示为屋架上的檩条。已知屋面倾角为 $\varphi = 30°$，檩条的跨度为 $l = 3.6\text{m}$，受均布荷载作用，$q = 0.96\text{kN/m}$。檩条的许用应力 $[\sigma] = 10\text{MPa}$。若矩形截面 $\dfrac{h}{b} = \dfrac{3}{2}$，试确定檩条截面尺寸。

9.9 试分别求出图示杆件最大的正应力（绝对值），并作比较。

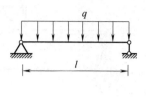

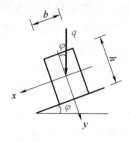

题 9.8 图

9.10 图示杆件同时受竖向力和偏心压力的作用，试确定 F 的许用值。已知：杆件的许用拉应力 $[\sigma_t]=30\text{MPa}$，许用压应力 $[\sigma_c]=90\text{MPa}$，图中单位为 mm。

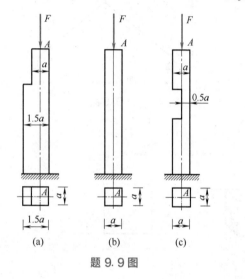

题 9.9 图

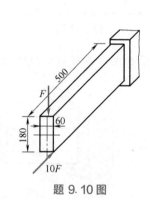

题 9.10 图

9.11 构件受力如图所示，在其上下侧表面测得应变值为 $\varepsilon'=0.001$，$\varepsilon''=0.0004$，$E=210\text{GPa}$。求拉力 F 和偏心距 e。

9.12 图示圆柱受偏心荷载 F 作用，试求当横截面不产生拉应力时 F 的作用区域。

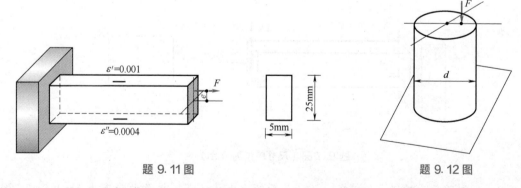

题 9.11 图 　　　　　　　　　　　题 9.12 图

9.13 曲拐受力如图所示，其圆杆部分的直径为 50mm，材料的许用应力为 $[\sigma]=60\text{MPa}$。试按照第三强度理论校核其圆杆部分的强度。

9.14 图示钢制圆轴上装有两个齿轮，齿轮 C 上作用着铅垂切向力 $F_1=5\text{kN}$，该轮直径 $d_C=30\text{cm}$；齿轮 D 上作用着水平切向力 $F_2=10\text{kN}$，该轮直径 $d_D=15\text{cm}$。试用第四强度理论求轴的直径。

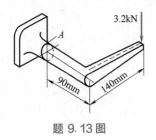

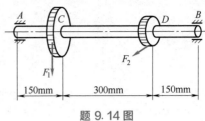

题 9.13 图   题 9.14 图

9.15　直径为 $d=40$mm 的实心圆钢轴，在某一横截面上的内力分量如图所示。已知此轴的许用应力 $[\sigma]=160$MPa，试按第四强度理论校核该轴的强度。

9.16　如图所示边长为 a 的正方形截面梁左端固定，材料的弹性模量为 E，荷载及尺寸如图所示，若测得中间截面 K 点的纵向应变为 ε_K，则 F 为多少？

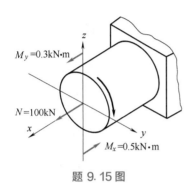

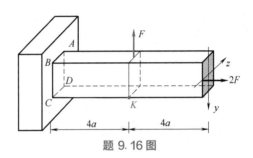

题 9.15 图   题 9.16 图

第十章　压杆稳定

素质目标

- 通过稳定性设计，培养质量意识及遵守法律、法规以及技术标准的习惯；
- 培养思辨能力、解决问题的能力和创新能力；
- 树立团结、协作、共同进步的团队合作理念。

知识目标

- 正确理解临界力、临界应力、长度系数、柔度等概念；
- 熟练掌握欧拉公式；
- 掌握稳定性校核的安全系数法和折减系数法；
- 了解提高压杆稳定性的措施。

技能目标

- 能熟练应用欧拉公式计算临界力；
- 能利用安全系数法进行压杆的稳定性设计；
- 能利用折减系数法进行压杆的稳定性设计。

前面各章节着重研究受力杆件的强度和刚度设计问题，但杆件的破坏不只与强度有关，还与稳定性有关。因此在设计杆件（特别是受压杆件）时，除了进行强度计算外，还必须进行稳定性校核以满足其稳定条件。

第一节　压杆稳定的概念

一、研究压杆稳定的意义

在轴向拉伸和压缩一章中，我们认为当压杆横截面上的应力超过材料的极限应力时，压杆就会因强度不够而发生破坏，这种观点对于粗短的压杆是正确的，而对于细长的压杆（杆的横向尺寸较小，纵向尺寸较大）却是错误的，因为细长的压杆会在应力远低于材料的极限应力时，突然产生显著的弯曲变形而失去承载能力，为了说明这一问题，下面来看一个简单的实验。

取两根截面相同的木条，横截面尺寸均为 20mm×5mm，一根长为 40mm，另一根长为 800mm，如图 10.1 所示。对于短的木条，若要用手将它压坏，显然很困难，但对于长的木条，情况就很不一样了，在不大的压力作用下，木条会突然向一侧发生弯曲，若再继续增加压力，木条的弯曲程度将逐渐增大，直至折断，上述现象说明细长的压杆承受轴向压力丧失承载能力的原因不是强度不够，而是压杆不能保持原来的直线形状而突然弯曲，把压杆在荷载作用下不能保持原来直线状态的平衡而突然弯曲的现象称为压杆丧失稳定，简称失稳。

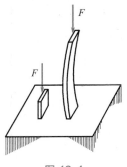

图 10.1

在工程中，考虑压杆的失稳问题很重要，因为受压杆件失稳往往是突然发生的，并且会引起内力的重大改变，从而造成严重的工程事故，如 1907 年加拿大魁北克的圣劳伦斯河上，一座跨度为 548m 的钢桥在施工中，由于悬臂结构的下弦杆失稳而坍塌，70 多名施工人员遇难。一万五千多吨金属结构顷刻间成了废铁。因此，对于细长的受压杆件，在设计时必须考虑它们的失稳问题，并要设法防止其失稳，以保证受压杆能安全地工作。

二、稳定的概念

如图 10.2（a）、（b）所示，两个圆球分别放在凹形曲面的最低点 A 处和凸形曲面的最高点 B 处，这时小球都处于平衡状态，如果作用一微小的横向干扰力使小球离开原来的平衡位置，当干扰力去掉后，凹面上的圆球在 A 点附近经过几次来回滚动，最后仍回到原来的平衡位置。但在凸面上的圆球则继续沿曲面下滚，不可能回到原位。所以原来的平衡状态分为两种，一种是经得起干扰的平衡状态，称为稳定平衡状态，如图 10.2（a）所示；另一种是经不起干扰的平衡状态，称为不稳定的平衡状态，如图 10.2（b）所示。

如图 10.2（c）所示，当小球由于某种外在干扰因素而使其稍微偏离原来的平衡位置 C，当该干扰消除后，它就停在新的位置静止不动，这种平衡状态称为随遇平衡状态，它是稳定平衡状态和不稳定平衡状态的分界线，所以也称为临界平衡状态。

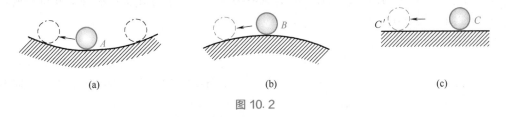

| (a) | (b) | (c) |

图 10.2

与此类似，压杆也有同样的情况。取一根下端固定，上端自由的细长压杆做实验，如图 10.3（a）所示。杆件在轴向压力 F 作用下处于直线平衡状态，如压力 F 小于某个特定值 F_{cr} 时，压杆在微小的横向干扰力作用下发生微小弯曲，当干扰力去掉后，压杆经过几次摆动后，仍然可以回到原来的直线平衡位置，如图 10.3（b）所示，因此压杆原来的直线平衡状态是稳定的。若压力 F 增大到等于某特定值 F_{cr} 时，做同样的干扰后，杆件已不能恢复到原来的直线位置，而会在微弯的状态下保持新的平衡，此时杆件处于临界平衡状态，如图 10.3（c）所示。当压力 F 继续增大，超过特定值 F_{cr} 后，在干扰力去掉后，压杆的弯曲会继续增加，直至折断，此时杆件处于不稳定平衡状态，如图 10.3（d）所示。

可见压杆失稳破坏的实质是丧失了保持其原有直线平衡状态的能力。在实际工程中，压

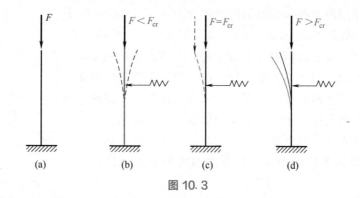

图 10.3

杆如果处于不稳定的直线平衡状态，一旦有干扰力作用，压杆就会突然弯曲直至破坏。

从上面情况可看出，压杆原来的直线平衡状态是否稳定与压力 F 的大小有关。当力 F 小于特定值 F_{cr} 时，压杆原来的直线状态平衡是稳定的；当力 F 等于 F_{cr} 时，压杆处于由稳定过渡到不稳定的状态，该状态称为临界状态，这个特定值 F_{cr} 称为压杆的临界压力或简称为临界力（critical load）；当力 F 大于特定值 F_{cr} 时，压杆原来的直线状态平衡是不稳定的。所以，为了保证压杆不丧失稳定就要使压力 F 小于临界压力 F_{cr}，这样确定临界压力 F_{cr} 就成为研究压杆稳定问题的核心内容。

第二节　欧拉公式

一、两端铰支压杆的欧拉公式

压杆失稳后，其变形仍保持在弹性范围内称为压杆的弹性稳定问题，这是压杆稳定中最简单、最基本的情形。

图 10.4（a）所示的两端铰支压杆，在临界力 F_{cr} 作用下可在微弯状态下保持平衡，其变形的弹性曲线微分方程为

$$\frac{\mathrm{d}^2 y}{\mathrm{d}x^2} = -\frac{M(x)}{EI} \tag{a}$$

如图 10.4（b）所示，其中任一截面的弯矩为

$$M(x) = F_{cr} y \tag{b}$$

将式（b）代入式（a），并设

$$\frac{F_{cr}}{EI} = k^2 \tag{c}$$

得微分方程

$$\frac{\mathrm{d}^2 y}{\mathrm{d}x^2} + k^2 y = 0 \tag{d}$$

其通解为

$$y = A\sin kx + B\cos kx \tag{e}$$

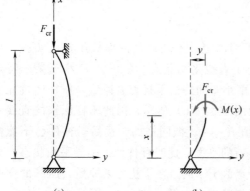

图 10.4

式中，A、B 为常数，由边界条件确定。两端铰支压杆的边界条件为：

$$y(0)=0, y(l)=0 \tag{f}$$

代入式（e），得

$$\left. \begin{array}{l} 0 \times A + B = 0 \\ \sin kl \times A + \cos kl \times B = 0 \end{array} \right\} \tag{g}$$

方程组（g）中，A、B 不全为零的条件是

$$\begin{vmatrix} 0 & 1 \\ \sin kl & \cos kl \end{vmatrix} = 0 \tag{h}$$

由此解得

$$\sin kl = 0$$

于是，有

$$kl = n\pi \quad (n=0,1,2,\cdots)$$

将 $k = \dfrac{n\pi}{l}$ 代入式（c），

$$F_{cr} = \frac{n^2 \pi^2 EI}{l^2} \tag{i}$$

由式（i）可知，压杆的临界力在理论上有多个值，但具有实际意义的应是最小值。若取 $n=0$，得 $F_{cr}=0$，显然也没有意义。取 $n=1$，得

$$F_{cr} = \frac{\pi^2 EI}{l^2} \tag{10.1}$$

式中，E 为材料的弹性模量；由于压杆总是在抗弯能力最弱的纵向平面内因弯曲而失稳，因此，当杆端在各个方向的约束相同时（如球形铰支座），I 值应取截面的最小惯性矩。式（10.1）是两端铰支压杆的临界力计算公式，称为**欧拉公式**（euler's formula）。

将 $kl = \pi$ 代入式（e），并考虑到 $B=0$［由式（g），第一个方程即可确定］，得到挠曲线方程

$$y = A \sin \frac{\pi x}{l} \tag{j}$$

即挠曲线为半波正弦曲线。

二、杆端约束不同时的欧拉公式

压杆两端约束不同时，可仿照前述两端铰支压杆临界力的推导方法，得到如下通用的欧拉公式

$$F_{cr} = \frac{\pi^2 EI}{(\mu l)^2} = \frac{\pi^2 EI}{l_0^2} \tag{10.2}$$

式中，l 为压杆的长度；μ 称为长度系数，它与压杆两端的支承情况有关，其数值见表10.1，从表10.1可看出压杆两端的约束越牢固，μ 值就越小，说明其抗弯能力越强，越不容易失稳；$l_0 = \mu l$ 称为压杆的计算长度，它综合考虑了压杆长度和支承情况对临界压力 F_{cr} 的影响。

表 10.1 压杆的长度系数 μ

支承情况	两端铰支	一端固定 一端自由	两端固定	一端固定 一端铰支
简图				
μ	1	2	0.5	0.7

【例 10.1】 一细长钢杆，两端铰支，长度为 $l=1.5\text{m}$，横截面直径 $d=50\text{mm}$，若钢的弹性模量 $E=200\text{GPa}$，试求其临界压力 F_{cr}。

解： 查表 10.1，两端铰支时的 $\mu=1$，由式（10.2）可求得

$$F_{\text{cr}}=\frac{\pi^2 EI}{(\mu l)^2}=\frac{\pi^2\times 200\times 10^9\text{Pa}\times \pi\times(0.05\text{m})^4}{(1.5\text{m})^2\times 64}=270\times 10^3\text{N}=270\text{kN}$$

【讨论】 设钢杆材料的屈服强度 $\sigma_{\text{s}}=235\text{MPa}$，若按轴向压缩计算，其承载力为

$$N=\sigma_{\text{s}}A=235\times 10^6\text{Pa}\times \frac{\pi\times 50^2\times 10^{-6}\text{m}^2}{4}=461.4\times 10^3\text{N}=461.4\text{kN}$$

这要比考虑稳定性用欧拉公式计算的结果大很多！

第三节　临界应力总图

一、计算临界应力的欧拉公式及柔度

前面已经导出了计算压杆临界压力的式（10.2），但在工程中无论是强度计算还是稳定性计算通常都采用应力的形式。为此，用压杆的横截面积 A 去除 F_{cr}，便得到临界应力 σ_{cr}

$$\sigma_{\text{cr}}=\frac{F_{\text{cr}}}{A}=\frac{\pi^2 EI}{(\mu l)^2 A} \tag{10.3}$$

式中的 I、A 都是与截面有关的几何量，由第五章可知：

$$i=\sqrt{\frac{I}{A}}$$

i 为惯性半径，这样式（10.3）可以写成

$$\sigma_{\text{cr}}=\frac{\pi^2 E}{\left(\dfrac{\mu l}{i}\right)^2}$$

令：

$$\lambda=\frac{\mu l}{i}=\frac{l_0}{i} \tag{10.4}$$

λ 是一个没有量纲的量，称为柔度或长细比（slenderness ratio），它集中反映了压杆的长度、杆端约束情况、截面尺寸和形状等因素对临界应力 σ_{cr} 的影响，由于引入了柔度 λ，临界应力公式式（10.3）可以写成更简洁的形式：

$$\sigma_{cr} = \frac{\pi^2 E}{\lambda^2} \tag{10.5}$$

式（10.5）是欧拉公式的另一种表达形式。从式（10.5）可以看到，当材料一定时（即弹性模量 E 一定时），临界应力 σ_{cr} 仅取决于 λ 且与 λ^2 成反比，λ 越大 σ_{cr} 就越小，压杆就越容易失稳；反之，就越不容易失稳。

二、欧拉公式的适用范围

欧拉公式是通过弯曲变形的微分方程导出的，而该微分方程的前提条件为材料必须服从胡克定律，所以，只有临界应力小于比例极限应力 σ_p 时，式（10.2）和式（10.5）才是正确的，令式（10.5）的 σ_{cr} 小于 σ_p 得：

$$\frac{\pi^2 E}{\lambda^2} \leqslant \sigma_p \qquad \text{或} \qquad \lambda \geqslant \pi \sqrt{\frac{E}{\sigma_p}}$$

令：

$$\lambda_p = \pi \sqrt{\frac{E}{\sigma_p}} \tag{10.6}$$

则欧拉公式的适用范围用柔度表达为：

$$\lambda \geqslant \lambda_p \tag{10.7}$$

λ_p 称为柔度界限值，λ_p 与材料的性质有关，材料不同，λ_p 的数值也就不同。例如：对于 Q235 钢，$E = 2.1 \times 10^5 \text{MPa}$，$\sigma_p = 200\text{MPa}$，代入式（10.6）得 $\lambda_p \approx 100$，所以对于用 Q235 钢制成的压杆只有当 $\lambda \geqslant 100$ 时，欧拉公式才成立；对于铸铁，λ_p 大约为 80；而松木的 λ_p 大约为 110。

满足条件 $\lambda \geqslant \lambda_p$ 的压杆称为大柔度压杆（也称为细长杆）；满足条件 $\lambda < \lambda_p$ 的压杆称为中小柔度杆，对于中小柔度杆欧拉公式已不再适用。

三、临界应力总图

若压杆的柔度 $\lambda < \lambda_p$，则临界应力 $\sigma_{cr} > \sigma_p$，这时欧拉公式已不能使用，属于超过比例极限的压杆稳定问题，如内燃机的连杆，千斤顶的螺杆等，其柔度 λ 就往往小于 λ_p。对超过比例极限的压杆稳定问题，也有理论分析的结果，但工程中对这类压杆的计算，一般使用以试验结果为依据的经验公式：机械工程中常用直线型经验公式，而钢结构工程中常用抛物线型经验公式，下面分别讨论。

1. 直线型公式

直线型公式把临界应力 σ_{cr} 与柔度 λ 表示为以下的直线关系：

$$\sigma_{cr} = a - b\lambda \tag{10.8}$$

式中，a 与 b 是与材料性能有关的常数。例如对 Q235 钢制成的压杆，$a = 304\text{MPa}$，$b = 1.12\text{MPa}$。在表 10.2 中列出了一些材料的 a 和 b 的值。

表 10.2   几种常见材料的直线型公式的 a、b 值

材料（σ_b,σ_s 的单位为 MPa）		a/MPa	b/MPa
Q235 钢	$\sigma_b \geqslant 372$ $\sigma_s = 235$	304	1.12
优质碳钢	$\sigma_b \geqslant 471$ $\sigma_s = 306$	461	2.568
硅钢	$\sigma_b \geqslant 510$ $\sigma_s = 353$	578	3.744
铬钼钢		980	5.296
铸铁		332.2	1.454
强铝		373	2.15
松木		28.7	0.19

柔度很小的短柱，例如轴向压缩试验用的金属短柱或混凝土试块，受压时不可能像大柔度杆那样出现弯曲变形，而是因应力达到屈服强度（塑性材料）或强度极限（脆性材料）而失效，这是一个强度问题。所以，对塑性材料，按式（10.8）算出的应力最大只能等于 σ_s，所对应的柔度记为 λ_0，则

$$\lambda_0 = \frac{a - \sigma_s}{b} \qquad (10.9)$$

这是应用直线型公式的最小柔度。如 $\lambda < \lambda_0$，就应按照压缩的强度计算，即

$$\sigma_{cr} = \sigma_s \qquad (10.10)$$

对于脆性材料，只需把式（10.9）和式（10.10）中的 σ_s 换成 σ_b 即可。

综上所述，根据压杆的柔度可将其分为三类，并按照不同的公式计算临界应力：

$\lambda \geqslant \lambda_p$ 的压杆称为细长压杆或大柔度压杆，按欧拉公式计算。

$\lambda_0 \leqslant \lambda < \lambda_p$ 的压杆称为中长压杆或中柔度压杆，可按直线型公式式（10.8）计算。

$\lambda < \lambda_0$ 的压杆称为短粗压杆或小柔度压杆，不会失稳，应按强度问题计算。

在上述三种情况下，临界应力随柔度变化的曲线如图 10.5 所示，称为压杆的临界应力总图。

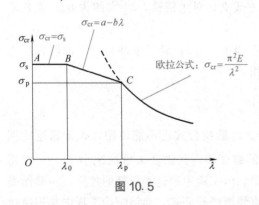

图 10.5

2. 抛物线型公式

对于由结构钢或低合金钢等材料制成的非细长压杆，可采用抛物线型经验公式计算临界应力，该公式的一般形式为

$$\sigma_{cr} = a_1 - b_1 \lambda^2 \qquad (10.11)$$

式中，a_1 与 b_1 是与材料性能有关的常数。

我国钢结构规范中采用的抛物线型经验公式为：

$$\sigma_{cr} = \sigma_s \left[1 - \alpha \left(\frac{\lambda}{\lambda_c} \right)^2 \right], \quad \lambda \leqslant \lambda_c \qquad (10.12)$$

式中，σ_s 为钢材的屈服极限；α 是与材料性能有关的常数；λ_c 由下式确定：

$$\lambda_c = \sqrt{\frac{\pi^2 E}{0.57\sigma_s}} \qquad (10.13)$$

λ_c 是细长压杆与非细长压杆的分界值，该值与 λ_p 是有差异的，λ_p 是由理论公式算出的，而 λ_c 是在考虑了压杆的初弯曲、荷载的偏心、材料的非均匀性等因素的影响下，所得到的经验结果。不同的材料，α 和 λ_p 各不相同。例如，对于 Q235 钢，$\alpha = 0.43$，$\sigma_s = 235\text{MPa}$，$E = 206\text{MPa}$，则 $\lambda_c = 123$。将数据代入式（10.12），可得 Q235 钢非细长压杆简化形式的抛物线型经验公式为

$$\sigma_{cr} = 235 - 0.00668\lambda^2, \quad \lambda \leqslant \lambda_c = 123$$

$$(10.14)$$

根据欧拉公式和抛物线型公式绘制的临界应力总图见图 10.6。

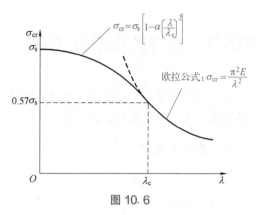

稳定计算中，无论欧拉公式或经验公式，都是以杆件的整体变形为基础的，局部面积的削弱（如螺钉孔等）对杆件的整体变形影响很小，所以计算临界应力时，可采用未经削弱的横截面积 A 和惯性矩 I。至于作压缩强度计算时，自然应该使用削弱后的横截面面积。

图 10.6

【例 10.2】 三根圆截面压杆，直径均为 $d = 160\text{mm}$，两端均为铰支。材料为 Q235 钢，其弹性模量 $E = 200\text{GPa}$，比例极限 $\sigma_p = 200\text{MPa}$，屈服极限 $\sigma_s = 235\text{MPa}$。长度分别为 l_1、l_2 和 l_3，且 $l_1 = 2l_2 = 4l_3 = 5\text{m}$。试确定各杆的临界应力。

解： 由式（10.6）求出

$$\lambda_p = \pi\sqrt{\frac{E}{\sigma_p}} = \pi \times \sqrt{\frac{200 \times 10^3 \text{MPa}}{200\text{MPa}}} = 99.3$$

查表 10.2，材料为 Q235 钢时，$a = 304\text{MPa}$，$b = 1.12\text{MPa}$，由式（10.9）求出

$$\lambda_0 = \frac{a - \sigma_s}{b} = \frac{(304 - 235)\text{MPa}}{1.12\text{MPa}} = 61.6$$

惯性半径： $\qquad i = \sqrt{\frac{I}{A}} = \sqrt{\frac{\pi d^4/64}{\pi d^2/4}} = \frac{d}{4} = \frac{160\text{mm}}{4} = 40\text{mm}$

查表 10.1，长度系数 μ 均为 1；

对于 $l_1 = 5\text{m}$ 的压杆，其柔度

$$\lambda_1 = \frac{\mu l_1}{i} = \frac{1 \times 5000\text{mm}}{40\text{mm}} = 125$$

由于 $\lambda_1 > \lambda_p$，所以为大柔度压杆，其临界应力由欧拉公式式（10.5）求出

$$\sigma_{cr} = \frac{\pi^2 E}{\lambda^2} = \frac{\pi^2 \times 200 \times 10^3 \text{MPa}}{125^2} = 126.3\text{MPa}$$

对于 $l_2 = 2.5\text{m}$ 的压杆，其柔度

$$\lambda_2 = \frac{\mu l_2}{i} = \frac{1 \times 2500\text{mm}}{40\text{mm}} = 62.5$$

由于 $61.6 = \lambda_0 < \lambda_2 < \lambda_p = 99.3\text{MPa}$，所以为中柔度压杆，其临界应力由式（10.8）求出

$$\sigma_{cr} = a - b\lambda = 304\text{MPa} - 1.12\text{MPa} \times 62.5 = 234\text{MPa}$$

对于 $l_3 = 1.25\text{m}$ 的压杆，其柔度

$$\lambda_3 = \frac{\mu l_3}{i} = \frac{1 \times 1250\text{mm}}{40\text{mm}} = 31.3$$

由于 $\lambda_3 < \lambda_0 = 61.6\text{MPa}$，所以为小柔度压杆，不会出现失稳，属于强度问题，所以 $\sigma_{cr} = \sigma_s = 235\text{MPa}$。

第四节 压杆的稳定性校核

为了使受压杆件能安全承受荷载，必须对其进行稳定性计算。本节将介绍稳定性计算的两种方法：安全系数法和折减系数法。

一、安全系数法

对于工程中的受压杆件，要使其不丧失稳定性，就必须保证压杆所承受的轴向工作压力 N 小于压杆的临界压力 F_{cr}，并要考虑一定的安全储备，即采用规定的稳定安全系数 n_{st}，因此，压杆的稳定条件是：

$$N \leqslant \frac{F_{cr}}{n_{st}} \tag{10.15}$$

式（10.15）称为压杆的稳定条件，式中的 N 为压杆的实际工作压力，F_{cr} 为压杆的临界压力，n_{st} 为压杆的稳定安全系数。

考虑到受压杆存在着初弯曲和压力的偏心及材料的不均匀性等因素，而这些因素将使压杆的临界压力显著降低，对压杆稳定的影响较大，并且压杆的柔度越大影响也越大，但这些因素对压杆强度的影响不那么显著。因此，稳定安全系数 n_{st} 的取值一般地会大于强度安全系数 n。各种常用材料制成的压杆，在不同工作条件下稳定安全系数 n_{st} 的取值，可在有关的设计手册中查到。

利用稳定条件式（10.15）可以进行压杆的稳定性校核，设计截面尺寸和确定许用荷载等三类计算，这种进行压杆稳定计算的方法称为安全系数法。

二、折减系数法

在工程中，对压杆进行稳定性计算时还常用另外一种方法——折减系数法，这种方法就是将材料的轴向拉压的许用应力 $[\sigma]$ 乘以一个随压杆柔度 λ 而改变且小于 1 的系数 $\varphi = \varphi(\lambda)$ 作为压杆的稳定许用应力 $[\sigma_{st}]$，即

$$[\sigma_{st}] = \varphi[\sigma] \tag{10.16}$$

于是得到按折减系数法建立的压杆的稳定条件为

$$\sigma = \frac{N}{A} \leqslant \varphi[\sigma] \tag{10.17}$$

折减系数 φ 可从规范中查到。

【**例 10.3**】 如图 10.7 所示的结构，立柱 CD 由钢管制成，其高度 $h=3.6\text{m}$，外径 $D=100\text{mm}$，内径 $d=80\text{mm}$，材料为 Q235 钢，其弹性模量 $E=200\text{GPa}$，比例极限 $\sigma_p=200\text{MPa}$，屈服极限 $\sigma_s=235\text{MPa}$，稳定安全系数 $n_{st}=3$。试确定梁上许用荷载 $[F]$。

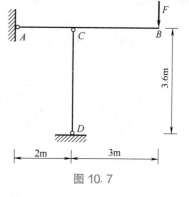

图 10.7

解：立柱的惯性半径为

$$i=\frac{\sqrt{D^2+d^2}}{4}=\frac{\sqrt{100^2+80^2}}{4}=32(\text{mm})$$

立柱 CD 两端铰支，查表 10.1，长度系数 $\mu=1$，其柔度为

$$\lambda=\frac{\mu l}{i}=\frac{3600\text{mm}}{32\text{mm}}=112.5$$

由式（10.6）求出

$$\lambda_p=\pi\sqrt{\frac{E}{\sigma_p}}=\pi\sqrt{\frac{200\times10^3\text{MPa}}{200\text{MPa}}}=99.3$$

由于 $\lambda>\lambda_p$，所以为大柔度压杆，其临界力

$$F_{cr}=\frac{\pi^2 E}{\lambda^2}A=\frac{\pi^2\times200\times10^9\text{Pa}}{112.5^2}\times\frac{\pi\times(100^2-80^2)\times10^{-6}\text{m}^2}{4}=440978\text{N}=441.0\text{kN}$$

立柱 CD 能承受的荷载

$$N\leqslant\frac{F_{cr}}{n_{st}}=\frac{441.0}{3}=147.0(\text{kN})$$

对横梁 ACB，由静力学平衡方程 $\sum M_A=0$ 得

$$F\times5\text{m}=N\times2\text{m},F=\frac{N}{2.5}\leqslant\frac{147.0\text{kN}}{2.5}=58.8\text{kN}$$

所以，梁上的许用荷载 $[F]=58.8\text{kN}$。

第五节　提高压杆稳定性的措施

细长压杆在荷载作用下容易丧失稳定性，为了工程结构的安全，需要采取必要的措施提高压杆的稳定性。

一、选择合理的截面形状

当压杆为大柔度杆时，由欧拉公式可知，压杆截面的惯性矩越大，则临界压力 F_{cr} 也就越大。而对于中柔度压杆的经验公式式（10.8）和式（10.11），可看到，柔度越小，则临界压力越大。

由于

$$\lambda=\frac{\mu l}{i}=\mu l\sqrt{\frac{A}{I}}$$

所以，对于一定长度和约束条件的压杆，在横截面积保持不变的情况下，应尽可能把材料放置到离截面形心较远处，以得到较大的惯性矩和惯性半径，这样就提高了临界压力。例如，可将图 10.8（a）、（b）所示的实心截面改为图 10.8（c）、（d）所示的空心截面。又如在采用组合截面时，采用如图 10.9（a）所示的形式要优于如图 10.9（b）所示的形式。

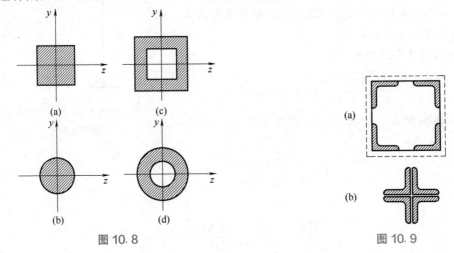

图 10.8

图 10.9

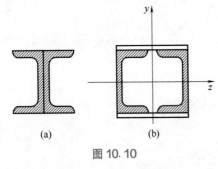

图 10.10

当压杆两端在各个方向的支承情况相同时，即 μl 值相同，压杆总是绕 I 小的形心主轴弯曲失稳。因此应尽量使截面对两个形心主轴的惯性矩相等（即 $I_y = I_z$）或接近，如采用圆形、正方形一类截面。又如图 10.10 所示，由两根槽钢组成的压杆，图（b）的截面布置比图（a）好，而在图（b）的布置形式下，调整两根槽钢之间距离使其达到 $I_y = I_z$，则压杆在两个方面的稳定性相同。

当压杆两端的支承情况在两个方向不同时，即 μ 值不同，则采用 I_y 和 I_z 不等的截面与相应的约束条件配合。如采用矩形或工字形截面，使得在两个相互垂直方向的柔度尽可能相等或相近，从而使压杆在两个方向上抵抗失稳的能力相等或接近，以便使材料能得到充分的利用。

二、改变压杆的约束条件

由欧拉公式可知，当改变压杆两端的约束条件时，会直接影响其临界压力的大小。如长度为 l 的两端铰支受压杆，其 $\mu = 1$，$F_{cr} = \dfrac{\pi^2 EI}{l^2}$；若把两端改为固定端，则 $\mu = 0.5$，$F_{cr} = \dfrac{4\pi^2 EI}{l^2}$。由此可见，临界压力随着压杆两端约束的加强而增大为原来的四倍，大大地提高了其稳定性。

资源 10.1
加强约束，
提高稳定性

三、减小压杆的长度

如对长度为 l 的两端铰支压杆，若在它的中点增加一横向约束，如图 10.11 所示，则压杆的计算长度 μl 就由 l 减小成为 $l/2$，其稳定性也会提高四倍。因此，减小压杆的长度，也是提高压杆稳定性切实有效的措施。

四、合理选择材料

对于细长压杆（$\lambda > \lambda_p$），其临界应力 $\sigma_{cr} = \pi^2 E / \lambda^2$，可见 σ_{cr} 与材料的弹性模量 E 有关，但由于各种钢材的 E 值相差不多，因此若选用合金钢或优质钢制作细长压杆，意义不大，还会造成浪费；但对于中长杆，从临界应力总图可以看出，压杆临界应力与材料的强度有关，即随材料屈服极限和比例极限的增大，在一定程度上可以提高其临界应力的数值，故选用高强度钢材能够提高中长压杆的稳定性；至于柔度 λ 很小的短压杆，不存在稳定性问题，只是强度问题，使用高强度材料，其优越性自然是明显的。

对于受压杆，除了可采用上述几方面的措施来提高其稳定性外，在可能的条件下，还可以从结构上采取措施，例如将如图 10.12（a）所示的受压杆 AB，改变成如图 10.12（b）所示的受拉杆 AB，从根本上消除稳定性问题。

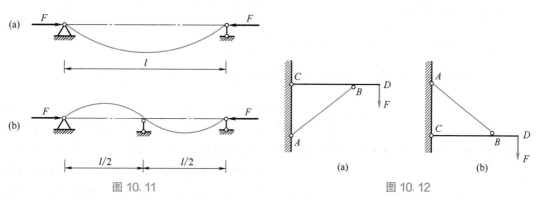

图 10.11　　　　图 10.12

第六节　应用分析

【例 10.4】 如图 10.13 所示，水平放置的刚性梁 AC 由两根立柱支撑，左侧立柱 AB 的截面为正方形，边长为 45mm；右侧立柱 CD 为圆管，其外径 $D = 50$mm，内径 $d = 40$mm，两根立柱的长度均为 $l = 2$m，柔度界限值 $\lambda_p = 123$，两立柱材料相同，其弹性模量 $E = 200$GPa，非细长压杆的临界应力公式为 $\sigma_{cr} = 235 - 0.00668\lambda^2$（MPa）。若稳定安全系数 $n_{st} = 3$，集中荷载 F 作用于 AC 梁的正中间，试确定许用荷载 $[F]$。

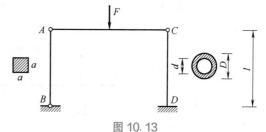

图 10.13

解：（1）对于左侧立柱 AB

柔度
$$\lambda_1 = \frac{\mu l}{i} = \frac{\mu l}{\frac{a}{2\sqrt{3}}} = \frac{2\sqrt{3} \times 1 \times 2000}{45} = 154.0$$

因为 $\lambda_1 > \lambda_p = 123$，属于细长杆。

所以 $F_{cr1} = \sigma_{cr} A = \dfrac{\pi^2 E}{\lambda_1^2} A = \dfrac{\pi^2 \times 200 \times 10^3}{154^2} \times 45 \times 45 = 168.5 \times 10^3$（N）$= 168.5$（kN）

（2）对于右侧立柱 CD

柔度
$$\lambda_2 = \frac{\mu l}{i} = \frac{\mu l}{\frac{\sqrt{D^2 + d^2}}{4}} = \frac{4 \times 0.7 \times 2000}{\sqrt{50^2 + 40^2}} = \frac{4 \times 0.7 \times 200}{\sqrt{41}} = 87.5$$

因为 $\lambda_2 < \lambda_p = 123$，属于非细长杆。

所以

$$F_{cr2} = \sigma_{cr} A = (235 - 0.00668\lambda^2) A = (235 - 0.00668 \times 87.5^2) \times \frac{\pi \times (50^2 - 40^2)}{4}$$
$$= 130 \times 10^3 (\text{N}) = 130 (\text{kN})$$

因为对称，两立柱承受压力相等，由上述计算结果可知，结构的稳定性由立柱 CD 决定。

立柱可承受的荷载：

由 $\dfrac{F_{cr2}}{N} \geqslant n_{st}$，得 $N \leqslant \dfrac{F_{cr2}}{n_{st}} = \dfrac{130}{3} = 43.3$ （kN）

由静力平衡方程，$N = \dfrac{F}{2}$，所以结构的许用荷载：$[F] = 2N = 86.6$ （kN）。

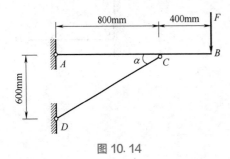

图 10.14

【例 10.5】 如图 10.14 所示，结构在 B 位置受集中荷载 F 作用。水平横梁 AB 材料为 25a 号工字钢，其抗弯截面系数 $W_z = 402\text{cm}^3$，横截面积 $A = 48.5\text{cm}^2$，材料的许用应力 $[\sigma] = 170\text{MPa}$。钢制圆形截面支撑杆 CD 的直径 $d = 60\text{mm}$，材料的弹性模量 $E = 200\text{GPa}$。柔度极限值：$\lambda_p = 100$；$\lambda_s = 60$。杆的稳定安全因数 $n_{st} = 3$，试确定结构的许用荷载。已知中柔度杆的临界应力公式为 $\sigma_{cr} = 304 - 1.12\lambda$ （MPa）。

解：（1）选横梁 AB 为研究对象，画受力图，如图 10.15（a）所示。

由 $\sum M_A = 0$，$N\sin\alpha \times 800 = F \times 1200$

考虑到 $\sin\alpha = 0.6$，得 $N = 2.5F$

由 $\sum F_x = 0$，$F_{Ax} = N\cos\alpha = 2.5 \times 0.8F = 2F$ （水平向左）

由 $\sum F_y = 0$，$F_{Ay} + F = N\sin\alpha$，$F_{Ay} = 2.5F\sin\alpha - F = 0.5F$ （竖直向下）

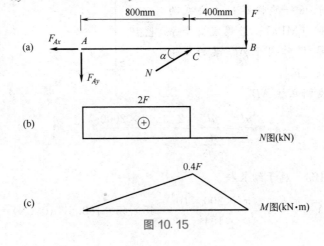

图 10.15

画轴力图和弯矩图分别见图 10.15（b）、（c），可见横梁为拉弯组合变形，危险点在 $C_{左}$ 邻截面的上边缘，由强度条件

$$\frac{M}{W_z}+\frac{N}{A}\leqslant[\sigma]，即\frac{0.4F\times10^6}{402\times10^3}+\frac{2F\times10^3}{48.5\times10^2}\leqslant[\sigma]$$

解得　$F\leqslant120.6\text{kN}$

即对于横梁的许用荷载：$[F]_1=120.6\text{kN}$

（2）再考虑压杆 CD 的稳定性，CD 段的柔度为

$$\lambda=\frac{\mu l}{i}=\frac{1\times1000}{\dfrac{d}{4}}=\frac{1\times1000}{\dfrac{60}{4}}=66.7$$

因为 $60=\lambda_s<\lambda<\lambda_p=100$，所以 CD 杆为中柔度杆。

其临界压力

$$F_{cr}=(304-1.12\lambda)A=(304-1.12\times66.7)\times\frac{\pi\times60^2}{4}=648.3\times10^3(\text{N})=648.3(\text{kN})$$

由稳定性条件：$\dfrac{F_{cr}}{N}\geqslant3$，即$\dfrac{648.3}{2.5F}\geqslant3$

所以对于压杆的许用荷载

$$[F]_2=\frac{648.3}{3\times2.5}=86.4(\text{kN})$$

比较 $[F]_1$ 和 $[F]_2$，结构的许用荷载为 $[F]=86.4\text{kN}$。

小结

压杆临界压力 F_{cr} 的计算是本章的重点内容，临界压力 F_{cr} 是判断压杆是否处于稳定平衡状态的重要依据。

（1）对于细长压杆，可用欧拉公式计算：

临界压力：$F_{cr}=\dfrac{\pi^2EI}{(\mu l)^2}$

或临界应力：$\sigma_{cr}=\dfrac{\pi^2E}{\lambda^2}$

式中，λ 为压杆的柔度，其计算公式为 $\lambda=\dfrac{\mu l}{i}$。

（2）对于非细长压杆，其稳定性由经验公式校核。在工程设计中，稳定性的计算采用安全系数法或折减系数法。

习题

10.1　如图所示的四根细长压杆，它们的材料、截面尺寸和形状都相同，试问哪一根压杆承受的临界压力最大？哪一根压杆的临界压力最小？

10.2　一端固定、一端自由的木质细长杆，已知 $l=2\text{m}$，$E=10\text{GPa}$，截面为矩形，$h=160\text{mm}$，$b=90\text{mm}$，若改为相同截面积的正方形和圆形，试按欧拉公式计算三种截面的临界压力。

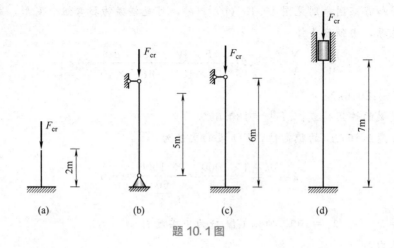

题 10.1 图

10.3 图示两个细长压杆的材料相同，为使两压杆的临界力相等，b_1 与 b_2 之比应为多少？

10.4 图示结构中杆件 AC 与 CD 均由 Q235 制成，弹性模量 $E = 200\mathrm{GPa}$，比例极限 $\sigma_p = 200\mathrm{MPa}$，屈服极限 $\sigma_s = 240\mathrm{MPa}$。已知 $d = 40\mathrm{mm}$，$b = 100\mathrm{mm}$，$h = 180\mathrm{mm}$，强度安全系数 $n = 2$，稳定安全系数 $n_{st} = 4$。试确定结构的许用荷载。

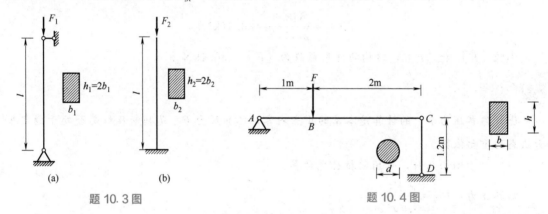

题 10.3 图   题 10.4 图

10.5 如图所示的结构，在 B 点受集中荷载 $F = 40\mathrm{kN}$ 作用。水平横梁 AB 材料为 28b 号工字钢，已知其 $W_z = 534\mathrm{cm}^3$，横截面积 $A = 61\mathrm{cm}^2$。材料的许用应力 $[\sigma] = 170\mathrm{MPa}$，材料的弹性模量 $E = 200\mathrm{GPa}$。钢制圆形截面支撑杆 CD 长 $1.2\mathrm{m}$，直径 $d = 40\mathrm{mm}$，两端球铰，钢材压杆比例极限的柔度值 $\lambda_p = 100$，杆的稳定安全系数 $n_{st} = 2$，非细长杆的临界应力式为 $\sigma_{cr} = 304 - 1.12\lambda$（MPa）。试校核此结构的安全性。

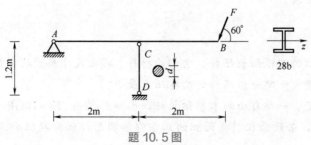

题 10.5 图

10.6　图示正方形铰接结构，各杆 E、I、A 均相同，且均为细长杆。试求达到临界状态时相应的力 P 等于多少？若力 P 改为相反方向，其值又应为多少？

10.7　铰接结构 ABC 由具有相同截面和材料的细长杆组成。若由于杆件在 ABC 平面内失稳而引起破坏，试确定荷载 P 为最大时的 θ 角（$0<\theta<\pi/2$）。

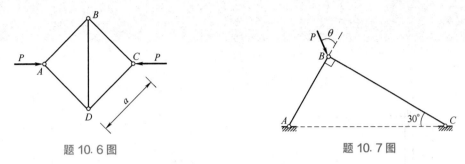

题 10.6 图　　　　　　　　　题 10.7 图

10.8　图示结构，横梁 ABC 为刚性杆；其他杆件材料均为 Q235 钢，$E=200\text{GPa}$，直径均为 $d=40\text{mm}$，$[\sigma]=160\text{MPa}$，$\lambda_p=100$，稳定安全系数为 $n_{st}=2.5$，非细长压杆的临界应力公式为 $\sigma_{cr}=235-0.00668\lambda^2$（MPa）。试校核结构的安全性。

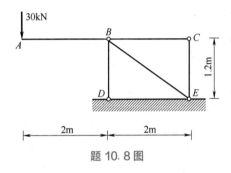

题 10.8 图

附录 型钢规格表

附表 1 热轧等边角钢（GB/T 706—2016）

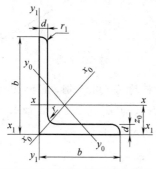

b——边宽度；　　　　I——惯性矩；

d——边厚度；　　　　i——惯性半径；

r——内圆弧半径；　　W——截面系数；

r_1——边端内圆弧半径；　z_0——重心距离

型号	截面尺寸/mm			截面面积/cm²	理论重量/(kg/m)	外表面积/(m²/m)	惯性矩/cm⁴				惯性半径/cm			截面系数/cm³			重心距离/cm
	b	d	r				I_x	I_{x1}	I_{x0}	I_{y0}	i_x	i_{x0}	i_{y0}	W_x	W_{x0}	W_{y0}	z_0
2	20	3	3.5	1.132	0.89	0.078	0.40	0.81	0.63	0.17	0.59	0.75	0.39	0.29	0.45	0.20	0.60
		4		1.459	1.15	0.077	0.50	1.09	0.78	0.22	0.58	0.73	0.38	0.36	0.55	0.24	0.64
2.5	25	3		1.432	1.12	0.098	0.82	1.57	1.29	0.34	0.76	0.95	0.49	0.46	0.73	0.33	0.73
		4		1.859	1.46	0.097	1.03	2.11	1.62	0.43	0.74	0.93	0.48	0.59	0.92	0.40	0.76
3.0	30	3		1.749	1.37	0.117	1.46	2.71	2.31	0.61	0.91	1.15	0.59	0.68	1.09	0.51	0.85
		4		2.276	1.79	0.117	1.84	3.63	2.92	0.77	0.90	1.13	0.58	0.87	1.37	0.62	0.89
3.6	36	3	4.5	2.109	1.66	0.141	2.58	4.68	4.09	1.07	1.11	1.39	0.71	0.99	1.61	0.76	1.00
		4		2.756	2.16	0.141	3.29	6.25	5.22	1.37	1.09	1.38	0.70	1.28	2.05	0.93	1.04
		5		3.382	2.65	0.141	3.95	7.84	6.24	1.65	1.08	1.36	0.7	1.56	2.45	1.00	1.07
4	40	3	5	2.359	1.85	0.157	3.59	6.41	5.69	1.49	1.23	1.55	0.79	1.23	2.01	0.96	1.09
		4		3.086	2.42	0.157	4.60	8.56	7.29	1.91	1.22	1.54	0.79	1.60	2.58	1.19	1.13
		5		3.792	2.98	0.156	5.53	10.7	8.76	2.30	1.21	1.52	0.78	1.96	3.10	1.39	1.17
4.5	45	3	5	2.659	2.09	0.177	5.17	9.12	8.20	2.14	1.40	1.76	0.89	1.58	2.58	1.24	1.22
		4		3.486	2.74	0.177	6.65	12.2	10.6	2.75	1.38	1.74	0.89	2.05	3.32	1.54	1.26
		5		4.292	3.37	0.176	8.04	15.2	12.7	3.33	1.37	1.72	0.88	2.51	4.00	1.81	1.30
		6		5.077	3.99	0.176	9.33	18.4	14.8	3.89	1.36	1.70	0.80	2.95	4.64	2.06	1.33
5	50	3	5.5	2.971	2.33	0.197	7.18	12.5	11.4	2.98	1.55	1.96	1.00	1.96	3.22	1.57	1.34
		4		3.897	3.06	0.197	9.26	16.7	14.7	3.82	1.54	1.94	0.99	2.56	4.16	1.96	1.38
		5		4.803	3.77	0.196	11.2	20.9	17.8	4.64	1.53	1.92	0.98	3.13	5.03	2.31	1.42
		6		5.688	4.46	0.196	13.1	25.1	20.7	5.42	1.52	1.91	0.98	3.68	5.85	2.63	1.46
5.6	56	3	6	3.343	2.62	0.221	10.2	17.6	16.1	4.24	1.75	2.20	1.13	2.48	4.08	2.02	1.48
		4		4.39	3.45	0.220	13.2	23.4	20.9	5.46	1.73	2.18	1.11	3.24	5.28	2.52	1.53
		5		5.415	4.25	0.220	16.0	29.3	25.4	6.61	1.72	2.17	1.10	3.97	6.42	2.98	1.57
		6		6.42	5.04	0.220	18.7	35.3	29.7	7.73	1.71	2.15	1.10	4.68	7.49	3.40	1.61
		7		7.404	5.81	0.219	21.2	41.2	33.6	8.82	1.69	2.13	1.09	5.36	8.49	3.80	1.64
		8		8.367	6.57	0.219	23.6	47.2	37.4	9.89	1.68	2.11	1.09	6.03	9.44	4.16	1.68

续表

型号	截面尺寸/mm			截面面积/cm²	理论重量/(kg/m)	外表面积/(m²/m)	惯性矩/cm⁴				惯性半径/cm			截面系数/cm³			重心距离/cm
	b	d	r				I_x	I_{x1}	I_{x0}	I_{y0}	i_x	i_{x0}	i_{y0}	W_x	W_{x0}	W_{y0}	z_0
6	60	5	6.5	5.829	4.58	0.236	19.9	36.1	31.6	8.21	1.85	2.33	1.19	4.59	7.44	3.48	1.67
		6		6.914	5.43	0.235	23.4	43.3	36.9	9.60	1.83	2.31	1.18	5.41	8.70	3.98	1.70
		7		7.977	6.26	0.235	26.4	50.7	41.9	11.0	1.82	2.29	1.17	6.21	9.88	4.45	1.74
		8		9.02	7.08	0.235	29.5	58.0	46.7	12.3	1.81	2.27	1.17	6.98	11.0	4.88	1.78
6.3	63	4	7	4.978	3.91	0.248	19.0	33.4	30.2	7.89	1.96	2.46	1.26	4.13	6.78	3.29	1.70
		5		6.143	4.82	0.248	23.2	41.7	36.8	9.57	1.94	2.45	1.25	5.08	8.25	3.90	1.74
		6		7.288	5.72	0.247	27.1	50.1	43.0	11.2	1.93	2.43	1.24	6.00	9.66	4.46	1.78
		7		8.412	6.60	0.247	30.9	58.6	49.0	12.8	1.92	2.41	1.23	6.88	11.0	4.98	1.82
		8		9.515	7.47	0.247	34.5	67.1	54.6	14.3	1.90	2.40	1.23	7.75	12.3	5.47	1.85
		10		11.66	9.15	0.246	41.1	84.3	64.9	17.3	1.88	2.36	1.22	9.39	14.6	6.36	1.93
7	70	4	8	5.570	4.37	0.275	26.4	45.7	41.8	11.0	2.18	2.74	1.40	5.14	8.44	4.17	1.86
		5		6.876	5.40	0.275	32.2	57.2	51.1	13.3	2.16	2.73	1.39	6.32	10.3	4.95	1.91
		6		8.160	6.41	0.275	37.8	68.7	59.9	15.6	2.15	2.71	1.38	7.48	12.1	5.67	1.95
		7		9.424	7.40	0.275	43.1	80.3	68.4	17.8	2.14	2.69	1.38	8.59	13.8	6.34	1.99
		8		10.67	8.37	0.274	48.2	91.9	76.4	20.0	2.12	2.68	1.37	9.68	15.4	6.98	2.03
7.5	75	5	9	7.412	5.82	0.295	40.0	70.6	63.3	16.6	2.33	2.92	1.50	7.32	11.9	5.77	2.04
		6		8.797	6.91	0.294	47.0	84.6	74.4	19.5	2.31	2.90	1.49	8.64	14.0	6.67	2.07
		7		10.16	7.98	0.294	53.6	98.7	85.0	22.2	2.30	2.89	1.48	9.93	16.0	7.44	2.11
		8		11.50	9.03	0.294	60.0	113	95.1	24.9	2.28	2.88	1.47	11.2	17.9	8.19	2.15
		9		12.83	10.1	0.294	66.1	127	105	27.5	2.27	2.86	1.46	12.4	19.8	8.89	2.18
		10		14.13	11.1	0.293	72.0	142	114	30.1	2.26	2.84	1.46	13.6	21.5	9.56	2.22
8	80	5	9	7.912	6.21	0.315	48.8	85.4	77.3	20.3	2.48	3.13	1.60	8.34	13.7	6.66	2.15
		6		9.397	7.38	0.314	57.4	103	91.0	23.7	2.47	3.11	1.59	9.87	16.1	7.65	2.19
		7		10.86	8.53	0.314	65.6	120	104	27.1	2.46	3.10	1.58	11.4	18.4	8.58	2.23
		8		12.30	9.66	0.314	73.5	137	117	30.4	2.44	3.08	1.57	12.8	20.6	9.46	2.27
		9		13.73	10.8	0.314	81.1	154	129	33.6	2.43	3.06	1.56	14.3	22.7	10.3	2.31
		10		15.13	11.9	0.313	88.4	172	140	36.8	2.42	3.04	1.56	15.6	24.8	11.1	2.35
9	90	6	10	10.64	8.35	0.354	82.8	146	131	34.3	2.79	3.51	1.80	12.6	20.6	9.95	2.44
		7		12.30	9.66	0.354	94.8	170	150	39.2	2.78	3.50	1.78	14.5	23.6	11.2	2.48
		8		13.94	10.9	0.353	106	195	169	44.0	2.76	3.48	1.78	16.4	26.6	12.4	2.52
		9		15.57	12.2	0.353	118	219	187	48.7	2.75	3.46	1.77	18.3	29.4	13.5	2.56
		10		17.17	13.5	0.353	129	244	204	53.3	2.74	3.45	1.76	20.1	32.0	14.5	2.59
		12		20.31	15.9	0.352	149	294	236	62.2	2.71	3.41	1.75	23.6	37.1	16.5	2.67
10	100	6	12	11.93	9.37	0.393	115	200	182	47.9	3.10	3.90	2.00	15.7	25.7	12.7	2.67
		7		13.80	10.8	0.393	132	234	209	54.7	3.09	3.89	1.99	18.1	29.6	14.3	2.71
		8		15.64	12.3	0.393	148	267	235	61.4	3.08	3.88	1.98	20.5	33.2	15.8	2.76
		9		17.46	13.7	0.392	164	300	260	68.0	3.07	3.86	1.97	22.8	36.8	17.2	2.80
		10		19.26	15.1	0.392	180	334	285	74.4	3.05	3.84	1.96	25.1	40.3	18.5	2.84
		12		22.80	17.9	0.391	209	402	331	86.8	3.03	3.81	1.95	29.5	46.8	21.1	2.91
		14		26.26	20.6	0.391	237	471	374	99.0	3.00	3.77	1.94	33.7	52.9	23.4	2.99
		16		29.63	23.3	0.390	263	540	414	111	2.98	3.74	1.94	37.8	58.6	25.6	3.06
11	110	7	12	15.20	11.9	0.433	177	311	281	73.4	3.41	4.30	2.20	22.1	36.1	17.5	2.96
		8		17.24	13.5	0.433	199	355	316	82.4	3.40	4.28	2.19	25.0	40.7	19.4	3.01
		10		21.26	16.7	0.432	242	445	384	100	3.38	4.25	2.17	30.6	49.4	22.9	3.09
		12		25.20	19.8	0.431	283	535	448	117	3.35	4.22	2.15	36.1	57.6	26.2	3.16
		14		29.06	22.8	0.431	321	625	508	133	3.32	4.18	2.14	41.3	65.3	29.1	3.24

续表

型号	截面尺寸/mm			截面面积/cm²	理论重量/(kg/m)	外表面积/(m²/m)	惯性矩/cm⁴				惯性半径/cm			截面系数/cm³			重心距离/cm
	b	d	r				I_x	I_{x1}	I_{x0}	I_{y0}	i_x	i_{x0}	i_{y0}	W_x	W_{x0}	W_{y0}	z_0
12.5	125	8		19.75	15.5	0.492	297	521	471	123	3.88	4.88	2.50	32.5	53.3	25.9	3.37
		10		24.37	19.1	0.491	362	652	574	149	3.85	4.85	2.48	40.0	64.9	30.6	3.45
		12		28.91	22.7	0.491	423	783	671	175	3.83	4.82	2.46	41.2	76.0	35.0	3.53
		14		33.37	26.2	0.490	482	916	764	200	3.80	4.78	2.45	54.2	86.4	39.1	3.61
		16		37.74	29.6	0.489	537	1050	851	224	3.77	4.75	2.43	60.9	96.3	43.0	3.68
14	140	10		27.37	21.5	0.551	515	915	817	212	4.34	5.46	2.78	50.6	82.6	39.2	3.82
		12		32.51	25.5	0.551	604	1100	959	249	4.31	5.43	2.76	59.8	96.9	45.0	3.90
		14	14	37.57	29.5	0.550	689	1280	1090	284	4.28	5.40	2.75	68.8	110	50.5	3.98
		16		42.54	33.4	0.549	770	1470	1220	319	4.26	5.36	2.74	77.5	123	55.6	4.06
15	150	8		23.75	18.6	0.592	521	900	827	215	4.69	5.90	3.01	47.4	78.0	38.1	3.99
		10		29.37	23.1	0.591	638	1130	1010	262	4.66	5.87	2.99	58.4	95.5	45.5	4.08
		12		34.91	27.4	0.591	749	1350	1190	308	4.63	5.84	2.97	69.0	112	52.4	4.15
		14		40.37	31.7	0.590	856	1580	1360	352	4.60	5.80	2.95	79.5	128	58.8	4.23
		15		43.06	33.8	0.590	907	1690	1440	374	4.59	5.78	2.95	84.6	136	61.9	4.27
		16		45.74	35.9	0.589	958	1810	1520	395	4.58	5.77	2.94	89.6	143	64.9	4.31
16	160	10		31.50	24.7	0.630	780	1370	1240	322	4.98	6.27	3.20	66.7	109	52.8	4.31
		12		37.44	29.4	0.630	917	1640	1460	377	4.95	6.24	3.18	79.0	129	60.7	4.39
		14		43.30	34.0	0.629	1050	1910	1670	432	4.92	6.20	3.16	91.0	147	68.2	4.47
		16	16	49.07	38.5	0.629	1180	2190	1870	485	4.89	6.17	3.14	103	165	75.3	4.55
18	180	12		42.24	33.2	0.710	1320	2330	2100	543	5.59	7.05	3.58	101	165	78.4	4.89
		14		48.90	38.4	0.709	1510	2720	2410	622	5.56	7.02	3.56	116	189	88.4	4.97
		16		55.47	43.5	0.709	1700	3120	2700	699	5.54	6.98	3.55	131	212	97.8	5.05
		18		61.96	48.6	0.708	1880	3500	2990	762	5.50	6.94	3.51	146	235	105	5.13
20	200	14		54.64	42.9	0.788	2100	3730	3340	864	6.20	7.82	3.98	145	236	112	5.46
		16		62.01	48.7	0.788	2370	4270	3760	971	6.18	7.79	3.96	164	266	124	5.54
		18	18	69.30	54.4	0.787	2620	4810	4160	1080	6.15	7.75	3.94	182	294	136	5.62
		20		76.51	60.1	0.787	2870	5350	4550	1180	6.12	7.72	3.93	200	322	147	5.69
		24		90.66	71.2	0.785	3340	6460	5290	1380	6.07	7.64	3.90	236	374	167	5.87
22	220	16		68.67	53.9	0.866	3190	5680	5060	1310	6.81	8.59	4.37	200	326	154	6.03
		18		76.75	60.3	0.866	3540	6400	5620	1450	6.79	8.55	4.35	223	361	168	6.11
		20	21	84.76	66.5	0.865	3870	7110	6150	1590	6.76	8.52	4.34	245	395	182	6.18
		22		92.68	72.8	0.865	4200	7830	6670	1730	6.73	8.48	4.32	267	429	195	6.26
		24		100.5	78.9	0.864	4520	8550	7170	1870	6.71	8.45	4.31	289	461	208	6.33
		26		108.3	85.0	0.864	4830	9280	7690	2000	6.68	8.41	4.30	310	492	221	6.41
25	250	18		87.84	69.0	0.985	5270	9380	8370	2170	7.75	9.76	4.97	290	473	224	6.84
		20		97.05	76.2	0.984	5780	10400	9180	2380	7.72	9.73	4.95	320	519	243	6.92
		22		106.2	83.3	0.983	6280	11500	9970	2580	7.69	9.69	4.93	349	564	261	7.00
		24		115.2	90.4	0.983	6770	12500	10700	2790	7.67	9.66	4.92	378	608	278	7.07
		26	24	124.2	97.5	0.982	7240	13600	11500	2980	7.64	9.62	4.90	406	650	295	7.15
		28		133.0	104	0.982	7700	14600	12200	3180	7.61	9.58	4.89	433	691	311	7.22
		30		141.8	111	0.981	8160	15700	12900	3380	7.58	9.55	4.88	461	731	327	7.30
		32		150.5	118	0.981	8600	16800	13600	3570	7.56	9.51	4.87	488	770	342	7.37
		35		163.4	128	0.980	9240	18400	14600	3850	7.52	9.46	4.86	527	827	364	7.48

注：截面图中的 $r_1 = 1/3d$ 及表中 r 的数据用于孔型设计，不做交货条件。

附表 2　热轧不等边角钢（GB/T 706—2016）

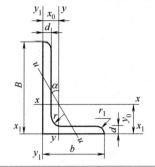

B——长边宽度；　　　　b——短边宽度；

d——边厚度；　　　　　r——内圆弧半径；

r_1——边端内圆弧半径；　I——惯性矩；

i——惯性半径；　　　　W——截面系数；

x_0——重心距离；　　　　y_0——重心距离

型号	截面尺寸/mm				截面面积/cm²	理论重量/(kg/m)	外表面积/(m²/m)	惯性矩/cm⁴					惯性半径/cm			截面系数/cm³			tanα	重心距离/cm	
	B	b	d	r				I_x	I_{x1}	I_y	I_{y1}	I_u	i_x	i_y	i_u	W_x	W_y	W_u		x_0	y_0
2.5/1.6	25	16	3	3.5	1.162	0.91	0.080	0.70	1.56	0.22	0.43	0.14	0.78	0.44	0.34	0.43	0.19	0.16	0.392	0.42	0.86
			4		1.499	1.18	0.079	0.88	2.09	0.27	0.59	0.17	0.77	0.43	0.34	0.55	0.24	0.20	0.381	0.46	0.90
3.2/2	32	20	3		1.492	1.17	0.102	1.53	3.27	0.46	0.82	0.28	1.01	0.55	0.43	0.72	0.30	0.25	0.382	0.49	1.08
			4		1.939	1.52	0.101	1.93	4.37	0.57	1.12	0.35	1.00	0.54	0.42	0.93	0.39	0.32	0.374	0.53	1.12
4/2.5	40	25	3	4	1.890	1.48	0.127	3.08	5.39	0.93	1.59	0.56	1.28	0.70	0.54	1.15	0.49	0.40	0.385	0.59	1.32
			4		2.467	1.94	0.127	3.93	8.53	1.18	2.14	0.71	1.36	0.69	0.54	1.49	0.63	0.52	0.381	0.63	1.37
4.5/2.8	45	28	3	5	2.149	1.69	0.143	4.45	9.10	1.34	2.23	0.80	1.44	0.79	0.61	1.47	0.62	0.51	0.383	0.64	1.47
			4		2.806	2.20	0.143	5.69	12.1	1.70	3.00	1.02	1.42	0.78	0.60	1.91	0.80	0.66	0.380	0.68	1.51
5/3.2	50	32	3	5.5	2.431	1.91	0.161	6.24	12.5	2.02	3.31	1.20	1.60	0.91	0.70	1.84	0.82	0.68	0.404	0.73	1.60
			4		3.177	2.49	0.160	8.02	16.7	2.58	4.45	1.53	1.59	0.90	0.69	2.39	1.06	0.87	0.402	0.77	1.65
5.6/3.6	56	36	3	6	2.743	2.15	0.181	8.88	17.5	2.92	4.7	1.73	1.80	1.03	0.79	2.32	1.05	0.87	0.408	0.80	1.78
			4		3.590	2.82	0.180	11.5	23.4	3.76	6.33	2.23	1.79	1.02	0.79	3.03	1.37	1.13	0.408	0.85	1.82
			5		4.415	3.47	0.180	13.9	29.3	4.49	7.94	2.67	1.77	1.01	0.78	3.71	1.65	1.36	0.404	0.88	1.87
6.3/4	63	40	4	7	4.058	3.19	0.202	16.5	33.3	5.23	8.63	3.12	2.02	1.14	0.88	3.87	1.70	1.40	0.398	0.92	2.04
			5		4.993	3.92	0.202	20.0	41.6	6.31	10.9	3.76	2.00	1.12	0.87	4.74	2.07	1.71	0.396	0.95	2.08
			6		5.908	4.64	0.201	23.4	50.0	7.29	13.1	4.34	1.96	1.11	0.86	5.59	2.43	1.99	0.393	0.99	2.12
			7		6.802	5.34	0.201	26.5	58.1	8.24	15.5	4.97	1.98	1.10	0.86	6.40	2.78	2.29	0.389	1.03	2.15
7/4.5	70	45	4	7.5	4.553	3.57	0.226	23.2	45.9	7.55	12.4	4.40	2.26	1.29	0.98	4.86	2.17	1.77	0.410	1.02	2.24
			5		5.609	4.40	0.225	28.0	57.1	9.13	15.4	5.40	2.23	1.28	0.98	5.92	2.65	2.19	0.407	1.06	2.28
			6		6.644	5.22	0.225	32.5	68.4	10.6	18.6	6.35	2.21	1.26	0.98	6.95	3.12	2.59	0.404	1.09	2.32
			7		7.658	6.01	0.225	37.2	80.0	12.0	21.8	7.16	2.20	1.25	0.97	8.03	3.57	2.94	0.402	1.13	2.36
7.5/5	75	50	5	8	6.126	4.81	0.245	34.9	70.0	12.6	21.0	7.41	2.39	1.44	1.10	6.83	3.3	2.74	0.435	1.17	2.40
			6		7.260	5.70	0.245	41.1	84.3	14.7	25.4	8.54	2.38	1.42	1.08	8.12	3.88	3.19	0.435	1.21	2.44
			8		9.467	7.43	0.244	52.4	113	18.5	34.2	10.9	2.35	1.40	1.07	10.5	4.99	4.10	0.429	1.29	2.52
			10		11.59	9.10	0.244	62.7	141	22.0	43.4	13.1	2.33	1.38	1.06	12.8	6.04	4.99	0.423	1.36	2.60
8/5	80	50	5	8	6.376	5.00	0.255	42.0	85.2	12.8	21.1	7.66	2.56	1.42	1.07	7.78	3.32	2.74	0.388	1.14	2.60
			6		7.560	5.93	0.255	49.5	103	15.0	25.4	8.85	2.56	1.41	1.08	9.25	3.91	3.20	0.387	1.18	2.65
			7		8.724	6.85	0.255	56.2	119	17.0	29.8	10.2	2.54	1.39	1.08	10.6	4.48	3.70	0.384	1.21	2.69
			8		9.867	7.75	0.254	62.8	136	18.9	34.3	11.4	2.52	1.38	1.07	11.9	5.03	4.16	0.381	1.25	2.73
9/5.6	90	56	5	9	7.212	5.66	0.287	60.5	121	18.3	29.5	11.0	2.90	1.59	1.23	9.92	4.21	3.49	0.385	1.25	2.91
			6		8.557	6.72	0.286	71.0	146	21.4	35.6	12.9	2.88	1.58	1.23	11.7	4.96	4.13	0.384	1.29	2.95
			7		9.881	7.76	0.286	81.0	170	24.4	41.7	14.7	2.86	1.57	1.22	13.5	5.70	4.72	0.382	1.33	3.00
			8		11.18	8.78	0.286	91.0	194	27.2	47.9	16.3	2.85	1.56	1.21	15.3	6.41	5.29	0.380	1.36	3.04
10/6.3	100	63	6	10	9.618	7.55	0.320	99.1	200	30.9	50.5	18.4	3.21	1.79	1.38	14.6	6.35	5.25	0.394	1.43	3.24
			7		11.11	8.72	0.320	113	233	35.3	59.1	21.0	3.20	1.78	1.38	16.9	7.29	6.02	0.394	1.47	3.28
			8		12.58	9.88	0.319	127	266	39.4	67.9	23.5	3.18	1.77	1.37	19.1	8.21	6.78	0.391	1.50	3.32
			10		15.47	12.1	0.319	154	333	47.1	85.7	28.3	3.15	1.74	1.35	23.3	9.98	8.24	0.387	1.58	3.40

续表

型号	截面尺寸/mm				截面面积/cm²	理论重量/(kg/m)	外表面积/(m²/m)	惯性矩/cm⁴					惯性半径/cm			截面系数/cm³			tanα	重心距离/cm	
	B	b	d	r				I_x	I_{x1}	I_y	I_{y1}	I_u	i_x	i_y	i_u	W_x	W_y	W_u		x_0	y_0
10/8	100	80	6	10	10.64	8.35	0.354	107	200	61.2	103	31.7	3.17	2.40	1.72	15.2	10.2	8.37	0.627	1.97	2.95
			7		12.30	9.66	0.354	123	233	70.1	120	36.2	3.16	2.39	1.72	17.5	11.7	9.60	0.626	2.01	3.00
			8		13.94	10.9	0.353	138	267	78.6	137	40.6	3.14	2.37	1.71	19.8	13.2	10.8	0.625	2.05	3.04
			10		17.17	13.5	0.353	167	334	94.7	172	49.1	3.12	2.35	1.69	24.2	16.1	13.1	0.622	2.13	3.12
11/7	110	70	6	10	10.64	8.35	0.354	133	266	42.9	69.1	25.4	3.54	2.01	1.54	17.9	7.90	6.53	0.403	1.57	3.53
			7		12.30	9.66	0.354	153	310	49.0	80.8	29.0	3.53	2.00	1.53	20.6	9.09	7.50	0.402	1.61	3.57
			8		13.94	10.9	0.353	172	354	54.9	92.7	32.5	3.51	1.98	1.53	23.3	10.3	8.45	0.401	1.65	3.62
			10		17.17	13.5	0.353	208	443	65.9	117	39.2	3.48	1.96	1.51	28.5	12.5	10.3	0.397	1.72	3.70
12.5/8	125	80	7	11	14.10	11.1	0.403	228	455	74.4	120	43.8	4.02	2.30	1.76	26.9	12.0	9.92	0.408	1.80	4.01
			8		15.99	12.6	0.403	257	520	83.5	138	49.2	4.01	2.28	1.75	30.4	13.6	11.2	0.407	1.84	4.06
			10		19.71	15.5	0.402	312	650	101	173	59.5	3.98	2.26	1.74	37.3	16.6	13.6	0.404	1.92	4.14
			12		23.35	18.3	0.402	364	780	117	210	69.4	3.95	2.24	1.72	44.0	19.4	16.0	0.400	2.00	4.22
14/9	140	90	8	12	18.04	14.2	0.453	366	731	121	196	70.8	4.50	2.59	1.98	38.5	17.3	14.3	0.411	2.04	4.50
			10		22.26	17.5	0.452	446	913	140	246	85.8	4.47	2.56	1.96	47.3	21.2	17.5	0.409	2.12	4.58
			12		26.40	20.7	0.451	522	1100	170	297	100	4.44	2.54	1.95	55.9	25.0	20.5	0.406	2.19	4.66
			14		30.46	23.9	0.451	594	1280	192	349	114	4.42	2.51	1.94	64.2	28.5	23.5	0.403	2.27	4.74
15/9	150	90	8	12	18.84	14.8	0.473	442	898	123	196	74.1	4.84	2.55	1.98	43.9	17.5	14.5	0.364	1.97	4.92
			10		23.26	18.3	0.472	539	1120	149	246	89.9	4.81	2.53	1.97	54.0	21.4	17.7	0.362	2.05	5.01
			12		27.60	21.7	0.471	632	1350	173	297	105	4.79	2.50	1.95	63.8	25.1	20.8	0.359	2.12	5.09
			14		31.86	25.0	0.471	721	1570	196	350	120	4.76	2.48	1.94	73.3	28.8	23.8	0.356	2.20	5.17
			15		33.95	26.7	0.471	764	1680	207	376	127	4.74	2.47	1.93	78.0	30.5	25.3	0.354	2.24	5.21
			16		36.03	28.3	0.470	806	1800	217	403	134	4.73	2.45	1.93	82.6	32.3	26.8	0.352	2.27	5.25
16/10	160	100	10	13	25.32	19.9	0.512	669	1360	205	337	122	5.14	2.85	2.19	62.1	26.6	21.9	0.390	2.28	5.24
			12		30.05	23.6	0.511	785	1640	239	406	142	5.11	2.82	2.17	73.5	31.3	25.8	0.388	2.36	5.32
			14		34.71	27.2	0.510	896	1910	271	476	162	5.08	2.80	2.16	84.6	35.8	29.6	0.385	2.43	5.40
			16		39.28	30.8	0.510	1000	2180	302	548	183	5.05	2.77	2.16	95.3	40.2	33.4	0.382	2.51	5.48
18/11	180	110	10	14	28.37	22.3	0.571	956	1940	278	447	167	5.80	3.13	2.42	79.0	32.5	26.9	0.376	2.44	5.89
			12		33.71	26.5	0.571	1120	2330	325	539	195	5.78	3.10	2.40	93.5	38.3	31.7	0.374	2.52	5.98
			14		38.97	30.6	0.570	1290	2720	370	632	222	5.75	3.08	2.39	108	44.0	36.3	0.372	2.59	6.06
			16		44.14	34.6	0.569	1440	3110	412	726	249	5.72	3.06	2.38	122	49.4	40.9	0.369	2.67	6.14
20/12.5	200	125	12	14	37.91	29.8	0.641	1570	3190	483	788	286	6.44	3.57	2.74	117	50.0	41.2	0.392	2.83	6.54
			14		43.87	34.4	0.640	1800	3730	551	922	327	6.41	3.54	2.73	135	57.4	47.3	0.390	2.91	6.62
			16		49.74	39.0	0.639	2020	4260	615	1060	366	6.38	3.52	2.71	152	64.9	53.3	0.388	2.99	6.70
			18		55.53	43.6	0.639	2240	4790	677	1200	405	6.35	3.49	2.70	169	71.7	59.2	0.385	3.06	6.78

注：截面图中的 $r_1 = 1/3d$ 及表中 r 的数据用于孔型设计，不做交货条件。

附表 3 热轧槽钢（GB/T 706—2016）

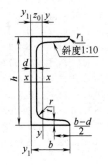

斜度1:10

h——高度；　　r_1——腿端圆弧半径；

b——腿宽度；　　I——惯性矩；

d——腰厚度；　　W——截面系数；

t——平均腿厚度；i——惯性半径；

r——内圆弧半径；z_0——重心距离

型号	截面尺寸/mm						截面面积 /cm²	理论重量 /(kg/m)	外表面积 /(m²/m)	惯性矩 /cm⁴			惯性半径 /cm		截面系数 /cm³		重心距离/cm
	h	b	d	t	r	r_1				I_x	I_y	I_{y1}	i_x	i_y	W_x	W_y	z_0
5	50	37	4.5	7.0	7.0	3.5	6.925	5.44	0.226	26.0	8.30	20.9	1.94	1.10	10.4	3.55	1.35
6.3	63	40	4.8	7.5	7.5	3.8	8.446	6.63	0.262	50.8	11.9	28.4	2.45	1.19	16.1	4.50	1.36
6.5	65	40	4.3	7.5	7.5	3.8	8.292	6.51	0.267	55.2	12.0	28.3	2.54	1.19	17.0	4.59	1.38
8	80	43	5.0	8.0	8.0	4.0	10.24	8.04	0.307	101	16.6	37.4	3.15	1.27	25.3	5.79	1.43
10	100	48	5.3	8.5	8.5	4.2	12.74	10.0	0.365	198	25.6	54.9	3.95	1.41	39.7	7.80	1.52
12	120	53	5.5	9.0	9.0	4.5	15.36	12.1	0.423	346	37.4	77.7	4.75	1.56	57.7	10.2	1.62
12.6	126	53	5.5	9.0	9.0	4.5	15.69	12.3	0.435	391	38.0	77.1	4.95	1.57	62.1	10.2	1.59
14a	140	58	6.0	9.5	9.5	4.8	18.51	14.5	0.480	564	53.2	107	5.52	1.70	80.5	13.0	1.71
14b	140	60	8.0	9.5	9.5	4.8	21.31	16.7	0.484	609	61.1	121	5.35	1.69	87.1	14.1	1.67
16a	160	63	6.5	10.0	10.0	5.0	21.95	17.2	0.538	866	73.3	144	6.28	1.83	108	16.3	1.80
16b	160	65	8.5	10.0	10.0	5.0	25.15	19.8	0.542	935	83.4	161	6.10	1.82	117	17.6	1.75
18a	180	68	7.0	10.5	10.5	5.2	25.69	20.2	0.596	1270	98.6	190	7.04	1.96	141	20.0	1.88
18b	180	70	9.0	10.5	10.5	5.2	29.29	23.0	0.600	1370	111	210	6.84	1.95	152	21.5	1.84
20a	200	73	7.0	11.0	11.0	5.5	28.83	22.6	0.654	1780	128	244	7.86	2.11	178	24.2	2.01
20b	200	75	9.0	11.0	11.0	5.5	32.83	25.8	0.658	1910	144	268	7.64	2.09	191	25.9	1.95
22a	220	77	7.0	11.5	11.5	5.8	31.83	25.0	0.709	2390	158	298	8.67	2.23	218	28.2	2.10
22b	220	79	9.0	11.5	11.5	5.8	36.23	28.5	0.713	2570	176	326	8.42	2.21	234	30.1	2.03
24a	240	78	7.0	12.0	12.0	6.0	34.21	26.9	0.752	3050	174	325	9.45	2.25	254	30.5	2.10
24b	240	80	9.0	12.0	12.0	6.0	39.01	30.6	0.756	3280	194	355	9.17	2.23	274	32.5	2.03
24c	240	82	11.0	12.0	12.0	6.0	43.81	34.4	0.760	3510	213	388	8.96	2.21	293	34.4	2.00
25a	250	78	7.0	12.0	12.0	6.0	34.91	27.4	0.722	3370	176	322	9.82	2.24	270	30.6	2.07
25b	250	80	9.0	12.0	12.0	6.0	39.91	31.3	0.776	3530	196	353	9.41	2.22	282	32.7	1.98
25c	250	82	11.0	12.0	12.0	6.0	44.91	35.3	0.780	3690	218	384	9.07	2.21	295	35.9	1.92
27a	270	82	7.5	12.5	12.5	6.2	39.27	30.8	0.826	4360	216	393	10.5	2.34	323	35.5	2.13
27b	270	84	9.5	12.5	12.5	6.2	44.67	35.1	0.830	4690	239	428	10.3	2.31	347	37.7	2.06
27c	270	86	11.5	12.5	12.5	6.2	50.07	39.3	0.834	5020	261	467	10.1	2.28	372	39.8	2.03
28a	280	82	7.5	12.5	12.5	6.2	40.02	31.4	0.846	4760	218	388	10.9	2.33	340	35.7	2.10
28b	280	84	9.5	12.5	12.5	6.2	45.62	35.8	0.850	5130	242	428	10.6	2.30	366	37.9	2.02
28c	280	86	11.5	12.5	12.5	6.2	51.22	40.2	0.854	5500	268	463	10.4	2.29	393	40.3	1.95
30a	300	85	7.5	13.5	13.5	6.8	43.89	34.5	0.897	6050	260	467	11.7	2.43	403	41.1	2.17
30b	300	87	9.5	13.5	13.5	6.8	49.89	39.2	0.901	6500	289	515	11.4	2.41	433	44.0	2.13
30c	300	89	11.5	13.5	13.5	6.8	55.89	43.9	0.905	6950	316	560	11.2	2.38	463	46.4	2.09
32a	320	88	8.0	14.0	14.0	7.0	48.50	38.1	0.947	7600	305	552	12.5	2.50	475	46.5	2.24
32b	320	90	10.0	14.0	14.0	7.0	54.90	43.1	0.951	8140	336	593	12.2	2.47	509	49.2	2.16
32c	320	92	12.0	14.0	14.0	7.0	61.30	48.1	0.955	8690	374	643	11.9	2.47	543	52.6	2.09
36a	360	96	9.0	16.0	16.0	8.0	60.89	47.8	1.053	11900	455	818	14.0	2.73	660	63.5	2.44
36b	360	98	11.0	16.0	16.0	8.0	68.09	53.5	1.057	12700	497	880	13.6	2.70	703	66.9	2.37
36c	360	100	13.0	16.0	16.0	8.0	75.29	59.1	1.061	13400	536	948	13.4	2.67	746	70.0	2.34
40a	400	100	10.5	18.0	18.0	9.0	75.04	58.9	1.144	17600	592	1070	15.3	2.81	879	78.8	2.49
40b	400	102	12.5	18.0	18.0	9.0	83.04	65.2	1.148	18600	640	1140	15.0	2.78	932	82.5	2.44
40c	400	104	14.5	18.0	18.0	9.0	91.04	71.5	1.152	19700	688	1220	14.7	2.75	986	86.2	2.42

注：表中 r、r_1 的数据用于孔型设计，不做交货条件。

附表 4　热轧工字钢（GB/T 706—2016）

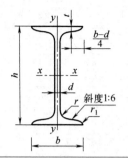

h——高度；　　　　　　r_1——腿端圆弧半径；
b——腿宽度；　　　　　I——惯性矩；
d——腰厚度；　　　　　W——截面系数；
t——平均腿厚度；　　　i——惯性半径
r——内圆弧半径；

型号	截面尺寸/mm						截面面积 /cm²	理论重量 /(kg/m)	外表面积 /(m²/m)	惯性矩/cm⁴		惯性半径/cm		截面系数/cm³	
	h	b	d	t	r	r_1				I_x	I_y	i_x	i_y	W_x	W_y
10	100	68	4.5	7.6	6.5	3.3	14.33	11.3	0.432	245	33.0	4.14	1.52	49.0	9.72
12	120	74	5.0	8.4	7.0	3.5	17.80	14.0	0.493	436	46.9	4.95	1.62	72.7	12.7
12.6	126	74	5.0	8.4	7.0	3.5	18.10	14.2	0.505	488	46.9	5.20	1.61	77.5	12.7
14	140	80	5.5	9.1	7.5	3.8	21.50	16.9	0.553	712	64.4	5.76	1.73	102	16.1
16	160	88	6.0	9.9	8.0	4.0	26.11	20.5	0.621	1130	93.1	6.58	1.89	141	21.2
18	180	94	6.5	10.7	8.5	4.3	30.74	24.1	0.681	1660	122	7.36	2.00	185	26.0
20a	200	100	7.0	11.4	9.0	4.5	35.55	27.9	0.742	2370	158	8.15	2.12	237	31.5
20b	200	102	9.0	11.4	9.0	4.5	39.55	31.1	0.746	2500	169	7.96	2.06	250	33.1
22a	220	110	7.5	12.3	9.5	4.8	42.10	33.1	0.817	3400	225	8.99	2.31	309	40.9
22b	220	112	9.5	12.3	9.5	4.8	46.50	36.5	0.821	3570	239	8.78	2.27	325	42.7
24a	240	116	8.0	13.0	10.0	5.0	47.71	37.5	0.878	4570	280	9.77	2.42	381	48.4
24b	240	118	10.0	13.0	10.0	5.0	52.51	41.2	0.882	4800	297	9.57	2.38	400	50.4
25a	250	116	8.0	13.0	10.0	5.0	48.51	38.1	0.898	5020	280	10.2	2.40	402	48.3
25b	250	118	10.0	13.0	10.0	5.0	53.51	42.0	0.902	5280	309	9.94	2.40	423	52.4
27a	270	122	8.5	13.7	10.5	5.3	54.52	42.8	0.958	6550	345	10.9	2.51	485	56.6
27b	270	124	10.5	13.7	10.5	5.3	59.92	47.0	0.962	6870	366	10.7	2.47	509	58.9
28a	280	122	8.5	13.7	10.5	5.3	55.37	43.5	0.978	7110	345	11.3	2.50	508	56.6
28b	280	124	10.5	13.7	10.5	5.3	60.97	47.9	0.982	7480	379	11.1	2.49	534	61.2
30a	300	126	9.0	14.4	11.0	5.5	61.22	48.1	1.031	8950	400	12.1	2.55	597	63.5
30b	300	128	11.0	14.4	11.0	5.5	67.22	52.8	1.035	9400	422	11.8	2.50	627	65.9
30c	300	130	13.0	14.4	11.0	5.5	73.22	57.5	1.039	9850	445	11.6	2.46	657	68.5
32a	320	130	9.5	15.0	11.5	5.8	67.12	52.7	1.084	11100	460	12.8	2.62	692	70.8
32b	320	132	11.5	15.0	11.5	5.8	73.52	57.7	1.088	11600	502	12.6	2.61	726	76.0
32c	320	134	13.5	15.0	11.5	5.8	79.92	62.7	1.092	12200	544	12.3	2.61	760	81.2
36a	360	136	10.0	15.8	12.0	6.0	76.44	60.0	1.185	15800	552	14.4	2.69	875	81.2
36b	360	138	12.0	15.8	12.0	6.0	83.64	65.7	1.189	16500	582	14.1	2.64	919	84.3
36c	360	140	14.0	15.8	12.0	6.0	90.84	71.3	1.193	17300	612	13.8	2.60	962	87.4
40a	400	142	10.5	16.5	12.5	6.3	86.07	67.6	1.285	21700	660	15.9	2.77	1090	93.2
40b	400	144	12.5	16.5	12.5	6.3	94.07	73.8	1.289	22800	692	15.6	2.71	1140	96.2
40c	400	146	14.5	16.5	12.5	6.3	102.1	80.1	1.293	23900	727	15.2	2.65	1190	99.6
45a	450	150	11.5	18.0	13.5	6.8	102.4	80.4	1.411	32200	855	17.7	2.89	1430	114
45b	450	152	13.5	18.0	13.5	6.8	111.4	87.4	1.415	33800	894	17.4	2.84	1500	118
45c	450	154	15.5	18.0	13.5	6.8	120.4	94.5	1.419	35300	938	17.1	2.79	1570	122
50a	500	158	12.0	20.0	14.0	7.0	119.2	93.6	1.539	46500	1120	19.7	3.07	1860	142
50b	500	160	14.0	20.0	14.0	7.0	129.2	101	1.543	48600	1170	19.4	3.01	1940	146
50c	500	162	16.0	20.0	14.0	7.0	139.2	109	1.547	50600	1220	19.0	2.96	2080	151

型号	截面尺寸/mm						截面面积/cm²	理论重量/(kg/m)	外表面积/(m²/m)	惯性矩/cm⁴		惯性半径/cm		截面系数/cm³	
	h	b	d	t	r	r_1				I_x	I_y	i_x	i_y	W_x	W_y
55a		166	12.5				134.1	105	1.667	62900	1370	21.6	3.19	2290	164
55b	550	168	14.5				145.1	114	1.671	65600	1420	21.2	3.14	2390	170
55c		170	16.5	21.0	14.5	7.3	156.1	123	1.675	68400	1480	20.9	3.08	2490	175
56a		166	12.5				135.4	106	1.687	65600	1370	22.0	3.18	2340	165
56b	560	168	14.5				146.6	115	1.691	68500	1490	21.6	3.16	2450	174
56c		170	16.5				157.8	124	1.695	71400	1560	21.3	3.16	2550	183
63a		176	13.0				154.6	121	1.862	93900	1700	24.5	3.31	2980	193
63b	630	178	15.0	22.0	15.0	7.5	167.2	131	1.866	98100	1810	24.2	3.29	3160	204
63c		180	17.0				179.8	141	1.870	102000	1920	23.8	3.27	3300	214

注：表中 r、r_1 的数据用于孔型设计，不做交货条件。

参 考 文 献

[1] 孙训方. 材料力学. 北京：高等教育出版社，2019.

[2] 刘鸿文. 材料力学. 北京：高等教育出版社，2017.

[3] 范钦珊，殷雅俊，唐靖林. 材料力学. 北京：清华大学出版社，2014.

[4] 赵志平. 建筑力学：上. 重庆：重庆大学出版社，2010.

[5] 赵志平. 建筑力学. 北京：化学工业出版社，2019.

[6] 胡庆泉，将彤. 材料力学. 北京：中国水利水电出版社，2015.

[7] 张如三，王天明. 材料力学. 北京：中国建筑工业出版社，2011.